生物化学简明教程

主　编　孙永健　韩希凤　刘太林

副主编　王　勇　俞　然　李书启

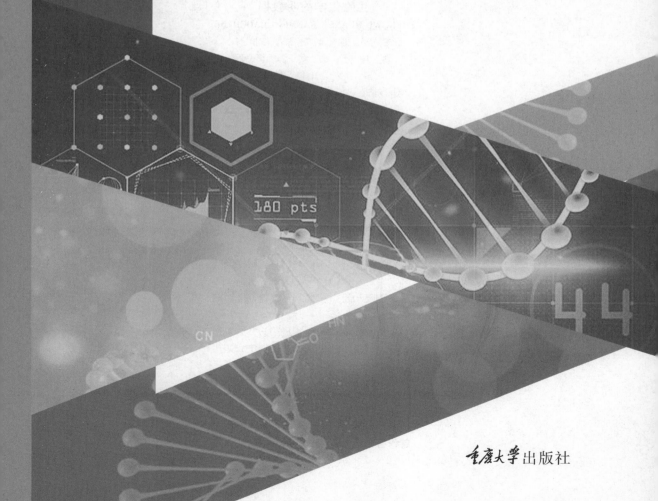

重庆大学出版社

内 容 提 要

本书主要面向生物学专业编写。首先,本书重点讨论了核酸等生物大分子的结构、功能以及结构与功能之间的关系,同时介绍了这些生物大分子的重要生物化学性质及相关分离、分析技术的基本原理和应用特点。其次,本书对糖类、脂质、氨基酸、核苷酸的分解代谢和合成代谢及其代谢调节进行了系统的介绍。最后,本书主要以原核生物为例讨论了从 DNA 到 RNA 再到蛋白质的遗传信息流的分子机制。本书体现了内容的新颖性、趣味性和实用性,图文并茂、富有逻辑,适合作生物学专业的教材,也适合医学和农学类相关专业的学生使用。

图书在版编目(CIP)数据

生物化学简明教程 / 孙永健,韩希凤,刘太林主编
. -- 重庆 : 重庆大学出版社,2022.1
ISBN 978-7-5689-3078-9

Ⅰ. ①生… Ⅱ. ①孙… ②韩… ③刘… Ⅲ. ①生物化
学—高等学校—教材 Ⅳ. ①Q5

中国版本图书馆 CIP 数据核字(2022)第 011275 号

生物化学简明教程
SHENGWU HUAXUE JIANMING JIAOCHENG
主 编 孙永健 韩希凤 刘太林
副主编 王 勇 俞 然 李书启
策划编辑:鲁 黎
责任编辑:杨育彪 版式设计:鲁 黎
责任校对:王 倩 责任印制:张 策

重庆大学出版社出版发行
出版人:饶帮华
社址:重庆市沙坪坝区大学城西路 21 号
邮编:401331
电话:(023) 88617190 88617185(中小学)
传真:(023) 88617186 88617166
网址:http://www.cqup.com.cn
邮箱:fxk@ cqup.com.cn(营销中心)
全国新华书店经销
重庆天旭印务有限责任公司印刷
*
开本:787mm×1092mm 1/16 印张:11.75 字数:304 千
2022 年 1 月第 1 版 2022 年 1 月第 1 次印刷
印数:1—1 500
ISBN 978-7-5689-3078-9 定价:39.80 元

前 言

　　生物化学是在分子水平上阐明生命现象本质的科学,它以生物体为对象,研究生物大分子的结构与功能、物质代谢与调节、遗传信息传递的分子基础与调控规律。进入 21 世纪,随着分子生物学和生物技术的迅速发展,生物化学研究的许多领域都有新的发现,生物化学的内容在不断地发展和完善。与之相适应,生物化学教材也需要进行更新与补充,这也是本书编写的目的所在。

　　如今的生物化学在广度和深度上都发生了巨大的变化,核酸及蛋白质两类分子的研究成果层出不穷,并由此发展出分子生物学这门独立学科就是一例证。面对如此浩瀚的内容更新,生物化学教材囊括的内容越来越多,其程度越来越深。要学好生物化学,必须付出时间成本。但是,在注重学生能力培养、不断压缩课堂教学学时的背景下,如何在有限的学时内完成高质量的教与学就成了我们必须思考的问题。显然,解决这个问题的关键在于与生物化学进展相适应的教学安排、课堂讲授及教材选用。

　　本书以基础生物化学内容为主,兼顾生物化学原理在生物工程、食品工程、生物技术及医学等领域的应用;在章节安排上,仍采用广泛认同的先"静态"后"动态"再"基因信息"的编排次序。

　　本书由孙永健、韩希凤、刘太林任主编,王勇、俞然、李书启任副主编。本书内容深难度适中,在紧扣生物化学基本内容的同时,又力求反映目前生物化学研究的新成果、新进展、新的研究手段和方法,以达到巩固基础、开阔视野、加强对学生的科学素养和能力培养的目的。感谢天津市一流本科课程建设项目(YLK201903)、天津市高校课程思政示范课的资助。

　　由于编者水平有限,书中难免存在不足和疏漏之处,敬请广大读者批评指正。

编　者

2021 年 6 月

目录

第1章
糖类的生物化学

1.1 单 糖

1.1.1 单糖的构型、结构与构象

1) 单糖的构型

单糖根据所含的是醛基还是酮基可分为醛糖与酮糖;根据碳原子数目可分为丙糖、丁糖、戊糖与己糖。最简单的单糖是甘油醛和二羟基丙酮。

以 D-甘油醛、L-甘油醛为参照物,以距醛基最远的不对称碳原子为准,羟基在左侧的单糖,其构型为 L 构型,羟基在右侧的单糖,其构型为 D 构型(图 1.1)。

D 或(+)表示单糖的右旋光性,L 或(-)表示单糖的左旋光性。

单糖由于具有不对称碳原子,可使平面偏振光(通过尼科尔棱镜后的普通光,只能在一个平面上振动的光波)的偏振面发生一定角度的旋转,这种性质称为旋光性,其旋转角度称为旋光度,偏振面向左旋转称为左旋,向右旋转则称为右旋。1 mL 含 1 g 溶质的溶在 1 dm 长度的旋光管测出的旋光度被定义为比旋光度,用 $[\alpha]_D^t$ 表示。

$$[\alpha]_D^t = \frac{\alpha_D^t}{cL}$$

式中,L 为旋光管的长度(dm);c 为溶液的浓度(g/mL);$[\alpha]_D^t$ 为比旋光度,通常以钠光灯为光源,在温度 t 时测定旋转角度,通常在 20 ℃时测定。不同单糖的比旋光度为常数,如D-葡萄糖的 $[\alpha]_D^{20}$ 为 + 52.2°,D-果糖的 $[\alpha]_D^{20}$ 为 - 92.4°。

2) 单糖的结构

自然界的戊糖、己糖等都有两种不同的结构,一种是多羟基醛的开链形式,另一种是单糖分子中醛基和其他碳原子上羟基成环反应生成的产物半缩醛。如果是 C_1 与 C_5 上的羟基形成六元环,则称为吡喃糖;而 C_1 与 C_4 上羟基形成五元环,则称为呋喃糖。呋喃环结构不如吡喃环结构稳定,但戊糖多为呋喃糖形式。单糖分子环化后,在羰基碳原子上形成的羟基称为半缩醛羟基。连接半缩醛羟基的碳原子为异头碳,因异头碳上羟基连接的位置不同形成的不同异构体称为异头物。

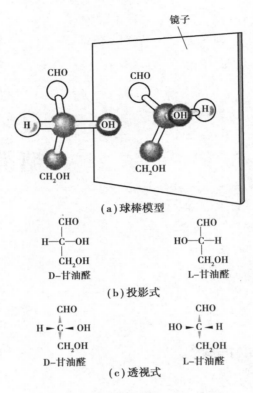

图1.1　甘油醛的立体结构

半缩醛羟基的反应活性较高,若半缩醛羟基在图1.2所示的投影式环状结构的下方,则该糖的构型为α;若半缩醛羟基在Haworth投影式环状结构的上方,则该糖的构型为β。

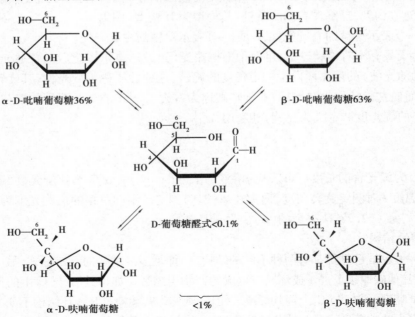

图1.2　葡萄糖环状结构与链状结构的互变

　　19 世纪的化学泰斗 Hermann Emil Fischer 提出用投影式(图 1.1)表示糖的结构,并推断己醛糖有 16 种可能的异构体,后来用化学合成证明己醛糖确有 16 种异构体。但自然界存在的单糖均为图 1.3 所示的 D-系列,且己醛糖只有葡萄糖、甘露糖和半乳糖存在于自然界中。Walter Norman Haworth 最早发现糖的环状结构,并提出用 Haworth 投影式表示糖的环状结构。此外,他对维生素 C 的结构研究也有重要贡献,1937 年 Haworth 和瑞士化学家 Paul Karrer 同获诺贝尔化学奖。

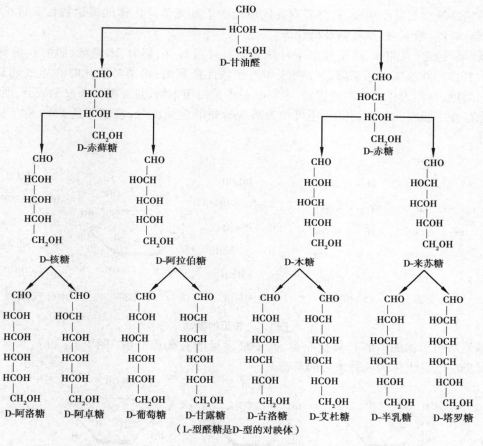

图 1.3　几种 D-型醛糖的开链式结构

3)单糖的构象

　　以葡萄糖为例,半缩醛环上的 C—O—C 键角(111°)与环己烷的键角(109°)相似,故葡萄糖的吡喃环和环己烷相似,也有船式构象和椅式构象,其中椅式构象使扭张强度减到最低因而比较稳定(图 1.4)。

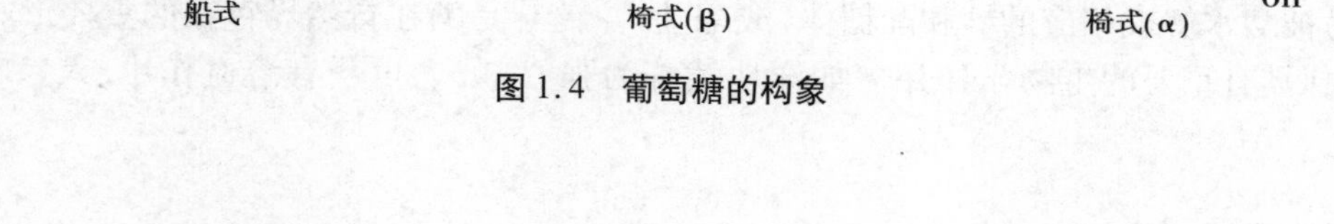

图 1.4　葡萄糖的构象

在 β-D-吡喃葡萄糖与 α-D-吡喃葡萄糖椅式构象中,—OH,—CH₂OH 大型基团对通过环的轴线来说均为平伏方向而不是直立的,从热力学上来说是较稳定的。其中 β-D-吡喃葡萄糖椅式构象(全部为平伏键)较 α-D-吡喃葡萄糖椅式构象(半缩醛羟基为直立键)更加稳定,故在溶液中 β-异构体较占优势。

1.1.2 重要单糖及其衍生物

单糖是糖类的最小单位,自然界存在的单糖少于其光学异构体的理论数目。常见的单糖衍生物有糖醇、糖醛酸、氨基糖及糖苷等。

糖醇较稳定,有甜味,广泛分布于自然界的有甘露醇、山梨醇、木糖醇、肌醇和核糖醇(图1.5)。甘露醇在临床上用来降低颅内压和治疗急性肾衰竭;山梨醇氧化时会生成葡萄糖、果糖或山梨糖,可作为化工和医药辅料;木糖醇是木糖的衍生物,是无糖咀嚼胶的成分;肌醇常以游离态存在于肌肉、心、肺、肝中,还可作为某些磷脂的组成成分;核糖醇是 FMN 和 FAD 的组成成分。

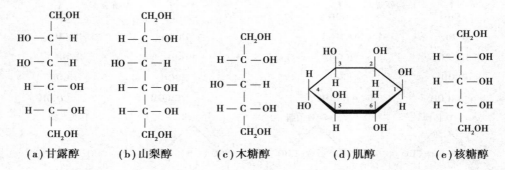

(a)甘露醇　(b)山梨醇　(c)木糖醇　(d)肌醇　(e)核糖醇

图 1.5　常见的糖醇

糖醛酸由单糖的伯醇基氧化而得,其中最常见的有葡糖醛酸[图1.6(a)]、半乳糖醛酸等。葡糖醛酸是人体内一种重要的解毒剂。

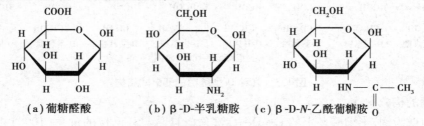

(a)葡糖醛酸　(b)β-D-半乳糖胺　(c)β-D-N-乙酰葡糖胺

图 1.6　葡糖醛酸、半乳糖胺、乙酰葡糖胺的结构

糖中的羟基为氨基所取代的产物称为氨基糖,常见的有 D-氨基葡糖胺和半乳糖胺[图1.6(b)],D-氨基葡糖常以乙酰葡糖胺[图1.6(c)]的形式存在于甲壳质、黏液酸中,氨基半乳糖常以乙酰氨基半乳糖的形式存在于软骨中。N-乙酰神经氨酸是许多糖蛋白的重要组成部分。

单糖的半缩醛羟基与非糖物质(醇、酚等)的羟基形成的缩醛结构称为糖苷,形成的化学键为糖苷键。半缩醛羟基有 α 和 β 两种构型,因此糖苷键也有 α 和 β 两种构型。糖苷键对碱稳定,易被酸水解成相应的糖和配糖体(或配基)。糖苷是糖在自然界存在的重要形式。许多天然糖苷具有重要的生物学作用。如洋地黄苷为强心剂,皂角苷有溶血作用,人参皂苷 Rb₁

［图 1.7（a）］有抗疲劳、抗感染等功效，苦杏仁苷［图 1.7（b）］有止咳作用，根皮苷能使葡萄糖随尿排出。糖苷中常见的糖基有葡萄糖、半乳糖、鼠李糖等，配糖体有醛类、醇类、酚类、固醇类等多种类型的化合物。

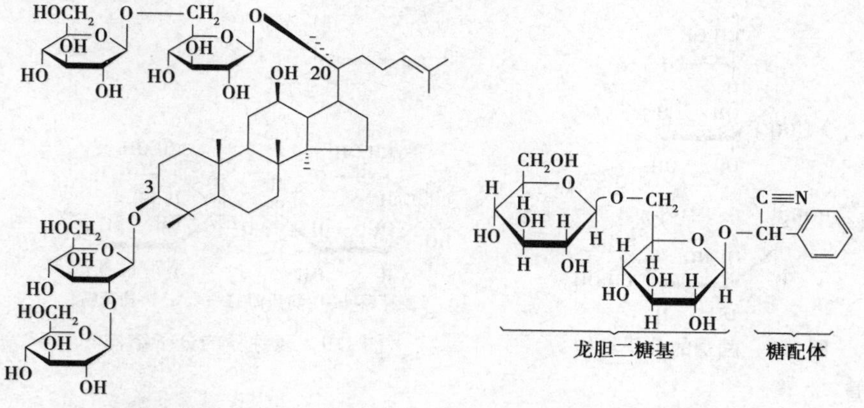

（a）人参皂苷Rb₁   （b）苦杏仁苷

图 1.7 人参皂苷 Rb₁、苦杏仁苷的结构

1.2 寡 糖

寡糖是由 2～140 个单糖分子聚合而成的糖。自然界中存在着大量的寡糖，早在 1962 年就已经发现了 584 种之多。寡糖在植物体内具有储藏、运输、适应环境变化、抗寒、抗冻、调节酶活性等功能。寡糖中以双糖分布最为普遍，意义也较大。

1.2.1 双糖

双糖是由两个相同或不同的单糖分子缩合而成的。双糖可以被认为是一种糖苷，其中的配基是另外一个单糖分子。在自然界中，有些双糖（蔗糖、乳糖）以游离状态存在，大多则以结合形式存在。蔗糖在碳水化合物中是最重要的双糖，而麦芽糖和纤维二糖在植物中也很重要，它们是两个重要的多糖——淀粉和纤维素的基本结构单位。

1）蔗糖

蔗糖在植物界分布最广，并且在植物的生理功能上也最重要。蔗糖不仅是主要的光合作用产物，而且也是碳水化合物的一种储藏形式（如甘蔗茎中含有大量蔗糖）。在植物体中碳水化合物也以蔗糖形式进行运输。此外，我们日常食用的糖也是蔗糖，它可以大量地从甘蔗或甜菜中得到，在各种水果中也含有较多。

蔗糖是 α-D-吡喃葡萄糖-β-D-呋喃果糖苷，连键性质为：α（1，2）β 糖苷键。它不是还原糖，因为 2 个还原性的基团都包括在糖苷键中。蔗糖有一个特殊性质，就是极易被酸水解，其水解速度比麦芽糖或乳糖大 1 000 倍。

蔗糖的分子结构如图 1.8 所示。

2）麦芽糖

麦芽糖大量存在于发芽的谷粒，特别是麦芽中。淀粉在淀粉酶作用下水解可以产生麦芽糖。用大麦淀粉酶水解淀粉,可以得到产率为80%的麦芽糖。

麦芽糖是由2分子 α-D-葡萄糖以 α(1→4)糖苷键连接成的二糖。麦芽糖因为具有半缩醛羟基,因而是还原糖(图1.9)。

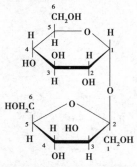

图1.8 蔗糖的分子结构

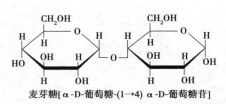

麦芽糖[α-D-葡萄糖-(1→4) α-D-葡萄糖苷]

图1.9 麦芽糖的分子结构

3)乳糖

乳糖主要存在于哺乳动物的乳汁中(牛奶中含乳糖4%~7%)。高等植物花粉管及微生物中也含有少量乳糖。乳糖是由 β-D-半乳糖分子和 α-D-葡萄糖以 β(1→4)糖苷键连接缩合而成的,是还原糖。乳糖的分子结构如图1.10所示。

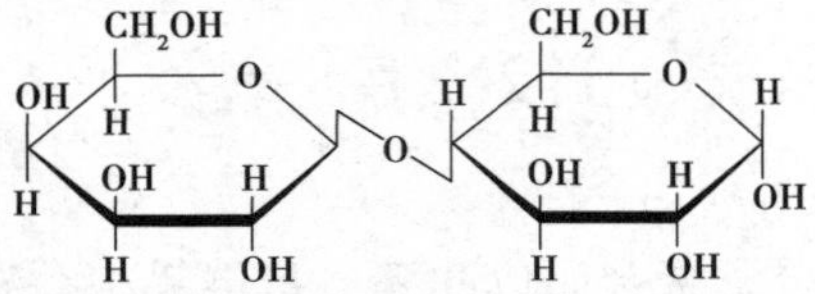

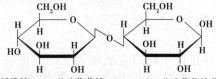

乳糖[β-D-吡喃半乳糖-(1→4)-α-D-吡喃葡萄糖苷]

图1.10 乳糖的分子结构

乳糖是最"麻烦"的二糖,因为有些人缺少乳糖酶,喝牛奶后就会因不能水解乳糖而出现急性腹泻。

4)纤维二糖

纤维素经过水解可以得到纤维二糖,它是由2个 β-D-吡喃葡萄糖通过 β(1→4)糖苷键缩合而成的还原性糖。与麦芽糖不同,它是 β-葡萄糖苷。纤维二糖的分子结构如图1.11所示。

纤维糖[β-D-吡喃葡萄糖-(1→4)-β-D-吡喃葡萄糖苷]

图1.11 纤维二糖的分子结构

在上述4种双糖中,除蔗糖外,其他3种双糖右端的一个糖单位都含有半缩醛羟基,称为还原性末端;另一端相应称为非还原性末端。

1.2.2 三糖

自然界中广泛存在的三糖仅有棉子糖,由 α-D-葡萄糖、β-D-果糖及 α-D-半乳糖组成,半乳糖与葡萄糖之间以 α(1→6)糖苷键相连,葡萄糖和果糖之间以 α(1→2)β 糖苷键连接。棉子糖主要存在于棉籽、甜菜及大豆中。在蔗糖酶作用下,棉子糖分解出果糖而留下蜜二糖;在

α-半乳糖苷酶作用下,棉子糖分解出半乳糖而留下蔗糖。棉子糖的分子结构如图 1.12 所示。

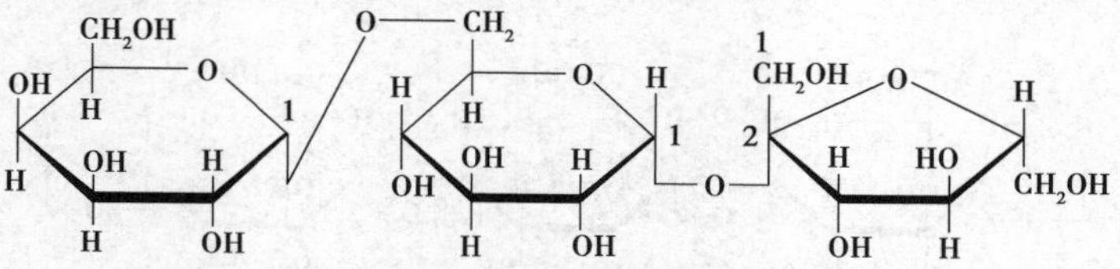

棉子糖[α-D-半乳糖（1→6)α-D-葡萄糖(1→2)β-D-果糖]

图 1.12　棉子糖的分子结构

1.2.3　四糖

水苏糖是目前研究得比较清楚的四糖,存在于大豆、豌豆、洋扁豆和羽扇豆种子内,由 2 分子半乳糖、1 分子 α-葡萄糖及 1 分子 β-果糖组成。水苏糖的分子结构如图 1.13 所示。

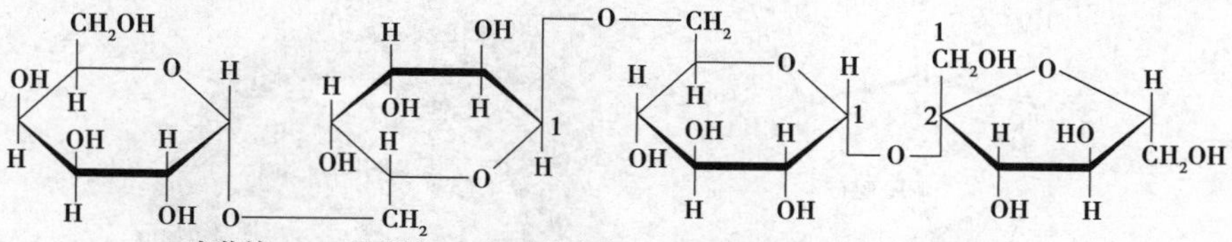

水苏糖[α-D-葡萄糖(1→6)α-半乳糖(1→6)半乳糖(1→2)β-D-果糖]

图 1.13　水苏糖的分子结构

1.3　多　糖

多糖是由许多单糖分子缩合而成的分子结构很复杂的碳水化合物,在植物体中占有很大部分。多糖根据来源不同可以分为植物多糖、动物多糖和微生物多糖;根据功能不同又可分为贮存多糖和结构多糖;根据组成差异还可分为同多糖和杂多糖。

1.3.1　同多糖

同多糖水解后产生单一形式的单糖。水解后产生葡萄糖的同多糖有淀粉、糖原和纤维素,在自然界中存在最为广泛。水解后产生果糖的有菊糖。

1) 淀粉

淀粉几乎存在于所有绿色植物的多数组织中。禾谷类和豆科种子、马铃薯块茎和甘薯块根中富含淀粉。淀粉作为植物中最重要的储藏同多糖,是人类粮食及动物饲料的重要来源。在植物体中,淀粉以淀粉粒状态存在,形状为球形、卵形,随植物种类不同而不同。即使是同种作物,淀粉含量也因品种、气候、土壤等条件变化而有所不同。

用热水溶解淀粉时,可溶的部分为直链淀粉;另一部分不能溶解的为支链淀粉。

（1）直链淀粉

直链淀粉溶于热水,遇碘液呈紫蓝色,在波长为 620～680 nm 时呈最大光吸收,相对分子质量为 $1\times10^4\sim5\times10^4$。直链淀粉是由 α-葡萄糖通过 1,4-糖苷键连接组成的一条长而不分支的链,每个直链淀粉分子只含有一个还原性末端和一个非还原性末端。当它被淀粉酶水解时,便产生大量的麦芽糖,所以直链淀粉是由许多重复的麦芽糖单位组成的。直链淀粉分子结构如图1.14所示。

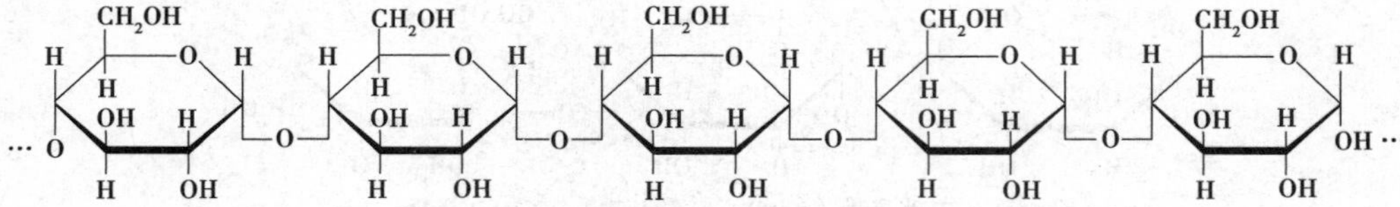

图 1.14　直链淀粉的分子结构

直链淀粉分子中的糖环采取椅式构象,相邻糖环在空间上呈一定角度[(图1.15(a)],因而所形成的高级结构是螺旋状的[图1.15(b)]。6个葡萄糖残基形成一个螺旋,螺距为0.8 nm,直径为1.4 nm。在碘染色时,碘插入淀粉的螺旋结构形成淀粉-碘络合物,螺旋长度为36个葡萄糖残基以上时产生特征紫蓝色。因此,通常直链淀粉遇碘呈紫蓝色。

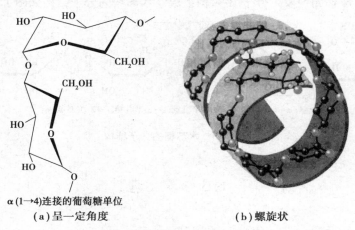

α(1→4)连接的葡萄糖单位
（a）呈一定角度

（b）螺旋状

图 1.15　直链淀粉的螺旋结构

（2）支链淀粉

支链淀粉是含有支链的淀粉形式,葡萄糖残基为300~6 000个,其分子结构如图1.16所示。除支链连接点为α-1,6-糖苷键外,其他连接点均为α-1,4-糖苷键。一般平均25个残基出现一个分支,每个分支含15~25个葡萄糖残基。分支上还可以出现新的分支。正因为支链淀粉的分支长度不能满足36个葡萄糖残基,在用I_2显色时形成的是短串淀粉-碘络合物,吸收更短波长光,因此呈紫红色。

一般淀粉都含有直链淀粉和支链淀粉。在不同植物中,直链淀粉和支链淀粉所占的比例不同,即使是同一作物不同品种,二者的比例也不同,如玉米中含有直链淀粉,而糯米中几乎不含直链淀粉,全为支链淀粉。

2）糖原

糖原是动物细胞葡萄糖的储存形式,是代谢和剧烈运动最易动用的葡萄糖储库,以颗粒形式存在于肝脏、骨骼肌等,有"动物淀粉"之称。糖原中的大部分葡萄糖残基是以α-1,4-糖苷键连接的,分支处以α-1,6-糖苷键连接,大约每10个残基中有1个α-1,6-糖苷键,如图1.17所示。糖原端基含量占9%（支链淀粉约4%）,比支链淀粉分支高1倍多。在所有端基中,仅一个具有还原性,其他均为非还原性末端。糖原相对分子质量很高,约$5×10^6$。糖原与碘作用显棕红色,在 430 ~ 490 nm 下光吸收最大。

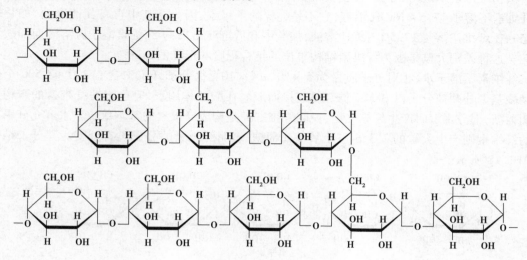

图 1.16 支链淀粉的分子结构

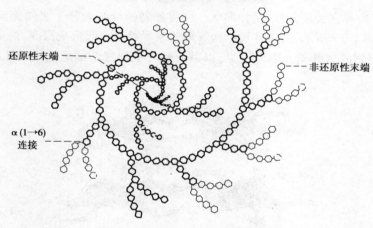

图 1.17 糖原的分子结构示意图

3) 菊糖

菊糖是多聚果糖,菊糖中的果糖一律以 D-呋喃糖的形式存在。菊科植物如菊芋、大丽花的根部,蒲公英,橡胶草等都含有菊糖,代替了一般植物的淀粉,因而也称为菊粉。菊糖分子中含有约 30 个 1,2-糖苷键连接的果糖残基。菊糖分子中除含果糖外,还含有葡萄糖。葡萄糖可出现在链端,也可以出现在链中。

菊糖不溶于冷水而溶于热水,因此,可以用热水提取,然后在低温(如 0 ℃)下沉淀出来。菊糖具有还原性。淀粉酶不能水解菊糖,因此人和动物不能消化它。蔗糖酶可以以极慢的速度水解菊糖。真菌(如青霉菌、酵母等)及蜗牛中含有菊糖酶,可以使菊糖水解。

4) 纤维素

纤维素是自然界中分布最广泛、含量最多的一种有机化合物,是植物中最广泛的骨架同多糖,植物细胞壁和木材差不多有一半是由纤维素组成的。棉花是较纯的纤维素,它的纤维素含量高于 90%。通常纤维素、半纤维素及木质素总是同时存在于植物细胞壁中的。

植物纤维素不是均一的一种物质,粗纤维可以分为 α-纤维素、β-纤维素和 γ-纤维素 3 种。α-纤维素不溶于 17.5% NaOH 溶液,它不是纯粹的纤维素,因为在其中含有其他聚糖(如甘露聚糖);β-纤维素溶于 17.5% NaOH 溶液,加酸中和后沉淀出来;γ-纤维素溶于碱溶液而加酸不沉淀。这种差别大概是因为纤维素结构单位的结合程度和形状的不同。

纤维素不溶于水,相对分子质量为 $5 \times 10^4 \sim 4 \times 10^5$,每分子纤维素含有 300 ~ 2 500 个葡萄糖残基。葡萄糖分子以 β-1,4-糖苷键连接而成。在酸的作用下,完全水解纤维素的产物是 β-葡萄糖,部分水解时产生纤维二糖,说明纤维二糖是构成纤维素的基本单位。水解充分甲基化的纤维素则产生大量的 2,3,6-三甲氧基葡萄糖,表明纤维素的分子没有分支。其分子结构如图 1.18 所示。

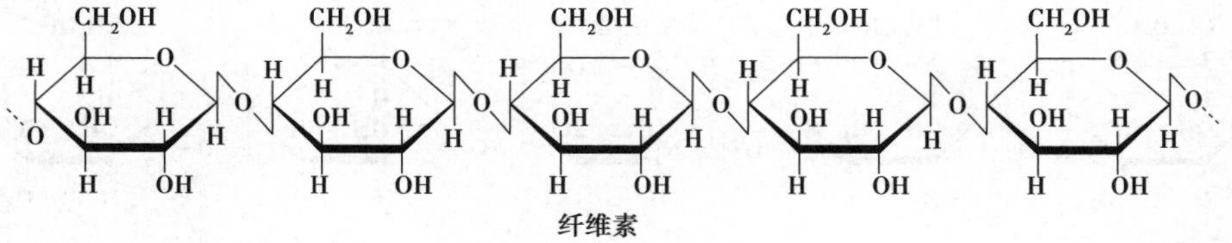

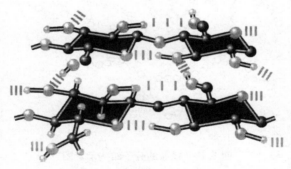

图 1.18 纤维素的分子结构

纤维素分子内存在大量氢键,呈伸展状。许多伸展的纤维素分子之间侧向靠氢键可以形成片层结构,如图 1.19 所示,许多片层结构纵向紧密垛叠在一起形成微晶,由众多微晶再形成电镜下可以观察到的微纤丝。由此可见,以微纤丝为主形成的细胞壁机械性能强、抗张力能力强。

图 1.19 纤维素片层结构

除反刍动物外,其他动物消化腺都不含纤维素酶,不能水解纤维素,所以纤维素对人及动物都无营养价值,但有利于刺激肠胃蠕动,吸附食物,帮助消化。某些微生物、藻类及各种昆虫,特别是反刍动物瘤胃中的细菌含有纤维素酶,能消化纤维素。近年来已筛选出富含纤维素酶的微生物,它们能将纤维素水解成纤维二糖和葡萄糖等。

5) 甲壳质

甲壳质亦称几丁质或壳多糖,是自然界中第二大类多糖。它是一种由 N-乙酰葡萄糖胺以 β-1,4-糖苷键相连接的同聚物,是甲壳类的介壳(如虾、蟹)及昆虫类外骨骼的结构成分。

1.3.2 杂多糖

水解后产生多于一种形式的单糖或单糖衍生物的叫杂多糖。常见的有以下几种。

1）半纤维素

半纤维素大量存在于植物木质化部分,包括很多高分子的多糖,可以用稀碱溶液提取。用稀酸水解,则产生己糖和戊糖,因此它们是多缩己糖(如多缩半乳糖和多缩甘露糖)和多缩戊糖(如多缩木糖和多缩阿拉伯糖)的混合物。

多缩戊糖及多缩己糖都是以 β-1,4-糖苷键相连接的。多缩木糖的分子结构如图 1.20 所示。

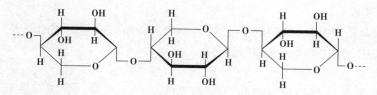

图 1.20　多缩木糖的分子结构式

2）果胶物质

果胶物质主要含有多聚半乳糖醛酸,广泛存在于植物初生细胞壁中,在柑橘、柠檬、柚子等的果皮中含量较多。果胶物质可分为以下 3 类。

(1)果胶酸

果胶酸的主要成分为多聚半乳糖醛酸,水解后产生半乳糖醛酸。在植物细胞中胶层,果胶酸常以钙盐和镁盐的形式存在,是细胞与细胞之间的黏合物。某些微生物(如白菜软腐病菌)能分泌分解果胶酸盐的酶,使细胞与细胞松开。植物器官的脱落也是由于中胶层中果胶酸的分解。

(2)果胶酯酸

果胶酯酸常呈不同程度的甲酯化。一般将甲酯化程度大于 5% 的称为果胶酯酸,为水溶性。甲酯化程度在 45% 以下的果胶酯酸在饱和糖溶液中及在酸性条件下(pH 为 3.1 ~ 3.5)可形成凝胶,称为果胶,是制作糖果、果酱等的重要物质。

(3)原果胶

果胶酸、果胶酯酸与纤维素和半纤维素结合成的水不溶性物质,称为原果胶。原果胶受植物体内多聚半乳糖醛酸酶(也称果胶酶)的作用,可转为水溶性果胶。水果在成熟过程中由硬质状态变成柔软状态,即是此原因。

果胶物质除含多聚半乳糖醛酸外,还含少量糖类,如 L-阿拉伯糖、D-半乳糖、L-鼠李糖、D-木糖、D-葡萄糖等。

3）琼脂

琼脂又叫洋菜,是从红色墨角藻中提取的异多糖混合物,主要由琼脂糖和琼脂胶组成。琼脂糖由 β-D-吡喃半乳糖和 3,6 脱水 α-D-吡喃半乳糖交替连接而成,分子不带电荷,为中性物质;琼脂胶是琼脂糖羟基被硫酸基、羧基等取代的强酸性多糖。由于琼脂吸水性强,加热融化后在室温下能快速呈凝胶状,且不被微生物利用,常用作微生物培养基的支持物或食品添加剂。将琼脂反复洗涤除去琼脂胶,进一步加工制成的细珠状琼脂糖凝胶可用作分离生物大分子的柱填料或电泳介质。

4）糖胺聚糖

糖胺聚糖是含氨基糖或氨基糖衍生物的高分子质量杂多糖,相对分子质量可达 5×10^6。

糖胺聚糖因含有酸性基团而带负电荷,亲水性很强,能形成透明的高黏度水合凝胶,过去又称黏多糖,主要存在于动物细胞的细胞衣中,起润滑和黏合作用。常见糖胺聚糖有以下几种。

（1）透明质酸

透明质酸是由 D-葡萄糖醛酸与 N-乙酰-D-葡萄糖胺单位交替组成的杂多糖,存在于玻璃体、角膜、细胞间质、关节液中,可溶于水,呈黏稠溶液,它有助于阻滞入侵的微生物及毒性物质的扩散。

（2）硫酸皮肤素

硫酸皮肤素是由艾杜糖醛酸和 N-乙酰氨基半乳糖单位交替组成的杂多糖,存在于皮肤、血管壁和心瓣膜中,能增加这些组织的韧性。

（3）肝素

肝素分子中含有 D-葡萄糖醛酸和 D-葡萄糖胺-2,6-二硫酸。肝素有抗凝血活性,对凝血过程的多个环节有抑制作用,此外还有降脂的作用。

（4）硫酸软骨素

硫酸软骨素是软骨素的硫酸酯,为软骨、腱及骨骼的主要成分。

（5）硫酸角质素

硫酸角质素的二糖单位由半乳糖与 6-硫酸乙酰氨基葡萄糖形成,在天然情况下,许多硫酸角质长链与一条多肽链结合,构成蛋白多糖,存在于软骨、角膜等中。

上述几种糖胺聚糖的二糖重复单位如图 1.21 所示。

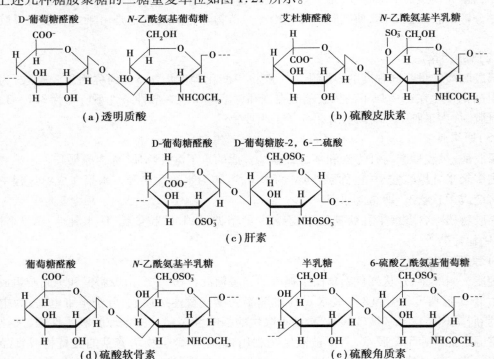

图 1.21　常见糖胺聚糖的二糖重复单位

1.4　糖复合物

糖复合物是糖类的还原端和其他非糖组分以共价键结合的产物,主要有糖蛋白、蛋白聚糖、糖脂和脂多糖等。

1.4.1　糖蛋白与蛋白聚糖

糖与蛋白质的复合物可分为糖蛋白与蛋白聚糖两类。糖蛋白是蛋白质与寡糖链形成的复合物,糖成分的含量在 1% ~80% 变动。而蛋白聚糖是蛋白质与糖胺聚糖形成的复合物,糖成分的含量一般较高,可达 95% 。

蛋白质或多肽与糖类的结合有两种不同类型的糖苷键,一种是肽链上天冬酰胺的 γ-酰胺氮与糖基上的异头碳形成 N-糖苷键,另一种是肽链上苏氨酸或丝氨酸(或羟赖氨酸、羟脯氨酸)的羟基与糖基上的异头碳形成 O-糖苷键,如图 1.22 所示。

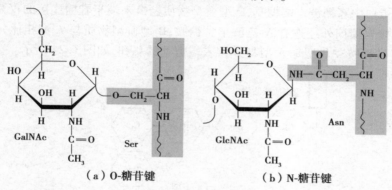

（a）O-糖苷键　　　　　（b）N-糖苷键

图 1.22　O-糖苷键和 N-糖苷键的结构

在糖蛋白和蛋白聚糖中,有的仅有一种或少数几种糖基,有的则存在大量的线性或分支寡糖链。软骨中的氨基葡聚糖具有众多的寡糖链,是典型的蛋白聚糖,它含有 150 多个糖链,每个糖链都共价结合于以多肽链为核心的支肽链上,整个结构是高度水化的。软骨蛋白聚糖聚集体的 M_r 非常大,其中含有透明质酸、硫酸角质素、硫酸软骨素、连接蛋白、核心蛋白和大量的寡糖链。

如图 1.23 所示,软骨蛋白聚糖聚集体的形状像羽毛。中心的透明质酸链穿过聚集体,带有糖胺聚糖的核心蛋白黏附在透明质酸链的侧面,像是透明质酸链长出的支链。透明质酸通过非共价键(主要静电相互作用)与核心蛋白相互作用,这些相互作用又被大量的连接蛋白与透明质酸和核心蛋白的相互作用(主要是静电作用)所稳定。每个核心蛋白大约共价结合 100 个硫酸软骨素分子。

糖蛋白分布广泛、种类繁多、功能多样。例如人和动物结缔组织中的胶原蛋白,黏膜组织分泌的黏蛋白,血浆中的转铁蛋白、免疫球蛋白、补体等都是糖蛋白。核糖核酸酶、唾液中的 α-淀粉酶过去被认为是简单蛋白质,现在发现也是糖蛋白。生命现象中的许多重要问题,如细胞的定位、胞饮、识别、迁移、信息传递、肿瘤转移等均与细胞表面的糖蛋白密切相关。糖蛋白

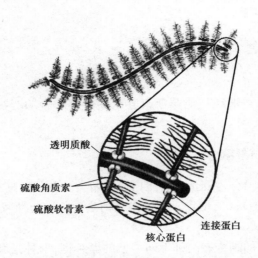

图 1.23 软骨蛋白聚糖聚集体的结构

中的糖基可能是蛋白质的特殊标记物,是分子间或细胞间特异结合的识别部位。例如决定人体血型的是糖蛋白中寡糖链末端糖基,O 型血型物质糖链末端半乳糖连接的仅是岩藻糖;A 型的半乳糖除连接岩藻糖外还连有 N-乙酰半乳糖胺;B 型血型物质与 A 型相比,是由半乳糖代替了 N-乙酰半乳糖胺;AB 型是 A 型与 B 型末端糖基的总和,如图 1.24 所示。

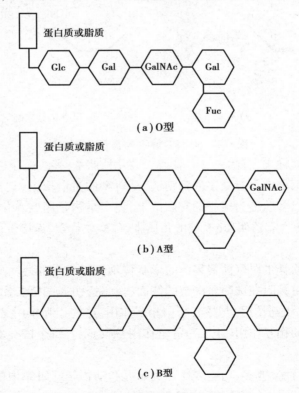

图 1.24 血型物质中的寡糖链结构

糖蛋白(和糖脂)的糖基总是位于细胞的外表面,成为某些病毒、细菌、激素、毒素和凝集素的受体。除识别作用外,糖蛋白中的糖基还具有稳定蛋白质的构象,增加蛋白质的溶解度等功能。

1.4.2　糖脂与脂多糖

糖脂广泛存在于动物、植物和微生物中,是一类脂质与糖半缩醛羟基结合的复合物。

常见的糖脂为脑苷脂和神经节苷脂。脑苷脂是由二酰甘油和己糖结合而成的化合物,己糖主要是半乳糖、甘露糖或葡萄糖。半乳糖脑苷脂广泛存在于神经组织中。糖基带有—SO_3^{2-} 的脑苷脂称为硫酸脑苷脂。硫酸脑苷脂广泛存在于动物的各器官中,脑组织中最为丰富。糖基含唾液酸的糖脂称为神经节苷脂。神经节苷脂在神经系统尤其是神经末梢中含量最为丰富,可能与其在神经冲动传递中起递质作用有关。

细胞膜含有各种糖脂,暴露于膜表面的糖脂和糖蛋白是细胞识别的分子基础。

脂多糖主要是革兰氏阴性细菌细胞壁所具有的复合多糖,它种类甚多,一般的脂多糖由三部分组成,由外到内为专一性低聚糖链、中心多糖链和脂质。外层专一性低聚糖链的组分随菌株不同而异,是细菌使人致病的部分。中心多糖链则多极相似或相同,脂质与中心糖链相连接。

第2章
脂类的生物化学

2.1　简单脂

简单脂包括三酰甘油和蜡。三酰甘油是由脂肪酸和甘油组成的一类化合物。

1) 脂肪酸的分类

脂肪酸是许多脂质的组成成分。从动物、植物、微生物中分离的脂肪酸有上百种,绝大部分脂肪酸以结合形式存在,但也有少量以游离状态存在。脂肪酸分子为一条长的烃链("尾")和一个末端羧基("头")组成的羧酸。根据烃链是否饱和,可将脂肪酸分为饱和脂肪酸和不饱和脂肪酸。不同脂肪酸之间的主要区别在于烃链的长度(碳原子数目)、双键数目和位置。每个脂肪酸可以有通俗名、系统名和简写符号。简写的一种方法是,先写出脂肪酸的碳原子数目,再写双键数目,两个数目之间用(:)隔开,如[正]十八[烷]酸(硬脂酸)的简写符号为 $18:0$,十八[碳]二烯酸(亚油酸)的符号为 $18:2$。双键位置用 Δ 右上方标数字表示,数字是双键的两个碳原子编号(从羧基端开始计数)中的较低数字,并在编号后面用 c(顺式)和 t(反式)标明双键构型。如顺,顺-9,12-十八碳二烯酸(亚油酸)简写为 $18:2\Delta^{9c,12c}$。

2) 脂肪酸的结构特点

大多数脂肪酸的碳原子数为 $12 \sim 24$,且均是偶数,以 16 碳和 18 碳最为常见。饱和脂肪酸中最常见的是软脂酸和硬脂酸;不饱和脂肪酸中最常见的是油酸。哺乳动物乳脂中则大量存在 12 碳以下的饱和脂肪酸。

分子中只有一个双键的不饱和脂肪酸,双键位置一般在第 9、10 位碳原子之间;若双键数目多于一个,则总有一个双键位于第 9、10 位碳原子之间(Δ^9),其他的双键比第一个双键更远离羧基,两双键之间往往隔着一个亚甲基($-CH_2-$),如亚油酸、花生四烯酸等,但也有少数植物的不饱和脂肪酸中含有共轭双键,如双酮油酸。

不饱和脂肪酸大多为顺式结构(氢原子分布在双键的同侧),只有少数为反式结构(氢原子分布在双键的两侧)。植物油部分氢化易产生不饱和脂肪酸,例如食品加工使用的人造黄油、起酥油等。研究表明,反式不饱和脂肪酸摄入过多有增加患动脉粥样硬化和冠心病的危险。

3）必需脂肪酸

哺乳动物体内能够自身合成饱和及单不饱和脂肪酸，但不能合成机体必需的亚油酸、亚麻酸等多不饱和脂肪酸。我们将这些自身不能合成、必须由膳食提供的脂肪酸称为必需脂肪酸。必需脂肪酸是前列腺素、血栓噁烷和白三烯等生物活性物质的前体。亚油酸和亚麻酸可直接从植物食物中获得，亚油酸属于 ω-6（或 n-6）系脂肪酸；亚麻酸属于 ω-3（或 n-3）系脂肪酸。ω-3 和 ω-6 指从甲基端起第一个双键位于第三个碳和第六个碳上，亚麻酸在人体内可以衍生出二十碳五烯酸（EPA）和二十二碳六烯酸（DHA），EPA 和 DHA 对婴幼儿视力和大脑发育、成人改善血液循环有重要意义。亚油酸在人体内可转化为 γ-亚麻酸，进而延长为花生四烯酸，是维持细胞膜结构和功能必需的。

4）类二十碳烷

类二十碳烷是由 20 碳 PUFA 衍生而成的，包括前列腺素、凝血烷和白三烯等，合成的前体是花生四烯酸。前列腺素存在广泛，种类较多，不同的前列腺素或同一前列腺素作用于不同的细胞，会产生不同的生理效应，如升高体温、促进炎症、控制跨膜转运、调整突触传递、诱导睡眠、扩张血管等。凝血烷最早从血小板分离获得，能引起动脉收缩，诱发血小板聚集，促进血栓形成。白三烯最早从白细胞分离获得，能促进趋化性、炎症和变态反应。阿司匹林（乙酰水杨酸）能消炎、镇痛、退热是因为它能抑制前列腺素的合成，也可抑制凝血烷合成，有抗凝血作用。

2.1.1　三酰甘油

1）三酰甘油的结构

动植物油脂的化学本质是脂酰甘油，其中主要是三酰甘油或称甘油三酯。甘油三酯是三分子脂肪酸与一分子甘油的醇羟基脱水形成的化合物。从构型上可有 L 型和 D 型两种，其结构通式如下：

$$CH_2-O-\overset{\displaystyle O}{\overset{\|}{C}}-R_1 \qquad\qquad CH_2O-\overset{\displaystyle O}{\overset{\|}{C}}-R_1$$
$$CH-O-\overset{\displaystyle O}{\overset{\|}{C}}-R_2 \quad 或 \quad R_2-\overset{\displaystyle O}{\overset{\|}{C}}-O-CH$$
$$CH_2-O-\overset{\displaystyle O}{\overset{\|}{C}}-R_3 \qquad\qquad CH_2O-\overset{\displaystyle O}{\overset{\|}{C}}-R_3$$

若 R_1、R_2、R_3 是相同的，则为简单甘油三酯（如油酸甘油三酯、硬脂酸甘油三酯）；若部分不同或完全不同，则为混合甘油三酯（如 1-棕榈油酰-2-硬脂酰-3-豆蔻酰-SN-甘油）。

2）三酰甘油的理化性质

天然三酰甘油一般无色、无臭、无味，不溶于水，易溶于乙醚、氯仿、苯和石油醚等非极性有机溶剂。故常用有机溶剂提取脂质，用萃取法粗分离，再用酸或碱处理，水解成可用于分析的成分（如脂肪酸甲酯），然后用色谱法进行分析。

天然的油脂常是多种三酰甘油的混合物，因此没有明确的熔点，其熔点与脂肪酸组成及低相对分子质量的脂肪酸数目有关。动物中的三酰甘油饱和脂肪酸含量高，熔点也高，常温下呈固态,俗称脂肪;植物中的三酰甘油不饱和脂肪酸含量高,熔点也低,常温下呈液态,俗称油。因此,三酰甘油又通称为油脂。

三酰甘油的化学性质可概括如下。

(1)水解与皂化

在酸、碱或脂肪酶的作用下,三酰甘油可逐步水解成二酰甘油、单酰甘油,最后彻底水解成甘油和脂肪酸。

酸水解是可逆的。碱水解因生成脂肪酸盐类(如钠盐、钾盐)俗称皂,所以油脂的碱水解反应又称为皂化反应。皂化1 g 油脂所需的 KOH 的质量称为皂化值。测定油脂的皂化值可以衡量油脂的平均相对分子质量 M_r。

$$油脂的平均\ M_r = \frac{3 \times 56 \times 1\ 000}{皂化值}$$

式中,56 是 KOH 的相对分子质量;3 表示中和 1 mol 三酰甘油需要 3 mol KOH。

(2)氢化与卤化

三酰甘油中的双键可与 H_2 和卤素等进行加成反应,称三酰甘油的氢化和卤化。催化剂如金属 Ni 催化的氢化作用,可以将液态的植物油转变成固态脂或半固态脂,称氢化油。氢化油有类似奶油的起酥性和口感,还可防止油脂酸败,作为人造奶油被广泛用于食品加工。但氢化过程会在减少双键的同时,形成反式双键,称反式脂肪酸。食用反式脂肪酸对健康不利,故不可食用过多的人造奶油。

卤化反应中吸收卤素的量可用碘值表示,碘值指 100 g 油脂吸收碘的质量(g),用于测定油脂的不饱和程度。不饱和程度越高,碘值越高。

(3)自动氧化与酸败作用

油脂在空气中暴露过久可被氧化,产生难闻的臭味,称为油脂酸败作用(俗称变蛤)。酸败的主要原因是油脂的不饱和成分发生了自动氧化,产生过氧化物并进而降解成挥发性的醛、酮、酸的复杂混合物。酸败程度一般用酸值(价)来表示,酸值即中和 1 g 油脂中的游离脂肪酸所需的 KOH 质量(mg)。

2.1.2 蜡

蜡是长链一元醇或固醇和长链脂肪酸形成的酯。长链是指烃基的碳原子数至少有 16 个。简单蜡的通式为 RCOOR′。蜡完全不溶于水,其硬度由烃链的长度和饱和度决定。天然蜡是多种蜡的混合物,蜡中发现的脂肪酸一般为饱和脂肪酸,醇有饱和的,也有不饱和的。

天然蜡按其来源可分为动物蜡和植物蜡两大类。动物蜡主要是昆虫的分泌物,如虫白蜡和蜂蜡等。

虫白蜡又称中国蜡,是我国西南地区放养在女贞树上,以吸食汁液为生的白蜡虫所分泌的,主要是 C_{26} 醇和 C_{26}、C_{28} 酸所形成的酯,熔点为 80～83 ℃,是一种重要的工业原料。

蜂蜡是蜜蜂的分泌物,用以建造蜂巢。碱水解时主要产生 C_{30}、C_{32} 醇和 C_{26}、C_{28} 酸,熔点为 60～82 ℃。

蜂蜡和虫白蜡可用作涂料、润滑剂及其他化工原料。

此外,抹香鲸头部含有鲸蜡。巨头鲸的头部占全身总质量的 1/3,含鲸油约 4 t,鲸油由三酰甘油和鲸蜡组成。鲸蜡主要成分是鲸蜡醇和软脂酸形成的酯,熔点为 42～47 ℃。

从羊毛的洗涤液中可以回收羊毛蜡。羊毛蜡具有特殊的性质,即遇水能形成一种稳定的半固体胶,胶体含水量可达 80%。羊毛脂是从羊毛蜡中纯化获得的,可用于药品和化妆品中,羊毛脂有助于水溶性物质和脂溶性物质"混溶",利于皮肤吸收。

植物蜡广泛存在于植物体中,许多植物的叶、茎和果实的表皮上常有蜡质覆盖。巴西棕榈蜡是天然蜡中经济价值最高的一种,其熔点高(86~90 ℃)、硬度大、不透水,可用作高级抛光剂,如汽车蜡、地板蜡、船蜡及鞋油等。

蜡是动植物代谢的终产物,具有一定的保护作用。如植物根、茎、叶、果实表面的蜡可减少水分蒸发,防止细菌及某些药物的侵蚀,昆虫体表的蜡也有类似作用。

2.2　复合脂

2.2.1　甘油磷脂

甘油磷脂(又称磷酸甘油酯)分子中甘油的两个醇羟基与脂肪酸成酯,第三个醇羟基与磷酸成酯或磷酸再与其他含羟基的物质(如胆碱、乙醇胺、丝氨酸等醇类衍生物)结合成酯。结构通式如下:

$$
\begin{array}{l}
CH_2OCOR_1 \\
| \\
R_2OCOCH \quad\quad O^- \\
| \quad\quad\quad\quad | \\
CH_2\!-\!O\!-\!P\!-\!O\!-\!X \\
\quad\quad\quad\quad || \\
\quad\quad\quad\quad O
\end{array}
$$

式中,X 代表有羟基的含氮碱或其他醇类衍生物。X 不同,则甘油磷脂的类型也不相同。磷脂酶 A1 和 A2 可特异性地催化甘油磷脂 C1 和 C2 位置酯键的水解,磷脂失去一个脂肪酸后的产物称溶血磷脂,能使红细胞溶解。蛇毒和蜂毒中含有丰富的磷脂酶 A2,一旦进入体内将产生高浓度的溶血磷脂,导致溶血而危及人的生命。

甘油磷脂所含的两个长的烃链构成分子的非极性尾,甘油磷酸基与高极性或带电荷的醇酯化构成的极性头,因此甘油磷脂为两性分子。在水中它们的极性头指向水相,而非极性的烃链由于对水的排斥力而聚集在一起形成双分子层的中心疏水区。这种脂质双分子层结构在水中处于热力学的稳定状态,是构成生物膜结构的基本特征之一。纯的甘油磷脂是白色蜡状固体,大多溶于含少量水的非极性溶剂中。用氯仿-甲醇混合溶剂很容易将甘油磷脂从组织中提取出来。

生物体内常见的甘油磷脂包括磷脂酰胆碱、磷脂酰乙醇胺、磷脂酰丝氨酸、磷脂酰肌醇、缩醛磷脂及二磷脂酰甘油(心磷脂)等。

磷脂酰胆碱又称卵磷脂,磷脂酰乙醇胺又称脑磷脂。卵磷脂与脑磷脂是细胞膜中含量最丰富的脂质物质。卵磷脂常是含不同脂肪酸(软脂酸、硬脂酸、油酸、亚油酸、亚麻酸和花生四烯酸等)的磷脂酰胆碱的混合物。胆碱是一种季铵离子,碱性极强。脑磷脂分子中的脂肪酸与卵磷脂相似。

磷脂酰胆碱为白色蜡状物,在低温下也可结晶,易吸水变成棕黑色胶状物,不溶于丙酮,溶于乙醚及乙醇。动物组织、脏器中含量相当多。胆碱具有重要的生物学功能,是代谢中的甲基供体,乙酰化的胆碱(乙酰胆碱)$(CH_3)_3N^+—CH_2CH_2OCOCH_3$是一种神经递质,与神经冲动的传导有关。

磷脂酰乙醇胺的性质与磷脂酰胆碱相似,不稳定,易吸水氧化成棕黑色物质,不溶于丙酮及乙醇,但能溶于乙醚,主要存在于脑、神经、心脏和肝等组织中。

醚甘油磷脂的甘油骨架第 1 位碳连接的是长链醇而不是脂肪酸,常见的有缩醛磷脂和血小板活化因子。

2.2.2 鞘脂类

鞘脂类是植物和动物细胞膜的重要组分,在神经组织和脑内含量丰富。鞘脂类也具有一个极性头和两个非极性尾(一分子脂肪酸和一分子鞘氨醇或其衍生物),但不含甘油。鞘脂类又分为三类,即鞘磷脂类、脑苷脂类及神经节苷脂类,其中鞘磷脂含磷酸。脑苷脂和神经节苷脂含有一个或多个糖单位,故称其为鞘糖脂。

1) 鞘磷脂类

鞘磷脂在高等动物的脑髓鞘和红细胞膜中特别丰富,也存在于许多植物种子中。鞘磷脂与磷脂酰胆碱相似,也是两性分子,由磷脂酰胆碱、鞘氨醇和两条长的脂肪酸烃链构成的疏水尾巴组成。鞘磷脂分子中,鞘氨醇的氨基与脂肪酸之间形成酰胺键,鞘氨醇的羟基与磷脂酰胆碱相连,结构如图 2.1 所示。

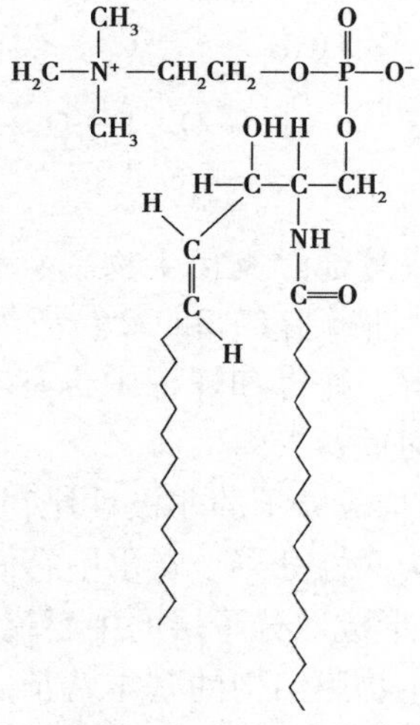

图 2.1　鞘磷脂的结构

鞘磷脂中的鞘氨醇有 60 多种,鞘氨醇通过酰胺键与脂肪酸相连的结构称为神经酰胺,是构成鞘磷脂的母体结构。鞘糖脂是以神经酰胺为母体的化合物,即神经酰胺的 1 位羟基被糖基化形成糖苷化合物,因而可与鞘磷脂一起归入鞘脂类。

2) 脑苷脂类

脑苷脂是含 1 个糖残基的鞘糖脂,是由神经酰胺的 C1 上的羟基与单糖分子以糖苷键结合而成,不含唾液酸成分。例如半乳糖脑苷脂是以 β-D-半乳糖作为极性头基因,通过 β-糖苷键与神经酰胺连接(图 2.2)存在于脑的神经组织中。有些哺乳动物组织中含有葡萄糖脑苷脂,其板性头部含有葡萄糖,存在于非神经组织膜中。

脑苷脂分子中由于无磷酸基团,因此是非极性的。其疏水尾部伸入膜的脂双层,极性糖基露在细胞表面,有的是血型抗原,还有一些与组织和器官的特异性、细胞之间的识别有关。

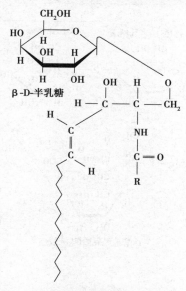

β-D-半乳糖

图 2.2　半乳糖脑苷脂的结构

3)神经节苷脂

糖基部分含有唾液酸的葡糖脂称为神经节苷脂,由神经酰胺与结构复杂的寡糖结合而成,是大脑灰质细胞膜的组分之一,也存在于脾、肾及其他器官中。神经节苷脂分子中的糖主要有 N-乙酰神经氨酸(唾液酸)、N-羟乙酰神经氨酸等。根据寡糖中唾液酸的数目不同,神经节苷脂又可分为单唾液酸神经节苷脂(G_M)、二唾液酸神经节苷脂(G_D)和三唾液酸神经节苷脂(G_r),G_M又因寡糖基的不同分为 G_{M1}、G_{M2} 和 G_{M3}(图 2.3)。

神经末梢中含量丰富的神经节苷脂,可能在神经突触的传导中起作用。位于细胞膜表面的神经节苷脂有复杂的寡糖头部,有些是一些激素的特殊受体,还有一些是某些细菌蛋白毒素如霍乱毒素的受体。同时,神经节苷脂对细胞间的通信和识别有着特殊的重要性。

2.2.3　糖脂

糖通过糖苷键与脂质连接的化合物称为糖脂。上述植物糖鞘磷脂中的糖基以糖脂键相连,不属于糖脂类。糖脂的理化性质同脂类物质,根据脂质的不同,糖脂分为鞘糖脂、甘油糖脂及类固醇衍生的糖脂(如强心苷),其中鞘糖脂和甘油糖脂是膜脂的主要成分。

1)鞘糖脂

鞘糖脂是以神经酰胺为母体结构的化合物,与鞘磷脂一起归入鞘脂类。根据糖基是否含硫酸基或唾液酸,可分为酸性鞘糖脂和中性鞘糖脂两类。

(1)酸性鞘糖脂

酸性鞘糖脂显酸性,分为硫酸鞘糖脂和唾液酸鞘糖脂。

①硫酸鞘糖脂。硫酸鞘糖脂又称硫苷脂,是糖基被硫酸化的鞘糖脂。目前已分离出几十种,最简单的一种是硫酸脑苷脂,它广泛分布于哺乳动物各器官中,尤以脑中含量最丰富,其结构如图 2.4 所示。

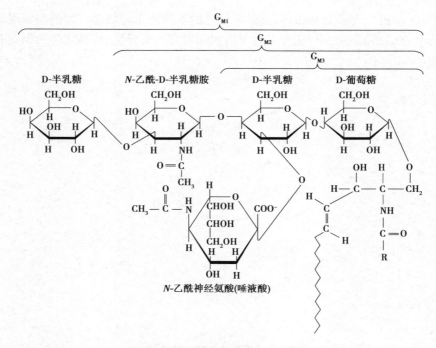

图 2.3　神经节苷脂 G_{M1}、G_{M2} 和 G_{M3} 的化学结构

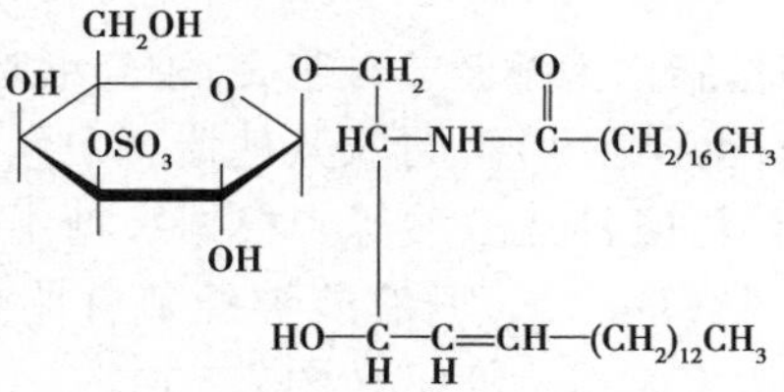

图 2.4　硫酸鞘糖脂的结构

②唾液酸鞘糖脂。唾液酸鞘糖脂又称神经节苷脂,是糖基包含唾液酸的鞘糖脂。其糖基为寡糖链,包含 1 个或多个唾液酸,人体中的唾液酸几乎都是 N-乙酰神经氨酸,唾液酸之间以 $\alpha 2 \to 8$ 糖苷键相连,唾液酸与半乳糖或 N-乙酰半乳糖之间以 $\alpha 2 \to 3$ 或 $\alpha 2 \to 6$ 连接。寡糖链一端的鞘氨醇与脂肪酸形成神经酰胺。

唾液酸鞘糖脂的命名是用 G 代表神经节苷脂,右下标的 M、D、T 分别代表所含唾液酸的数目为 1 个、2 个、3 个,右下标的 1、2、3 分别代表神经酰胺与寡糖链的连接顺序,其中下标 1 代表 Gal-GalNAc-Gal-Glc-Cer,下标 2 代表 GalNAc-Gal-Glc-Cer,下标 3 代表 Gal-Glc-Cer。G_{M1}、G_{M2}、G_{M3}结构如图 2.5 所示。

神经节苷脂是最重要的鞘糖脂,迄今已有 60 多种,大量存在于神经系统特别是神经末梢中,在传导神经冲动中起重要作用。神经节苷脂具有受体功能,如霍乱毒素、干扰素、促甲状腺素等的受体都是神经节苷脂类化合物。它们可能还有调节膜蛋白功能的作用。许多遗传性疾病与神经节苷脂的非正常积累有关,如脑中 G_M 过多会导致人失明、麻痹、进行性发育阻滞,出生后 3～4 年内便会死亡。

(2)中性鞘糖脂

中性鞘糖脂是糖基不含唾液酸的一类动物糖脂。糖基由 β-己糖(多数为半乳糖,少数为葡萄糖)或寡糖组成,鞘氨醇与脂肪酸相连形成神经酰胺。根据所连脂肪酸不同分别命名为葡萄糖脑苷脂(二十四酸)、烯脑苷脂(Δ^9-二十四烯酸)和羟脑苷脂(α-羟二十四酸)等。

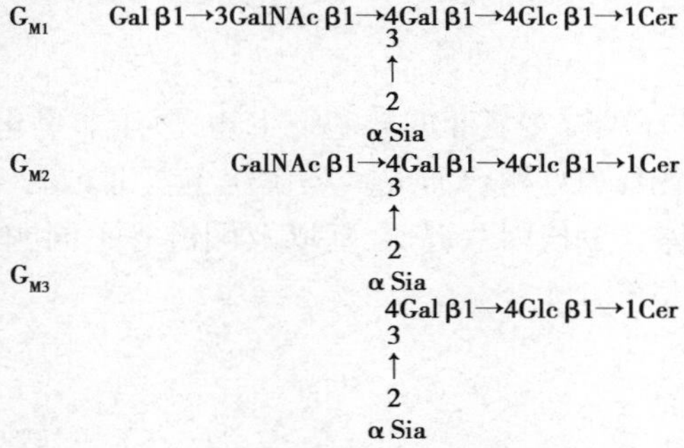

$$G_{M1} \quad Gal\,\beta1 \rightarrow 3GalNAc\,\beta1 \rightarrow 4Gal\,\beta1 \rightarrow 4Glc\,\beta1 \rightarrow 1Cer$$
$$3$$
$$\uparrow$$
$$2$$
$$\alpha\,Sia$$

$$G_{M2} \quad GalNAc\,\beta1 \rightarrow 4Gal\,\beta1 \rightarrow 4Glc\,\beta1 \rightarrow 1Cer$$
$$3$$
$$\uparrow$$
$$2$$
$$\alpha\,Sia$$

$$G_{M3} \quad 4Gal\,\beta1 \rightarrow 4Glc\,\beta1 \rightarrow 1Cer$$
$$3$$
$$\uparrow$$
$$2$$
$$\alpha\,Sia$$

图 2.5　神经节苷脂的结构

第一个发现的鞘糖脂即半乳糖基神经酰胺是从人脑中获得的,所以又称为半乳糖脑苷脂,其结构为烯脑苷脂,结构式如图 2.6 所示。

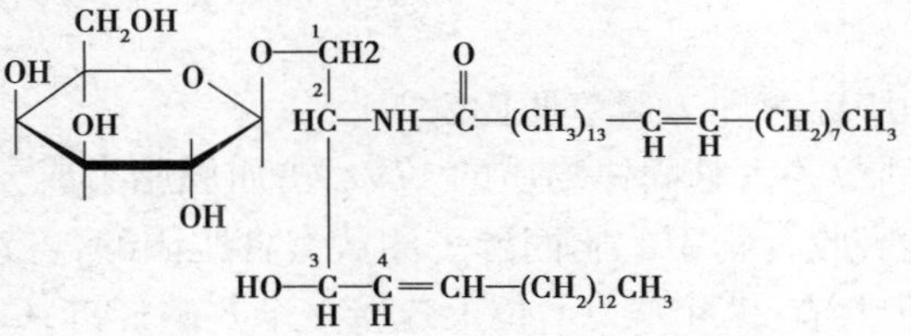

图 2.6　半乳糖基神经酰胺的结构式

目前脑苷脂泛指半乳糖基神经酰胺和葡萄糖基神经酰胺。血型表面抗原物质也是中性鞘糖脂(有些是糖蛋白),因其糖基含有岩藻糖,所以又称岩藻糖脂。鞘糖脂疏水的尾部伸入膜的脂双层,极性的糖基露在表面,不仅与血型、组织和器官的特异性有关,还与细胞识别等功能有关。

2)甘油糖脂

甘油糖脂又称糖基甘油酯,它的醇为甘油,结构与甘油磷脂相似。非极性部分亚麻酸含量较丰富,极性部分则是糖残基,糖基多为己糖(如半乳糖、葡萄糖和甘露糖等)或二糖,最常见的甘油糖脂是单半乳糖基二酰甘油和二半乳糖基二酰甘油,结构如图 2.7 所示。

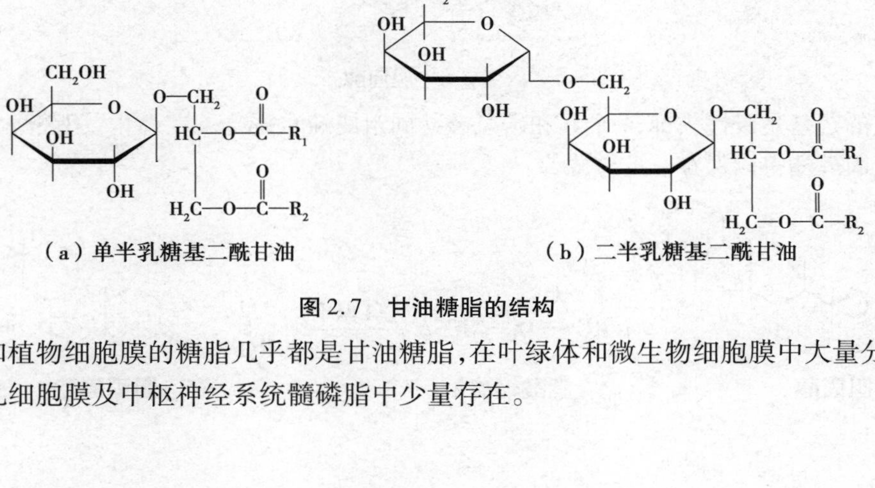

（a）单半乳糖基二酰甘油　　　　　　　　（b）二半乳糖基二酰甘油

图 2.7　甘油糖脂的结构

细菌和植物细胞膜的糖脂几乎都是甘油糖脂,在叶绿体和微生物细胞膜中大量分布,动物精子和睾丸细胞膜及中枢神经系统髓磷脂中少量存在。

2.3　类固醇

类固醇又称为甾体,是环戊烷多氢菲的羟基衍生物,属于非皂化脂。环戊烷多氢菲由 3 个六元环(A、B、C)和 1 个五元环(D)稠合而成。环戊烷多氢菲带有 2 个甲基(C_{18},C_{19})时称为甾核。甾核是类固醇的母体。甾核因双键、羟基以及侧链等不同,有许多种类固醇分子,通常分为固醇及固醇衍生物两大类。

2.3.1　固醇

固醇是甾核的一元醇衍生物,在甾核 3 位有 1 个羟基,在 17 位有 1 个含 8~10 个碳原子的分支烃链。固醇在生物界分布甚广,有动物固醇、植物固醇及酵母固醇。在细胞中,固醇既可游离存在,又可与脂肪酸结合成固醇酯。各种固醇物质的差别在于 B 环中双键的数目、位置及 C 位上的侧链结构。

(1)动物固醇

动物固醇有多种,如胆固醇和 7-脱氢胆固醇等。

最为人们关注的胆固醇约占脑固体物质的 17%,占质膜脂类成分的 20% 以上。哺乳动物能自行合成胆固醇,也能吸收食物中的胆固醇。卵黄富含胆固醇,可达 2 000 mg/100 g。

胆固醇(图 2.8)分子共有 27 个碳,C_{17} 位上连接 1 个 8 碳烃链,C_5、C_6 之间有 1 个双键。

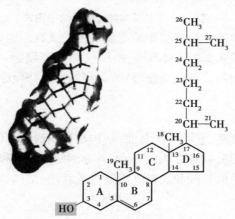

图 2.8　胆固醇

C_3 上的羟基是极性头部,4 个环和碳氢链共同组成疏水尾部。在体内,胆固醇多与脂肪酸结合成胆固醇酯得以保存。反应式为:

$$胆固醇 + RC-O-SCoA \xrightarrow{(组织中)} RC-O-胆固醇酯 + HSCoA$$

胆固醇　　　　脂酰辅酶A　　　　　　　　　　　　胆固醇酯

胆固醇酯与磷脂或脂蛋白的复合物是胆固醇在血液中的运输形式。胆固醇容易以脂肪沉积的形式聚集在血管壁上,这些斑块被认为是引发心血管病的原因之一。因此,许多人尤其是肥胖症患者应限制进食胆固醇高的食物。尽管如此,胆固醇的生物化学作用不容忽视,它不仅作为生物膜组分调节生物膜流动性,还是固醇激素和胆酸盐的前体。

（2）植物固醇

植物固醇如豆固醇和菜油固醇是植物细胞的重要成分,很少被人消化吸收。不仅如此,植物固醇还能抑制人对胆固醇的吸收。

（3）酵母固醇

酵母固醇以麦角固醇最多,广泛存在于酵母和麦角菌中。其结构比胆固醇多 2 个双键,分别在 C_7、C_8 间和支链上 C_{22}、C_{23} 间。麦角固醇经紫外线照射可转化为维生素 D_2,所以麦角固醇又称维生素 D_2 原。

2.3.2　固醇衍生物

胆汁酸、类固醇激素、植物固醇、维生素 D_2、维生素 D_3 等都属于固醇衍生物。

（1）胆汁酸

胆汁酸存在于胆汁中,是肝脏细胞对胆固醇的代谢产物。人胆汁酸有 3 种:胆酸、脱氧胆酸和鹅脱氧胆酸,它们都属于固醇酸。其中胆酸含有 3 个羟基和 1 个羧基,该羧基能以酰胺键与甘氨酸或牛磺酸的氨基结合,分别生成甘氨胆酸和牛磺胆酸,称为胆汁盐。胆汁盐具有亲水和疏水两面性,是很好的乳化剂,在肠道中能促进油脂和脂溶性维生素的消化吸收。在实验室中,脱氧胆酸常作为试剂用于提高膜蛋白的可溶性或增加细胞膜的透性。

（2）类固醇激素

类固醇激素是动物体内起代谢调节作用的一类固醇衍生物,根据来源不同分为肾上腺皮质激素和性激素两大类。肾上腺皮质激素具有升高血糖浓度和促进肾脏保钠排钾的作用。性激素有雄性激素、雌激素、孕激素等。

（3）植物固醇

植物固醇有的具有较强的生理活性及药理作用,如从百合科植物提取的强心苷,由固醇与葡萄糖、鼠李糖等组成,能降低心率,增加心肌收缩强度,常用于治疗心率失常等疾病。

第**3**章
蛋白质的生物化学

3.1　氨基酸

生物体内蛋白质都是以常见的 20 种氨基酸为原料合成的多聚体,因此氨基酸是蛋白质的基本组成单位。不同蛋白质的氨基酸组成与排列顺序是不同的。自然界存在 300 余种氨基酸,但被生物体作为原料直接用于合成蛋白质的氨基酸目前发现的仅有 20 种,且均为 L-α-氨基酸(甘氨酸、脯氨酸除外),氨基酸的结构通式如下:

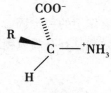

（R 为侧链）

由氨基酸的结构通式可见,α-碳原子分别连接 4 个不同原子或基团,为不对称碳原子(甘氨酸除外),不同的氨基酸其侧链(R)各异。

生物体内也存在若干种不参与蛋白质合成的氨基酸,如鸟氨酸、瓜氨酸等,其具有其他重要的生理功能。

3.1.1　氨基酸的结构与分类

生物体内作为蛋白质合成原料的 20 种氨基酸,根据其侧链的结构和理化性质的差异可分成 5 类:①非极性脂肪族氨基酸;②极性中性氨基酸;③芳香族氨基酸;④酸性氨基酸;⑤碱性氨基酸。氨基酸的分类见表 3.1。

蛋白质分子中某些氨基酸残基在蛋白质合成后往往还要经过加工修饰,如羟基化、甲基化、乙酰化、磷酸化等,这些翻译后的修饰,可改变蛋白质的稳定性、亚细胞定位、与其他蛋白相互作用等性质,体现了蛋白质的多样性。在蛋白质分子中有不少半胱氨酸以胱氨酸形式存在(两个半胱氨酸残基上的巯基脱氢,以二硫键相连,形成胱氨酸)(图 3.1)。

表 3.1　氨基酸的分类

类别	结构式	中文名	英文名	三字符号	一字符号	等电点（pI）
非极性脂肪族氨基酸	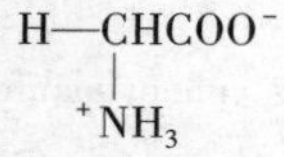 H—CHCOO⁻ 下 ⁺NH₃	甘氨酸	glycine	Gly	G	5.97
	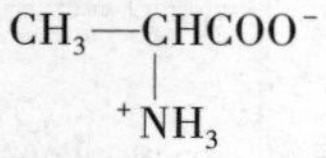 CH₃—CHCOO⁻ 下 ⁺NH₃	丙氨酸	alanine	Ala	A	6.00
	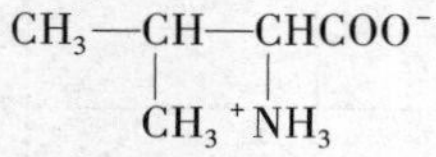 CH₃—CH—CHCOO⁻ CH₃ ⁺NH₃	缬氨酸	valine	Val	V	5.96
	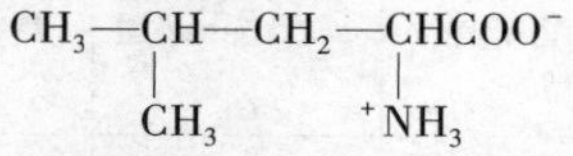 CH₃—CH—CH₂—CHCOO⁻ CH₃ ⁺NH₃	亮氨酸	leucine	Leu	L	5.98
	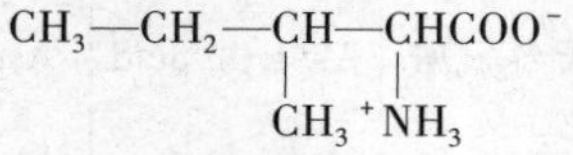 CH₃—CH₂—CH—CHCOO⁻ CH₃ ⁺NH₃	异亮氨酸	isoleucine	Ile	I	6.02
	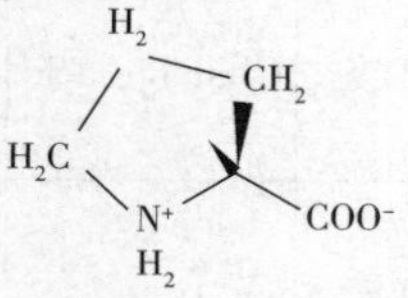 (脯氨酸环状结构式)	脯氨酸	proline	Pro	P	6.30
极性、中性氨基酸	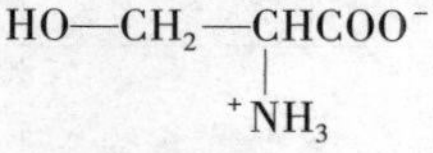 HO—CH₂—CHCOO⁻ ⁺NH₃	丝氨酸	serine	Ser	S	5.68
	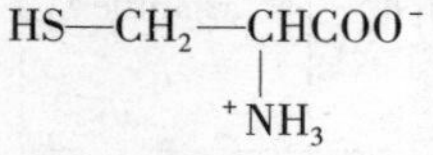 HS—CH₂—CHCOO⁻ ⁺NH₃	半胱氨酸	cysteine	Cys	c	5.07
	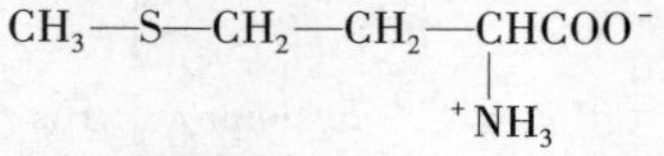 CH₃—S—CH₂—CH₂—CHCOO⁻ ⁺NH₃	蛋氨酸	methionine	Met	M	5.74
	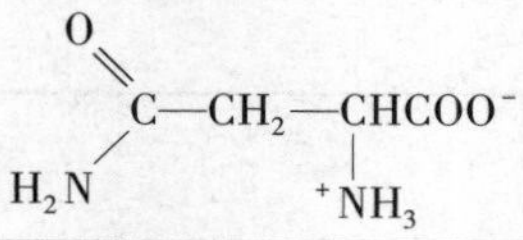 O‖C—CH₂—CHCOO⁻ H₂N ⁺NH₃	天冬酰胺	asparagine	Asn	N	5.41
	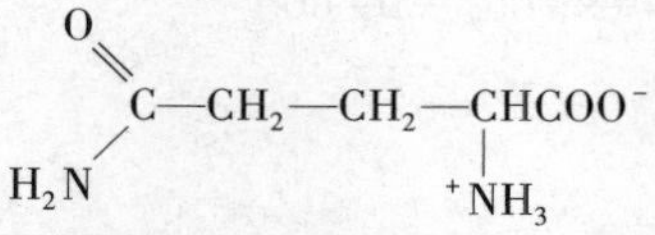 O‖C—CH₂—CH₂—CHCOO⁻ H₂N ⁺NH₃	谷氨酰胺	glutamine	Gln	Q	5.65
	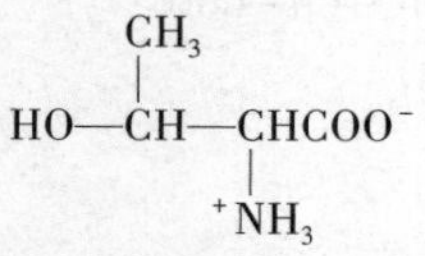 CH₃ HO—CH—CHCOO⁻ ⁺NH₃	苏氨酸	threonine	Thr	T	5.60

续表

类别	结构式	中文名	英文名	三字符号	一字符号	等电点（pI）
芳香族氨基酸	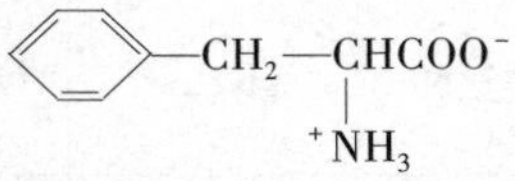 （苯环）—CH₂—CHCOO⁻ ⁺NH₃	苯丙氨酸	phenylalanine	Phe	F	5.48
	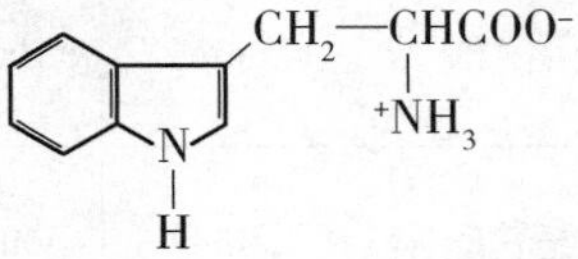 （吲哚）—CH₂—CHCOO⁻ ⁺NH₃	色氨酸	tryptophan	Trp	W	5.89
	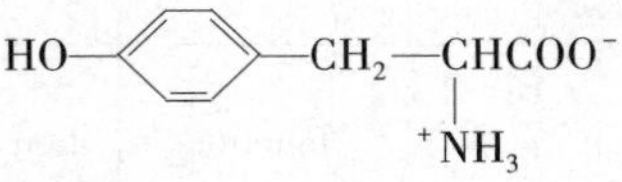 HO—（苯环）—CH₂—CHCOO⁻ ⁺NH₃	酪氨酸	tyrosine	Tyr	Y	5.66
酸性氨基酸	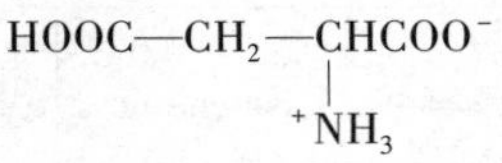 HOOC—CH₂—CHCOO⁻ ⁺NH₃	天冬氨酸	Aspartic acid	Asp	D	2.77
	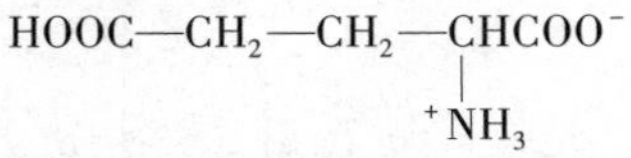 HOOC—CH₂—CH₂—CHCOO⁻ ⁺NH₃	谷氨酸	Glutamic acid	Glu	E	3.22
碱性氨基酸	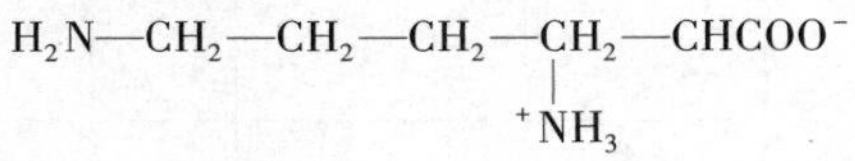 H₂N—CH₂—CH₂—CH₂—CH₂—CHCOO⁻ ⁺NH₃	赖氨酸	lysine	Lys	K	9.74
	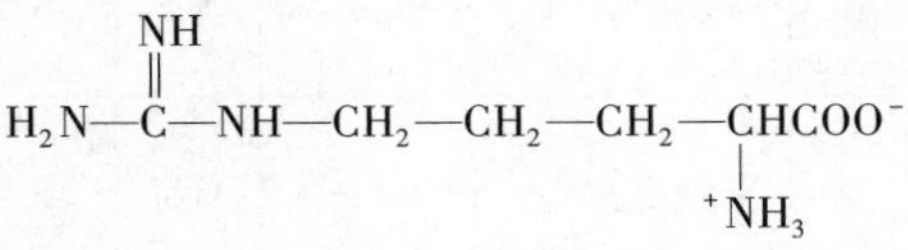 （胍基）H₂N—C(=NH)—NH—CH₂—CH₂—CH₂—CHCOO⁻ ⁺NH₃	精氨酸	arginine	Arg	R	10.76
	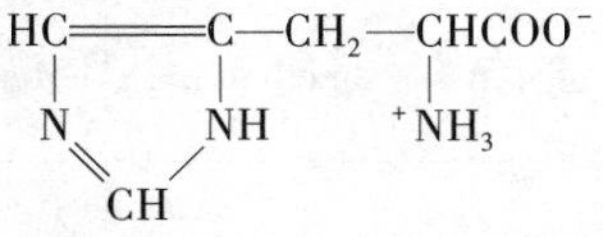 （咪唑环）HC=C—CH₂—CHCOO⁻ ⁺NH₃	组氨酸	histidine	His	H	7.59

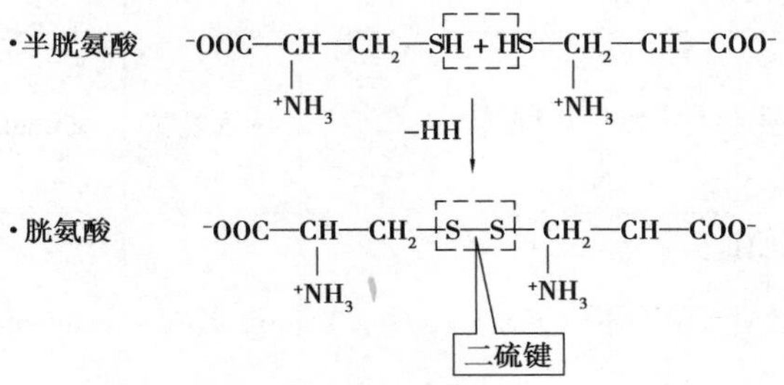

图 3.1　胱氨酸的形成

28

3.1.2　氨基酸的理化性质

（1）两性解离及等电点

氨基酸分子中有碱性的 α-氨基，具有解离成正离子的趋势，又有酸性的 α-羧基，具有解离成负离子的趋势，因此氨基酸是两性电解质，具有两性解离特性。氨基酸的解离方式及带电状态与其所处溶液的 pH 值有关（图 3.2）。在某一 pH 值条件下，氨基酸解离成阳离子和阴离子的趋势及程度相等，呈电中性，此时溶液的 pH 值称为该氨基酸的等电点。

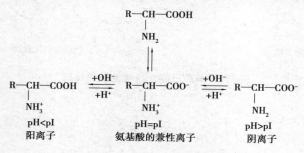

图 3.2　氨基酸的解离方程

（2）氨基酸的紫外吸收性质

芳香族氨基酸（酪氨酸、色氨酸）分子中含有共轭双键，具有吸收紫外光的特性，其最大吸收峰在 280 nm 波长附近（图 3.3）。由于大多数蛋白质都含有酪氨酸和色氨酸残基，因此该特性可用于蛋白质的定量分析。

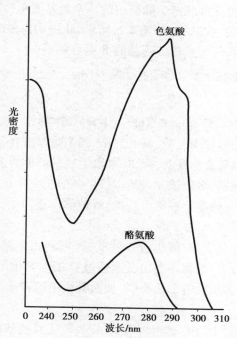

图 3.3　氨基酸的紫外吸收

（3）呈色反应

氨基酸还能与某些试剂发生特异的颜色反应，如与茚三酮水合物的显色反应（图 3.4），可用于氨基酸的定量分析。

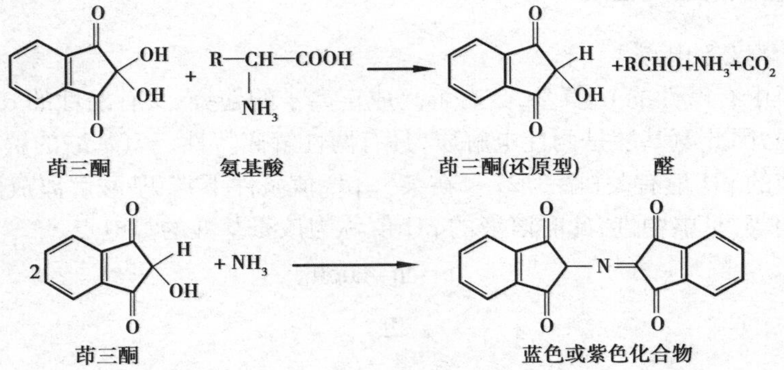

图 3.4　与茚三酮水合物的显色反应

3.2　肽

3.2.1　肽的结构

1899—1908 年,Hermann Emil Fischer 对蛋白质的组成和性质进行了开创性的研究,用合成寡肽的方法证明了蛋白质是氨基酸通过肽键(酰胺键)结合所形成的多肽。

多肽为链状结构,所以也称多肽链。肽链中的每个氨基酸单位在形成肽键时,释放一分子的水,因此被称为一个氨基酸"残基"。如图 3.5 所示,肽链中由酰胺 N、α-碳和羰基 C 重复单位构成的链状结构称为主链,每个氨基酸残基的 R 基称侧链。

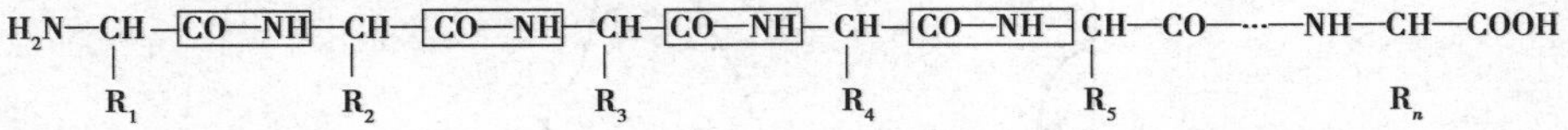

图 3.5　多肽链一个片段的结构通式

具有两个氨基酸残基的肽称为二肽,具有三个、四个氨基酸残基的分别称为三肽、四肽等。超过 12 个而不多于 20 个残基的称寡肽,含 20 个以上残基的称为多肽。蛋白质就是含几十个到几百个,甚至几千个氨基酸的多肽链。当然,这些术语的差别不是很严格。比如,几十个氨基酸残基组成的多肽,在不同的场合被称作肽类,或被称作蛋白质,都是可以的,不需要在肽和蛋白质之间划定严格的界限。

绝大多数肽链是线性无分支的,但也有一些肽链,可利用氨基酸残基 R 基的氨基和羧基以异肽键的形式相连形成分支,如将小蛋白泛素通过 C 端与其他的蛋白质相连。还可以通过异肽键或其他连接方式,使多条肽链形成交联,如血凝块中的纤维蛋白多聚体。有些寡肽可以首尾相连,形成环状。

线性肽链会有两个末端,书写时规定将 NH$_2$ 末端氨基酸残基(N 端)放在左边,COOH 末端氨基酸残基(C 端)放在右边。命名时,从 N 端开始,连续读出氨基酸残基的名称,除 C 端氨基酸外,其他氨基酸残基的名称均将"酸"改为"酰",例如丝氨酰甘氨酰酪氨酰丙氨酰亮氨酸。更加通用的书写方式,是用连字符将氨基酸的三字符号从 N 端到 C 端连接起来,如 Ser-Gly-

Tyr-Aia-Leu。多肽链也常用这一方式书写,但近年来由于蛋白质中氨基酸序列的信息已形成庞大的数据库,为了书写方便和减少数据库的容量,更常用的方法是,从 N 端到 C 端,连续写出氨基酸的单字符号。若只知道氨基酸的组成而不清楚氨基酸序列时,可将氨基酸组成写在括号中,并以逗号隔开,如表明此肽由一个 Ala、两个 Cys 和一个 Gly 组成,但氨基酸序列不清楚。如果一个蛋白质是由一条多肽链组成的,则这条多肽链和这个蛋白质是同义的。有些蛋白质可能由几条多肽链组成,不同的肽链间以非共价作用力结合,如血红蛋白;也可以通过二硫键相连,如胰岛素。

细胞中的蛋白质合成过程非常复杂,其复杂性是出于保真度的需要,即形成肽链时每一次加上的氨基酸必须准确无误。按照事先设计的排列顺序化学合成寡肽比较困难,1953 年 Vincent du Vigneaud 首先完成了生物活性肽催产素的合成,并因此荣获 1955 年诺贝尔化学奖。1965 年中国科学家完成了牛结晶胰岛素的合成,这是人工合成的第一个多肽类生物活性物质。1963 年 Merrifield 建立了固相肽类合成的方法,随后逐步完善并实现了自动化,因此他荣获 1984 年诺贝尔化学奖。

用 X 射线衍射法研究模型肽,测定键长和键角,发现构成肽键的 C 和 N 均为 sp^2 杂化,C 和 N 各自的 3 个共价键均处于同一平面,键角均接近 120°。C—N 键的长度为 0.133 nm,比正常的 C—N 键(如 C_α—N 键长为 0.145 nm)短,但比一般的 C≡N 键(0.125 nm)长,说明肽键具有约 40% 的双键性质(图 3.6)。

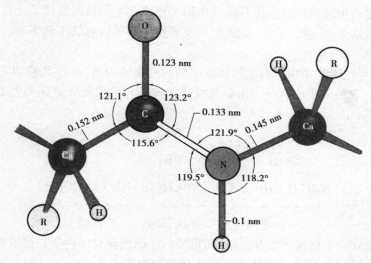

图 3.6 肽键的键角和键长

由于 C—N 键有部分双键的性质,不能旋转,使相关的 6 个原子处于同一个平面,称作肽平面或酰胺平面。肽平面内两个 C_α 多处于反式构型,肽链中的 α-碳原子作为连接点将肽平面连接起来。N—C_α 键和 C_α—C 键可以旋转,规定键两侧基团为顺式排列时为 0°,从 C_α 沿键轴方向观察,顺时针旋转的角度为正值,反时针旋转的角度为负值。N—C_α 键旋转的角度为 φ,C_α—C 键旋转的角度为 Ψ(图 3.7)。

在双键共振状态中,杂化的中间态酰胺 N 带 0.28 净正电荷,羧基 O 带 0.28 净负电荷,表明肽键具有永久偶极。然而,肽骨架的化学反应性相对较低,质子的得失通常只发生在 pH 极高或极低的条件下,在 pH 为 0~14 的肽基没有明显的质子得失。肽的等电点计算需先分别判断各解离基团的带电荷情况,再统计净电荷的量。

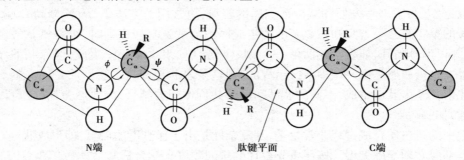

图 3.7　多肽链中肽键平面 N—C_α 和 C_α—C 单键的旋转

3.2.2　生物活性肽

1) 生物活性肽的功能

生物活性肽是能够调节生命活动或具有某些生理活性的寡肽和多肽的总称。生物活性肽大多以非活性状态存在于蛋白质长链中,被酶解成适当的长度时,其生理活性才会表现出来。自然界中所有细胞都能合成多肽物质,其器官及细胞功能活动也受多肽的调节控制,其主要作用机制是调节体内的有关酶类,保障代谢途径畅通,或通过控制转录和翻译而影响蛋白质的合成,最终产生特定的生理效应或发挥其药理作用。已经在生物体内发现了几百种活性肽,参与调节物质代谢、激素分泌、神经活动、细胞生长及繁殖等几乎所有的生命活动。

(1) 谷胱甘肽

谷胱甘肽是存在于动植物和微生物细胞中的一种重要的肽,由谷氨酸、半胱氨酸和甘氨酸组成,简称 GSH。它的分子中有一个由谷氨酸的 γ-羧基与半胱氨酸的 α-氨基缩合而成的 γ-肽键,其结构式如下:

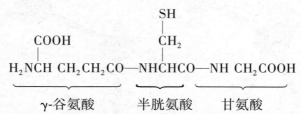

由于 GSH 含有一个活泼的巯基,可作为重要的还原剂保护体内蛋白质或酶分子中的巯基免遭氧化,使蛋白质或酶处在活性状态。GSH 的转化如图 3.8 所示。

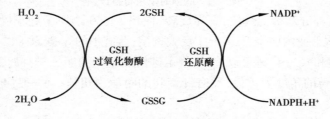

图 3.8　GSH 的转化

此外,GSH 的巯基还具有嗜核特性,能与外源的嗜电子物质如致癌剂或药物等结合,从而阻断这些化合物与 DNA、RNA 或蛋白质结合,保护机体免遭损害。

（2）神经激素

神经激素是分泌神经细胞所分泌激素的总称,分泌神经细胞主要位于下丘脑的促垂体区和视上核、室旁核中,分泌物多为寡肽。如促甲状腺激素释放激素、促性腺激素释放激素、生长激素释放抑制激素、生长激素释放因子、催乳素释放抑制因子、催乳素释放因子、促肾上腺皮质激素释放因子,以及垂体释放的抗利尿激素和加压素等。

Roger Guillemin 和 Andrew V. Schally 经 10 多年艰苦努力,于 20 世纪 60 年代初分别在美国休斯敦贝勒尔医学院和加拿大蒙特利尔麦克吉尔大学分离得到促甲状腺激素释放因子（TRF）,并证明其结构为:焦谷氨酸-组氨酸-脯氨酰胺。随后,他们又分离了促黄体生成激素释放因子和促生长激素释放抑制因子（GIF）。后来,不少研究者陆续发现了多种神经激素。1977 年 Guillemin 和 Schally 因发现神经激素荣获诺贝尔生理学或医学奖（各获得奖项的1/4）,Rosalyn Yalow 获得了奖项的 1/2,以表彰她发明了测定多肽类激素的放射免疫学方法。

催产素和加压素也是下丘脑神经细胞合成的寡肽激素,合成后与神经垂体运载蛋白结合,经轴突运输到垂体,再释放到血液。它们都是九肽,分子中都有环状结构。催产素的简式如下:

$$\overset{+}{H_3}N - \overset{1}{Cys} \underset{\overset{2}{Yyr}}{} \quad S - S \quad \overset{6}{Cys} - \overset{7}{Pro} - \overset{8}{Leu} - \overset{9}{Gly} - \overset{O}{C} - NH_2$$
$$\overset{2}{Yyr} \qquad \overset{5}{Asn}$$
$$\overset{3}{Ile} - \overset{4}{Gln}$$

加压素的结构与催产素十分相近,仅第 3 和第 8 位的两个氨基酸不同,它的简式如下:

$$\overset{+}{H_3}N - \overset{1}{Cys} \quad S - S \quad \overset{6}{Cys} - \overset{7}{Pro} - \overset{8}{\boxed{Arg}} - \overset{9}{Gly} - \overset{O}{C} - NH_2$$
$$\overset{2}{Tyr} \qquad \overset{5}{Asn}$$
$$\overset{3}{\boxed{Phe}} - \overset{4}{Gln}$$

催产素和加压素的结构虽然相似,但由于两个氨基酸的不同,所以两者在生理功能上截然不同。前者使子宫和乳腺平滑肌收缩,具有催产及使乳腺排乳的作用,而后者则促进血管平滑肌收缩,从而升高血压,并有减少排尿的作用,所以也称抗利尿激素。有资料指出加压素还参与记忆过程,并且已知加压素分子的环状部分参与学习记忆的巩固过程,分子的直线部分则参与记忆的恢复过程。催产素的作用正好相反,是促进遗忘的。

（3）促肾上腺皮质激素

腺垂体分泌一种由 39 个氨基酸组成的促肾上腺皮质激素（ACTH）,其一级结构如下:

$$\overset{1}{\quad} \qquad \overset{5}{\quad} \qquad \overset{10}{\quad} \qquad \overset{15}{\quad} \qquad \overset{20}{\quad}$$
^+H_3N-Ser-Tyr-Ser-Mel-Glu-His-Phe-Arg-Trp-Gly-Lys-Pro-Val-Gly-Lys-Lys-Arg-Arg-Pro-Val-

$$\overset{25}{\quad} \qquad \overset{30}{\quad} \qquad \overset{35}{\quad}$$
Lys-Val-Tyr-Pro-Asn-Gly-Ala-Glu-Asp-Glu-Ser-Ala-Glu-Ala-Phe-Pro-Leu-Glu-Phe-COO$^-$

它的活性部位是 4～10 位的七肽片段:Met-Glu-His-Phe-Arg-Trp-Gly。促肾上腺皮质激素能刺激肾上腺皮质的生长和肾上腺皮质激素的合成和分泌。除腺垂体分泌的 AGTH 外,尚有大脑、下丘脑等,各自分泌的 ACTH 执行不同的功能。例如,大脑分泌的 ACTH 参与意识行为的调控,腺垂体分泌的 ACTH 主要作用于肾上腺皮质。通过化学方法合成的 ACTH,临床上用于柯兴氏综合征的诊断,风湿性关节炎、皮肤和眼睛炎症的治疗。

(4)脑肽

脑肽的种类很多,其中脑啡肽是在高等动物脑中发现的镇痛作用强于吗啡的活性肽,从猪脑中分离出两种类型的脑啡肽,两者都是五肽,一种的 C 端氨基酸残基为甲硫氨酸,称 Mel-脑啡肽;另一种的 C 端氨基酸残基为亮氨酸,称 Leu-脑啡肽,其结构如下:

甲硫氨酸型(Met-脑啡肽)H-Tyr-Gly-Gly-Phe-Met-OH

亮氨酸型(Leu-脑啡肽)H-Tyr-Gly-Gly-Phe-Leu-OH

由于脑啡肽是高等动物自身含有的,如果能够人工合成,必然是一类既有镇痛作用而又不会像吗啡那样使病人上瘾的药物,中国科学院上海生化所于 1982 年 5 月利用蛋白质工程技术成功地合成了 Leu-脑啡肽,这在理论和应用方面都有重要意义,它为分子神经生物学的研究开阔了思路,使人们可以在分子基础上阐明大脑的活动。

(5)胰岛素和胰高血糖素

胰岛 α 细胞可分泌胰高血糖素,它是 29 个氨基酸构成的多肽。胰高血糖素可促进肝糖原降解产生葡萄糖,以维持血糖水平。还能引起血管舒张、抑制肠的蠕动及分泌。胰岛素是胰岛 β 细胞分泌的肽类激素,是唯一的降血糖激素,同时促进糖原、脂肪和蛋白质合成。1921 年 Frederick Banting 与 John Mac-leod 合作,首次成功提取到胰岛素,并用于糖尿病的治疗,因此荣获 1923 年诺贝尔生理学或医学奖。

(6)胃肠道活性肽

胃肠道激素中的肠促胰液素为 27 肽,胆囊收缩素 – 肠促胰酶素为 33 肽,肠抑胃素为 43 肽,促胃酸激素为 17 肽,此外还有促肠液激素等。

(7)神经生长因子和表皮生长因子

神经生长因子是具有神经元营养和促突起生长双重生物学功能的多肽类神经细胞生长调节因子,亚基组成为 $\alpha_2\beta\gamma_2$,相对分子质量为 130×10^3,它对中枢及周围神经元的发育、分化、生长、再生和功能特性的表达均具有重要的调控作用。1953 年意大利科学家 Levi-Montalcini 发现了 NGF,1960 年美国科学家 Sanley Cohen 提取纯化 NGF,证明其生物活性。随后,Cohen 发现了表皮生长因子,这种由 53 个氨基酸残基组成的小肽,是一种多功能的生长因子,在体内外都对多种组织细胞有强烈的促分裂作用。随后,有关神经生长因子和表皮生长因子的研究工作日益广泛和深入,相关药物开发也取得积极进展,1986 年 Montalcini 和 Cohen 因对 NGF 的研究荣获诺贝尔生理学或医学奖。

2)生物活性肽的来源

(1)体内途径

体内的活性肽多数是从非活性的蛋白质前体经特殊的酶系加工而形成的,加工修饰包括多肽链裂解、酰化、乙酰化和硫脂化等。活性肽生物合成的主要途径是,新生肽链 N 端约 20 个氨基酸残基的信号肽将正在合成的肽链引导到内质网腔,信号肽被内质网的信号肽酶除去。形成的激素原前体,转移到高尔基体进行选择性酶促加工,酶切位点往往为成对的碱性氨基酸残基。尤其以 Lys-Arg 为主,尚有 Arg-LyS,Lys-Lys,Arg-Arg。相当数量的多肽激素的 N 端为焦谷氨酸,在它们的激素原序列中为谷氨酰胺,很多活性肽的羧基端为酰胺,这些特殊氨基酸是通过翻译后修饰生成的。

一些寡肽,特别是 15 个氨基酸残基以下的寡肽几乎都是以多酶体系方式合成的,不需要以 mRNA 为模板,也不需要核糖体。

（2）体外途径

分离纯化天然活性肽提取活性肽的方法有盐析、层析、选择性沉淀等。由于天然活性肽的数量及种类有限,因此这一方法有很大的局限性。

化学合成制备活性肽一些生物活性肽可以通过化学合成来制备,已经合成了许多用于临床诊断、治疗、预防某些严重疾病的活性肽,还有一些化学合成的活性肽已进入临床试验阶段。例如,生长抑制素类物质奥曲肽和兰瑞肽分别用于神经内分泌病和胃肠功能失调的诊断和治疗,伐普肽用于治疗囊体瘤、胃泌素瘤和某些腺瘤,胸腺素 32 肽、28 肽、5 肽用于免疫调节。

生物合成制备活性肽利用生物合成制备活性肽一般采用基因工程的方法,一旦整个合成系统建立好,即可批量生产所需要的活性肽。目前主要存在的问题是此法只能合成大分子肽类和蛋白质,不能生产酰胺肽,也不适合制备具有营养价值的小肽。另外,基因表达与产品回收技术有待提高。有些消费者反对通过基因工程生产食品,也限制了此法的应用。

酶法水解制取活性肽利用酶水解蛋白质获得活性肽,其反应条件温和,催化反应专一,生产过程中的废弃物少,有利于环境保护,符合可持续发展的要求。而且所获得的活性肽在结构和性质上具有原来蛋白质不可比拟的优越性,使它们可以被应用到许多领域。

3）生物活性肽的应用

研究发现许多食物蛋白中含有生物活性肽,它们在消化过程中被酶降解、释放,可与消化腔内的特殊受体结合而被吸收,这些生物活性肽的发现,对传统营养学和生理学理论提出了挑战。

由于生物活性肽具有种类多、功能全、吸收快、效率高、应用范围广、无毒副作用等优点,因此可将其添加到各类食品中,开发功能性食品,如促钙吸收食品、降血压食品、醒酒食品、运动食品、婴儿食品等一系列产品。乳源蛋白的酶解产物产生的大量小肽对新生儿的生长发育和成年人的某些生理机能有一定影响,因此,可以应用于运动营养。在运动前和运动中添加肽可以减缓肌蛋白的降解,维持体内正常的蛋白质合成,减轻或延缓由运动引起的生理改变,达到抗疲劳的效果。类阿片肽可用于治疗腹泻和调节饮食;免疫促进肽可以增强机体的免疫功能;酪蛋白磷酸肽可促进人体对钙的吸收;降血压肽可用于预防和治疗高血压等,开发具有保健和治疗作用的生物活性肽产品,具有很大的潜力。

在饲料行业中,利用重组 DNA 技术生产的动物重组生长激素产品,与动物天然生长激素具有同样的作用,对动物健康无不良影响。生长激素能促进动物生长,降低胴体脂肪含量,增加瘦肉产量和提高饲料利用率,由于生长激素的作用是由胰岛素样生长因子-1（IGF-1）介导的,已有报导使用 IGF-1 来促进动物生产性能和改善胴体品质。一些生物活性小肽可以直接作用于胃肠道的受体或直接被转运进入循环中发挥生理活性作用。因此,一些生物活性小肽在动物营养与饲料添加剂生产中会有更好的应用前景。

我国在活性肽研究方面起步较晚,但发展迅速,随着现代蛋白质工程和生物酶工程技术迅速发展,大量具有特殊功能的活性肽被开发出来,并应用于功能性食品、药品、化妆品、无公害饲料添加剂等领域。

3.3 蛋白质的结构

蛋白质分子是由 20 种氨基酸通过肽键相连形成的生物大分子,每种蛋白质都由一定的氨基酸组成、排列及肽链的空间排布,其结构是每种蛋白质具有独特生理功能的基础。蛋白质复杂的分子结构通常分为一级结构和空间结构(或高级结构),空间结构包括蛋白质的二级、三级、四级结构。蛋白质的空间结构涵盖了分子中所有原子在三维空间的相对位置,是蛋白质具有特定性质和功能的结构基础。并非所有的蛋白质都有四级结构,由一条多肽链形成的蛋白质只有三级结构,有 2 条或 2 条以上多肽链形成的蛋白质才有可能具有四级结构。

3.3.1 蛋白质的一级结构

蛋白质分子中,从 N 端至 C 端的氨基酸排列顺序称为蛋白质的一级结构。一级结构是蛋白质分子的基本结构,各种蛋白质中氨基酸的排列顺序是由该生物遗传信息决定的。一级结构中主要的化学键是肽键。此外,蛋白质分子中所有二硫键的位置也属于一级结构的范畴。

了解蛋白质完整结构、作用机制、生理功能及其有类同功能蛋白质的相互关系,显得十分重要。1953 年,英国化学家 F. Sanger 首次测定了牛胰岛素的氨基酸序列(图 3.9),这对阐明胰岛素的生物合成和生理功能很重要。随后利用这一方法原理,数以千万计的不同种系蛋白质的氨基酸序列被揭晓。目前已知一级结构的蛋白质数量已相当可观,并且以更快的速度在增加。

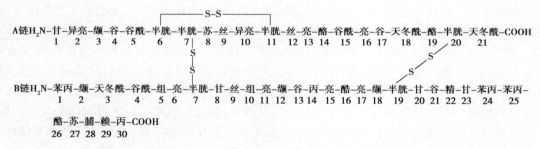

图 3.9 胰岛素的一级结构

体内不同种类的蛋白质,其一级结构各不相同。一级结构是蛋白质空间结构的基础,但并不是决定蛋白质空间结构的唯一因素。

3.3.2 蛋白质的空间结构

蛋白质分子具有一条或几条肽链,肽链既不是完全展开的线状,也不是任意卷曲的线团,而是在三维空间上有特定的走向与排布,以构成比较稳定的空间结构和一定的形状,即每种天然蛋白质都有它特定的空间结构。蛋白质在一级结构的基础上通过分子中若干单键的旋转而盘曲、折叠形成特定的空间三维结构,称为蛋白质的空间结构。蛋白质的空间结构是实现其生物学功能的基础。

蛋白质的空间结构包括蛋白质的二级结构、三级结构和四级结构。

1)蛋白质的二级结构

蛋白质的二级结构是指蛋白质分子中某一段肽链的主链骨架原子的相对空间排列分布。此局部空间结构不涉及氨基酸残基侧链的空间排布。肽链主链骨架原子即 N(氨基氮)、C_α(α-碳原子)和 C_α(羰基碳)3 个原子依次重复排列:

$$—N—C_\alpha—C_\alpha—N—C_\alpha—C_\alpha—N—C_\alpha—C_\alpha—N—C_\alpha—C_\alpha—$$

蛋白质的二级结构包括 α-螺旋、β-折叠、β-转角和无规则卷曲。一条多肽链中可含有多种二级结构或多个同种二级结构。

(1)肽单元的概念

20 世纪 30 年代末,L. Pauling 和 R. B. Corey 在研究氨基酸和肽的晶体结构时发现:涉及肽键的 6 个原子共处于同一平面,称为肽键平面,又称肽单元。

每个 C_α 与两侧肽平面中的 N 和 C_α 原子间以单键连接,可以自由旋转,使相邻的肽平面间形成双面角。此种以肽单元为基本单位的旋转就是肽链折叠、盘旋的基础。

(2)蛋白质二级结构的主要形式

α-螺旋和 β-折叠是蛋白质二级结构的主要形式。除 α-螺旋和 β-折叠外,蛋白质二级结构还包括 β-转角和无规则卷曲等。

①α-螺旋:多肽链中主链围绕中心轴有规律的螺旋式上升,螺旋走向为顺时针方向,称右手螺旋。其特点如下:

a. 每 3.6 个氨基酸残基螺旋上升一圈,螺距为 0.54 nm;

b. 氨基酸侧链伸向螺旋外侧,其形状、大小及电荷量的多少均影响 α-螺旋的形成;

c. α-螺旋的每个肽键的 N—H 与相邻第四个肽键的羰基氧(O)形成氢键,以稳固 α-螺旋结构,氢键的方向与螺旋长轴基本平行。氢键是维持 α-螺旋结构稳定的主要化学键(图3.10)。一般而言,20 种氨基酸均可参与组成 α-螺旋结构,但是 Ala、Glu、Leu 和 Met 比 Gly、Pro、Ser 及 Tyr 更为常见。

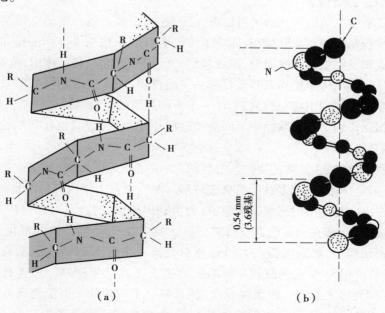

图 3.10　α-螺旋

②β-折叠:β-折叠呈折纸状。其特点如下:

a. 多肽链充分伸展,各个肽单元以 C_α 为旋转点,依次折叠成锯齿状结构,氨基酸残基侧链交替地位于锯齿状结构的上下方;

b. 所涉及肽段一般比较短,只含 5~8 个氨基酸残基;

c. 两条以上肽链或一条肽链内的若干肽段可平行排列,肽链的走向可相同,也可相反。肽链间肽键的羰基氧和氨基氢形成氢键,从而稳固折叠结构。

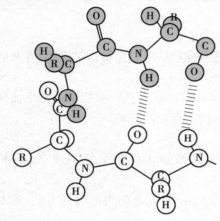

图 3.11 β-转角

③β-转角:β-转角常出现于肽链进行 180° 回折时的转角部位。β-转角通常由 4 个氨基酸残基组成,由第一个残基的羰基氧与第四个残基的氨基氢形成氢键,以维持转折结构的稳定(图 3.11)。β-转角的第二个氨基酸残基多为脯氨酸和甘氨酸。脯氨酸为亚氨基酸,形成肽键使肽链返折,甘氨酸侧链最小易变形。

④无规则卷曲:除上述结构外,肽链其余部分表现为环或卷曲结构,虽相对没有规律性排布,但是同样表现重要生物学功用,习惯统称为"无规则卷曲"。

蛋白质的二级结构是以一级结构为基础的。多肽主链中与 C_α 相连接($C_{\alpha 1}$、—C_α、$C_{\alpha 2}$—N)的键均为典型的单键连接,可以自由旋转,但这两个单键旋转时,还要受到 $C_{\alpha 1}$ 和 $C_{\alpha 2}$ 上的侧链 R_1、R_2 以及羰基碳原子所连接的氧原子等的空间阻碍影响,实际上也不是完全自由的,由此也可以解释为什么一种天然蛋白质仅有一种或少数几种特定构象。如一段肽链有多个相邻的酸性氨基酸残基,在生理条件下这些残基则都带负电荷,彼此排斥,不利于 α-螺旋形成。

2) 蛋白质的三级结构

蛋白质多肽链在二级结构基础上可以进一步盘曲、折叠。蛋白质的三级结构是指整条肽链中全部氨基酸残基的相对空间排布,即整条肽链所有原子在三维空间的排布位置。蛋白质三级结构的形成和稳定主要靠次级键,包括氢键、离子键(盐键)、疏水作用、范德华力等。

二级结构是一级结构中相邻氨基酸残基的空间排列方式,三级结构则涉及更大范围的氨基酸序列。在多肽链序列中相距很远的、存在于不同类型的二级结构中的氨基酸残基,可以在蛋白质折叠中相互作用。通过肽段中不同类型的弱相互作用(有时也包括二硫键这样的共价键)形成特有的三级结构。

在讨论这些高级结构时,常把蛋白质分成两组:一组是纤维蛋白,其多肽链排列成长绳状或片层状;另一组是球蛋白,其多肽链折叠成球形。两组蛋白的结构和功能是截然不同的。纤维蛋白通常主要由一种类型的二级结构组成,为生物体提供支持、定形和保护等结构性功能,如毛发的 α-角蛋白;球蛋白通常包含几种类型的二级结构,与生物体内的催化、运动、调节、免疫等动态功能密切相关,如肌红蛋白。肌红蛋白是第一个由 X-射线衍射法确定结构的球蛋白,它由一条多肽链(153 个氨基酸残基)构成,含有 1 个血红素辅基。它含有 8 段 α-螺旋区(A 到 H),两个螺旋区之间有一段无规卷曲,脯氨酸位于转角处。由于侧链 R 基团的相互作用,多肽链盘曲成球状结构,其亲水侧链分布于表面,疏水侧链残基聚集在分子内部。具有密实的疏水核心是球蛋白的典型特征,结构的稳定性主要来源于疏水作用。

一条多肽链不同节段的相互折叠,形成各异的空间结构,为蛋白质行使众多的生物学功能提供了必要的结构多样性。对于非常复杂的三级结构的理解,可以通过观察一些不同的蛋白质中重现的结构模式而得到更好的分析。20 世纪 70 年代,M. G. Rossman 等提出了超二级结构、结构域等亚结构概念。

超二级结构是蛋白质分子中两个或多个具有二级结构的肽段在空间上相互靠近,形成一个有规则的二级结构组合(图 3.12)。目前已知的超二级结构组合有 αα,βαβ,ββ 三种形式。

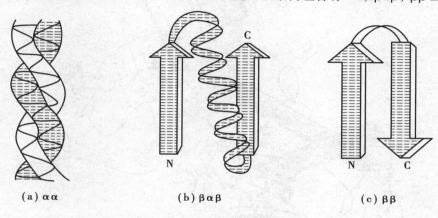

(a) αα　　　　　　(b) βαβ　　　　　　(c) ββ

图 3.12　超二级结构组合

模体是蛋白质分子中具有特定空间构象和特定功能的结构成分。其中一类就是具有特殊功能的超二级结构,一个模体总有其特征性的氨基酸序列,并发挥其特殊功能。人的锌指结构,由 1 个 α-螺旋和 2 个 β-折叠三个肽段组成,形似手指,具特定氨基酸序列,具有结合锌离子功能。

对于一些分子量较大的蛋白质,通常折叠成数个紧密、稳定的球状单元,具有特定的生物学活性,称为结构域。大多数结构域含有序列上连续的 100 ~ 200 个氨基酸残基,也可由蛋白质分子中不连续的肽段在空间结构中相互接近而构成。不同的结构域通常有不同的功能,如结合小分子或与其他蛋白质相互作用(图 3.13)。小的蛋白质通常只有一个结构域,就是蛋白质本身。

3) 蛋白质的四级结构

蛋白质分子的二、三级结构只涉及由一条多肽链组成的蛋白质。体内有许多蛋白质的分子含有两条或多条肽链,多肽链的结合及其相互作用赋予了蛋白质多样化的功能。每一条具有完整三级结构的多肽链,称为亚基。蛋白质分子中各亚基的空间排布及亚基之间相互作用,称为蛋白质的四级结构。维持四级结构的作用力主要是氢键、离子键等非共价键。具有四级结构的蛋白质,单独的亚基一般没有生物学功能,只有四级结构完整时才具有生物活性。

血红蛋白是第一个被确定其三级结构的寡聚蛋白,其四级结构是由 2 个 α 亚基(每条链有 141 个残基)和 2 个 β 亚基(每条链有 146 个残基)构成的四聚体。每个亚基都结合 1 个血红素辅基。4 个亚基通过 8 个离子键相连,形成血红蛋白的四聚体。完整的血红蛋白分子具有运输 O_2 的功能,每一个亚基单独存在时,虽可结合氧且与氧亲和力增强,但在体内组织中难以释放氧,会失去其原有运输氧的功能。

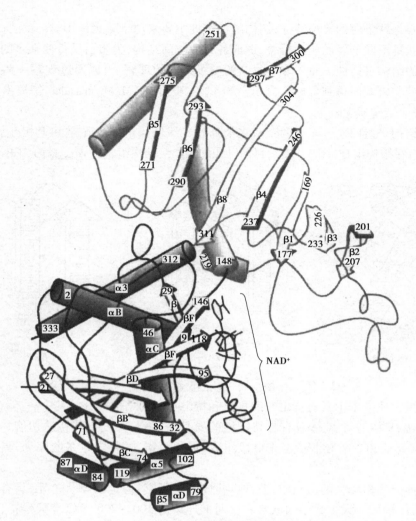

图 3.13　3-磷酸甘油醛脱氢酶的结构示意图

3.4　蛋白质结构与功能的关系

3.4.1　蛋白质的一级结构与功能的关系

蛋白质的一级结构是空间构象的基础,某些肽段一级结构(氨基酸序列)决定特定二级结构(α-螺旋或β-折叠)的形成。如某段肽链含较多带同性电荷或侧链基团过大的氨基酸残基,都会因难于紧密盘曲而不能形成 α-螺旋;形成 β-折叠肽段要求氨基酸残基有较小的侧链部分。同样,整条肽链中一级结构也是三级结构形成的基础,特别是特定位点半胱氨酸残基间形成的二硫键对稳定蛋白质空间构象有重要作用。

蛋白质一级结构与其功能密切相关。某些蛋白质在多肽链结构松散后丧失活性,但在一定条件下,有完整一级结构的多肽链可自发恢复其原有的空间结构和生物活性。如核糖核酸酶含 124 个氨基酸残基,含 4 对二硫键,在尿素和 β-巯基乙醇存在下松解为非折叠状态,但去除尿素和 β-巯基乙醇后,松散的多肽链可卷曲折叠成原有的天然构象,4 对二硫键也正确配对,并恢复生物学功能(图 3.14)。这充分说明核糖核酸酶只要其氨基酸序列未被破坏,就可能恢复原有的空间结构和功能。

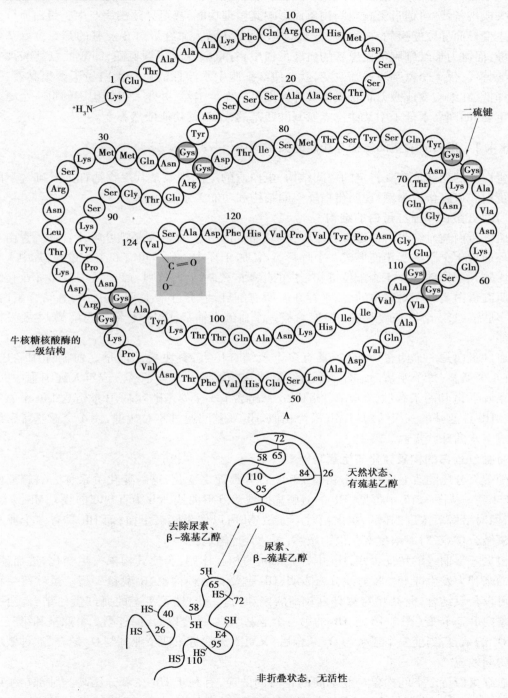

图 3.14　核糖核酸酶

一级结构相似的多肽或蛋白质具有相似的高级结构及功能。例如不同哺乳类动物的胰岛素分子都是由 A 和 B 两条链组成,且二硫键的配对和空间构象也很相似,一级结构仅有个别氨基酸差异,因而它们都有调节血糖水平等生理功能。

一级结构中重要氨基酸序列改变可引起疾病。蛋白质一级结构中起关键作用的氨基酸残基缺失或被替代,可通过影响空间构象而影响其生理功能,甚至导致疾病产生。蛋白质分子组成发生变异而导致的疾病,被称为“分子病”。例如正常人血红蛋白 β 亚基的第 6 位氨基酸是谷氨酸,而镰刀形红细胞贫血患者的血红蛋白中,谷氨酸变成了缬氨酸,即酸性氨基酸被中性氨基酸替代,仅 1 个氨基酸残基改变,就会使红细胞中水溶性的血红蛋白易于聚集黏着、带氧功能降低、红细胞变成镰刀状且极易破碎而发生贫血。当然,并非一级结构中的每一个氨基酸都很重要,如胰岛素分子中某些位点氨基酸残基的改变,其功能依然不变。

3.4.2 蛋白质的空间结构与功能的关系

蛋白质的功能依赖其特定的空间结构,蛋白质的空间构象是其生物活性的基础。下面以肌红蛋白和血红蛋白为例,说明蛋白质空间结构和功能关系。

1)肌红蛋白和血红蛋白的结构

肌红蛋白与血红蛋白都是含有血红素辅基的蛋白质。血红素是铁卟啉化合物。它由 4 个吡咯环通过 4 个甲炔基相连形成一个环形,Fe^{2+} 居于环中。Fe^{2+} 可有 6 个配位键,其中 4 个与吡咯环的 N 配位键结合,1 个配位键和蛋白的组氨酸残基结合,氧则与 Fe^{2+} 形成第 6 个配位键。

肌红蛋白是一相对简单的、几乎存在于所有哺乳动物(主要是肌肉中)的氧结合蛋白,由一条多肽链(153 个氨基酸残基)构成,含有一个血红素辅基,能与 O_2 结合与解离,主要发挥储氧功能。

血红蛋白是一个四聚体蛋白,具有多个氧结合位点,其主要功能是在血循环中运送氧。Hb 有 4 个亚基,每个亚基都结合 1 个血红素辅基并可携带 1 分子氧。成年人红细胞中的 Hb 由两条 α 肽链和两条 β 肽链($\alpha_2\beta_2$)组成,α 肽链含 141 个氨基酸残基,β 肽链含 146 个氨基酸残基。Hb 各亚基的三级结构与 Mb 极为相似,Hb 亚基间通过 8 对盐键,使 4 个亚基紧密结合而形成亲水的球状蛋白。

2)血红蛋白的构象变化与运氧功能

随着氧分压的改变,氧合 Hb 占总 Hb 的百分数随之变化,这一变化关系称为氧解离曲线(图 3.15)。从图 3.15 中可见(Hb 的氧解离曲线为 S 形曲线,Mb 为直角双曲线),Mb 易与 O_2 结合,但对溶解氧浓度的微小变化相对不太敏感,所以作为储氧蛋白;而 Hb 具有多个亚基和多个氧结合位点,对氧浓度变化极为敏感,更适合运输氧。

根据 S 形曲线的特征可知,Hb 中各亚基间的相互作用,会使其构象发生变化,进而使 Hb 与氧的亲和力发生改变。X 射线分析表明,Hb 主要有两种构象:R 型和 T 型。虽然每一种构象都可以与氧结合,但 R 型对氧具有较高的亲和力。氧与处于 T 态的血红蛋白结合,会引发其构象向 R 态转变(图 3.16)。Hb 的第一个亚基与 O_2 结合以后,促进第二个亚基和第三个亚基与 O_2 的结合,当前三个亚基与 O_2 结合后,又可大大促进第四个亚基与 O_2 结合,这种效应称为正协同效应。

血红蛋白特定空间构象及亚基间的正协同效应,有利于 Hb 在氧分压高的肺部(约 13.3 kPa)迅速地与 O_2 充分结合;而在氧分压低的组织(约 4 kPa)中,又迅速地最大限度地释放出

转运的 O_2 完成 Hb 的生理功能。从肺经心脏到达外周组织的动脉血,大约96%的血红蛋白是氧饱和的,回流到心脏的静脉血,仅仅 64% 的血红蛋白是氧饱和的,以此计算,血液经过组织大约会释放其所带氧的1/3,每100 mL 的血液在标准大气压和体温环境下大约释放了 6.5 mL 的氧。

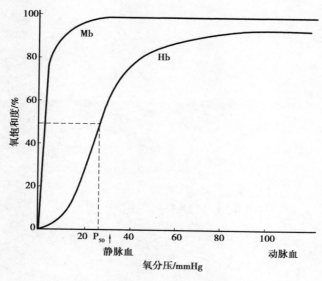

图 3.15　Hb 和 Mb 的氧解离曲线

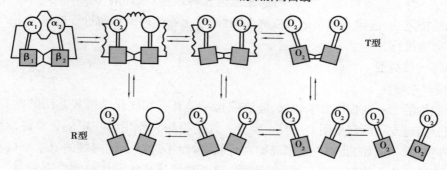

图 3.16　Hb 协同效应的示意图

氧分子与 Hb 一个亚基结合后引起其他亚基构象及功能发生变化,这种现象称为别构效应。别构效应不仅发生在 Hb 与 O_2 之间,一些酶与别构效应剂的结合,配体与受体结合等也存在该现象,它具有普遍生物学意义。

生物体内蛋白质的合成是一个复杂的过程,其中多肽链正确构象的形成是其功能发挥的基础。若蛋白质的折叠发生错误,即使其一级结构不变,但空间构象发生改变,也可影响其功能,严重时可导致疾病的发生,此类疾病称为"构象病",如阿尔茨海默病、疯牛病等。蛋白质错误折叠后相互聚集,常形成抗蛋白水解酶的淀粉样纤维沉淀,产生毒性而致病。

第 4 章
酶

4.1 酶的催化机理

4.1.1 酶的专一性

酶的专一性是指酶对反应的专一性,这里包含两层意思,即酶不仅对底物有严格要求,而且产物也是特定的,这样才能保证反应的准确性,使生物体内的代谢过程按照一定的方向和顺序有条不紊地进行。

1)酶专一性类型

(1)相对专一性

酶对底物的专一性程度要求较低,能够催化一类具有相同化学键或基团的物质。相对专一性可细分为键专一性和基团专一性。键专一性是指酶只作用于一定的化学键,对键两侧的基团无严格要求。例如,肽酶只要求底物含有肽键,而不选择肽键两侧的氨基酸残基种类;酯酶对具有酯键的化合物都能进行催化,而对酯键两端所连接的基团种类没有限制。基团专一性不仅要求底物具有一定的化学键,还对键某一侧的基团有选择性。

(2)绝对专一性

酶只作用于一种底物。例如,脲酶只能催化尿素分解,而对尿素的其他衍生物,如 $NH_2CONHCl$ 或 $NH_2CONHCH_3$,即便它们只有一个氢原子被取代,也不能被催化水解。不仅如此,有些酶还能专一性地识别立体异构体,称为立体异构专一性。如 L-乳酸脱氢酶只催化 L-乳酸脱氢生成丙酮酸,对其旋光异构体 D – 乳酸则无作用;柠檬酸循环中的延胡索酸酶只能催化延胡索酸(反式丁烯二酸)生成 L-苹果酸,而不能催化马来酸(顺式丁烯二酸)生成 D-苹果酸。

2)关于酶作用专一性的假说

最早对酶的专一性进行机理分析的是 E. Fischer,他于 1894 年提出了著名的"锁一钥模型",认为底物分子或底物分子的一部分像钥匙那样专一性地楔入酶的活性中心部位,也就是说底物分子进行反应的部位与酶活性中心必需基团间具有紧密的结构互补关系。

锁一钥匙学说虽然在一定程度上可以形象地说明酶与底物的关系,但并不能对所有的专一性现象做出很好的解释。比如,许多可逆反应的底物和产物结构差别很大,酶为什么能有效催化这样的可逆反应? 为揭示酶的专一性机理,曾有多个假说诞生,其中 D. Koshland 于 1958年提出的"诱导契合"学说被人们普遍接受。他认为,当酶分子与底物接近时,酶受底物诱导而发生有利于结合底物的构象变化,同时底物构象也发生改变,酶与底物互补契合,进行反应。诱导契合学说强调了酶活性中心的可塑性,能比较满意地阐述酶专一性机理。

酶与底物分子之间在多个位点上发生弱相互作用,这些相互作用是酶诱导契合理论的基础。酶与底物结合专一性主要取决于酶分子的底物结合部位的空间构象。胰凝乳蛋白酶与底物结合位点是一个疏水凹穴,大小正好适合芳香族氨基酸残基或其他具有较大疏水侧链氨基酸残基侧链的结合;胰蛋白酶的底物结合部位也有一个凹穴,但底部存在一个负电荷,因此适合带有正电荷侧链氨基酸残基的插入。因此,胰凝乳蛋白酶水解芳香族氨基酸或其他具有大的疏水侧链氨基酸残基羧基端肽键,而胰蛋白酶水解碱性氨基酸残基羧基端肽键。

4.1.2 酶的活性中心

酶行使催化功能时,并非整个分子与底物结合,而是发生在酶分子的一个特定区域。酶与底物直接结合并使之转变为产物的特定区域称为酶活性中心。对于不需要辅因子的酶来说,活性中心是酶分子中在三维结构上比较靠近的少数几个氨基酸残基或这些残基上某些基团,它们在一级结构上可能相距甚远,甚至位于不同肽链上,通过肽链的折叠、盘绕而在空间构象上相互靠近[图 4.1(a)];对于需要辅因子的酶来说,辅酶、辅基往往就是活性中心的组成部分。

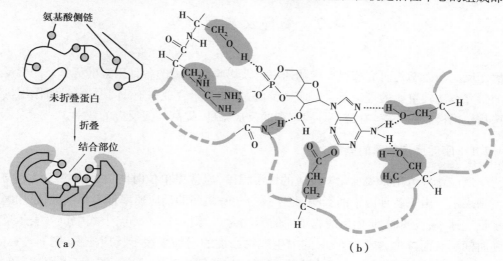

图 4.1 酶活性中心示意图

活性中心通常有两个功能部位:一个是结合部位,负责识别特定的底物并与之结合,它决定酶的底物专一性;另一个是催化部位,决定酶的催化效率。底物通过各类次级键与活性中心结合[图 4.1(b)],其敏感键在此扭曲、削弱、断裂并形成新键。有些酶的同一个部位具备上述两种功能。在酶活性中心,His、Ser、CyS、Asp、Glu 等氨基酸残基出现频率较高。

酶活性中心主要有下列几个特征:

①酶活性中心在酶分子中只占很小一部分。有研究证明,有些酶在除去活性中心以外的大部分多肽链时仍能保持活力。尽管如此,对大多数酶来讲,非活性中心氨基酸残基对维持酶活性中心微环境都有不同程度的贡献。

②酶活性中心是一个三维实体。酶的活性中心不是一个点、一条线或一个平面,而是一个由重要氨基酸残基组成的精细三维结构。

③酶活性中心具有柔性。酶活性中心的构象并非刚性,当结合底物时,酶分子能发生构象变化。

④活性中心往往位于酶分子表面的一个凹穴(或裂缝)中。构成凹穴的基团通常是非极性的,水分子被排出,这样的非极性微环境有利于反应的快速进行。

研究酶活性中心的方法有多种。化学修饰法(如氧化、还原、烷化、酰化等)最常见。如果酶分子某基团被化学修饰后酶活性发生变化,这类基团就称为酶的必需基团。必需基团参与构成酶活性中心或用于维持酶分子特定构象。比如用碘乙酸修饰酶分子的半胱氨酸巯基后,如果 K_m 值改变了,表明该氨基酸残基可能位于酶的结合部位;如果 K_{cat} 降低了,则表明它可能位于酶的催化部位。除化学修饰法外,X 射线晶体衍射技术和蛋白质定点突变技术都能用于酶活性中心结构和功能的分析。研究证明,点突变 Tyr248Phe(即 248 位的酪氨酸突变为苯丙氨酸)能使羧肽酶 A 的 K_m 提高 6 倍,而 K_{cat} 不变。非必需基团的改变对酶活性影响不大,但酶的免疫性质、运输、调控及寿命等有可能受到很大影响。没有一定量非必需氨基酸的贡献,酶活性中心很难维持完整的结构与功能。

4.2　酶促反应动力学

酶促反应动力学是研究酶促反应的速率以及影响此速率的各种因素的科学。酶促反应动力学的研究有比较重要的理论意义与应用价值,例如其研究成果有助于人们对酶作用机制及某些药物作用机制的了解,有助于寻找有利的反应条件,提高酶促反应的效率。

4.2.1　酶促反应速率的概念

化学反应速率可用以表示化学反应的快慢程度,通常以单位时间内反应物或生成物浓度的改变来表示。由于各种因素的影响,化学反应每一瞬间的反应速率都不相同,所以用瞬时速率表示反应速率,设瞬时 dt 内反应物浓度的变化为 dc,则 $v = -dc/dt$,上式中负号表示反应物浓度随时间延长而减少,如用单位时间内生成物浓度的增加来表示反应速率,则 $v = +dc/dt$,正号表示生成物浓度随时间延长而增加。如果一定时间内反应速率不变,可以用这段时间内的平均速率代表各时刻对应的瞬时速率。

通常酶促反应速率在反应早期阶段保持不变,此后随反应时间增加而逐渐降低(原因包括底物浓度的降低、产物对酶的抑制、酶本身的失活等),因此为消除干扰因素,测定酶促反应速率的正确方法是测定酶促反应初速率,即酶促反应速率保持不变的早期阶段对应的反应速率,本节内容中如无特殊说明,所涉及的酶促反应速率均指反应初速率。

4.2.2 影响酶促反应速率的因素

1)底物浓度对酶促反应速率的影响

化学反应的反应速率方程式用于表示反应物浓度与反应速率的关系,具有不同反应机制的化学反应对应不同的反应速率方程式,例如零级反应的反应速率为恒定值,不随反应物浓度变化而改变;一级反应的反应速率与反应物浓度成正比例关系。在实际工作中,通常测定不同反应物浓度对应的反应速率,然后以反应速率对反应物浓度作图,可得到不同形状的动力学曲线,例如零级反应对应的动力学曲线是与横坐标轴平行的直线,一级反应对应的动力学曲线是与原点相交、斜率为正数的直线。

1903年Hend等研究了蔗糖酶催化的蔗糖水解反应中,底物(蔗糖)浓度对反应速率的影响作用。在酶浓度保持不变的情况下,以反应速率对底物浓度作图,可得到图4.2中的动力学曲线。从该曲线可以看出,酶促反应的机制并非简单的零级反应或一级反应,底物浓度与反应速率之间具有更为复杂的关系,当底物浓度较低时,反应速率随底物浓度直线增加,表现出一级反应的特征;当底物浓度非常高时,反应速率不随底物浓度增加而增大,表现出零级反应的特征;在两者之间,随着底物浓度的增加,反应速率依然升高,但不满足任何一个线性方程,表现出混合级反应的特征。

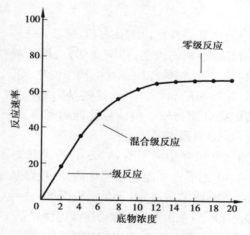

图4.2 底物浓度对酶促反应初速率的影响

根据这一实验结果,Henri等提出了酶-底物中间复合物学说,即酶首先和底物结合生成中间复合物,中间复合物再生成产物并释放出酶。中间复合物学说可以解释实验所得曲线的由来:根据该学说,反应速率与中间复合物浓度成正比,在酶浓度保持恒定的前提下,当底物浓度很小时,酶未被底物饱和,复合物浓度完全取决于底物浓度,二者呈线性关系,因此反应速率与底物浓度的关系符合一级反应的特征;随着底物浓度增大,更多中间复合物生成,反应速率随之提高,但由于酶的数量有限,导致复合物浓度不再与底物浓度等比例增加,所以反应速率与底物浓度的关系不再是线性关系,反应曲线的切线斜率逐渐降低;当底物浓度相当高时,溶液中的酶几乎全部被底物饱和,虽增加底物浓度也不会有更多的中间复合物生成,但酶促反应速率与底物浓度无关,反应达到最大反应速率。

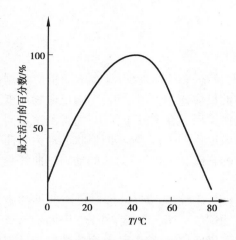

图 4.3　温度对酶促反应速率的影响

2）温度的影响

化学反应速率一般随温度的升高而加快，但在酶促反应中，随着温度的升高，酶会因热变形而失活，从而使反应速率减慢，直至酶完全失活。因此在较低的温度范围内，酶促反应速率随温度升高而增大，超过一定温度后，反应速率反而下降，以反应速率对温度作图可得到一条钟形曲线，曲线的顶点对应的温度称为酶作用的最适温度，此温度对应的酶促反应速率最大（图 4.3）。

每一种酶在一定条件下都有其最适温度，动物体内酶的最适温度在 35 ~ 40 ℃，植物体内酶的最适温度在 40 ~ 50 ℃，一些嗜热菌中的酶的最适温度可高达 90 ℃以上，分别与生物的生存环境相对应。

需要注意的是，体外实验测得的酶最适温度不是一个恒定不变的常数，其数值与反应时间、底物类型等因素有关，如反应时间的增加可导致最适温度测定值的降低，这说明酶的最适温度只有在一定条件下测定才有意义。

3）pH 的影响

pH 对酶促反应速率的影响主要表现在以下几方面。

pH 过高或过低可导致酶高级结构的改变，使酶失活，又称为酸变性或碱变性。酶活性部位具有柔性，比其他部位更容易在酸、碱的作用下发生构象变化，导致酶活力的下降。

酶具许多可解离的基团，在不同的 pH 环境中，这些基团的解离状态不同，所带电荷不同，它们的解离状态对酶与底物的结合能力以及酶的催化能力都有重要作用，因此溶液 pH 的改变可通过影响这些基团的解离状态来影响酶活性。

pH 通过影响底物的解离状态以及中间复合物 ES 的解离状态影响酶促反应速率。若其他条件不变，酶只有在一定的 pH 范围内才能表现催化活性，且在某一 pH 下，酶促反应速率最大，此 pH 称为酶的最适 pH。各种酶的最适 pH 不同，但多数在中性、弱酸性或弱碱性范围内，如植物和微生物所含的酶最适 pH 多在 4.5 ~ 6.5，动物体内酶最适 pH 多在 6.5 ~ 8.0，当然也有例外，如胃蛋白酶的最适 pH 为 1.5，这也与胃中的酸性环境相适应。

类似最适温度，酶的最适 pH 可因底物种类和浓度以及缓冲溶液成分改变而变化。

大部分酶的 pH-酶促反应速率曲线是钟形的，但也有少数酶对应半个钟形的曲线，甚至是直线，如木瓜蛋白酶对应的酶促反应速率在 pH 为 4 ~ 10 时不受 pH 改变的影响，始终保持不变（图 4.4）。

4）激活剂的影响

酶的活力可以被某些物质提高，这些物质称为激活剂，在酶促反应体系中加入激活剂可导致反应速率的增加。激活剂大部分是无机离子或简单的有机化合物，如 Mg^{2+} 是多种激酶和合成酶的激活剂，Cl^- 是唾液淀粉酶的激活剂，二硫苏糖醇（DTT）可还原酶被氧化的基团，使酶活力增加，被视为酶的激活剂。酶原可被一些蛋白酶水解而激活，这些蛋白酶也可视为激活剂。

通常酶对激活剂有一定的选择性，且有一定的浓度要求，一种酶的激活剂对另一种酶来说可能是抑制剂,当激活剂的浓度超过一定的范围时,它就成为抑制剂。有些离子在酶的激活作用方面具有拮抗作用,如钠离子可抑制钾离子的激活作用、钙离子可抑制镁离子的激活作用。有些金属离子可互相替代,如激酶的镁离子可用锰取代。这些复杂的相互作用有助于生物体对酶进行精确的控制和调节。

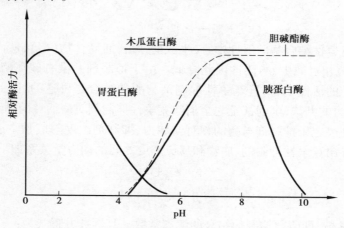

图 4.4   pH 对酶促反应速率的影响

4.3 酶的抑制作用

能使酶的催化活性下降而不引起酶蛋白变性的物质统称为酶的抑制剂。抑制剂能降低酶的活性,但几乎不破坏酶的空间结构。抑制剂多与酶的活性中心内、外必需基团相结合,直接或间接地对酶分子的活性中心发挥作用,从而抑制酶的催化活性。

抑制作用不同于蛋白质变性,抑制剂通常对酶有一定的选择性,一种抑制剂只能引起某一种或某些酶的抑制,而酶的变性因素对酶没有选择性。抑制剂对酶促反应速度的影响与医学关系非常密切。很多药物就是酶的抑制剂,了解酶的抑制作用是阐明药物作用机制和设计研究新药的重要途径。

根据抑制剂与酶结合的紧密程度不同,可将抑制作用分为可逆性抑制与不可逆性抑制两大类。

4.3.1 可逆性抑制

可逆性抑制作用是指抑制剂通过非共价键与酶可逆性结合,使酶活性降低或消失,抑制剂可用透析或超滤的方法去除。

根据抑制作用特点的不同,可逆性抑制作用通常分为以下 3 种类型。

(1)竞争性抑制作用

抑制剂与底物分子的结构非常相似,可与底物竞争结合酶的活性中心,阻碍酶与底物的结合,从而抑制酶的活性,故称为竞争性抑制。竞争性抑制作用可以用下列反应式表示:用大写的英文字母 I 表示抑制剂。

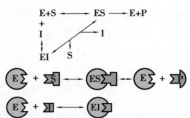

此类抑制剂竞争性结合酶的活性中心,生成酶-抑制剂复合物(El),从而使酶与底物结合生成中间产物(ES)相对减少,酶活性因此降低。由于抑制剂并没有破坏酶分子的特定构象,也没有破坏酶分子的活性中心,且竞争性抑制剂与酶的结合是可逆的,因此可用加入大量底物,提高底物竞争力的办法,削弱甚至完全消除竞争性抑制剂对酶活性的抑制作用。竞争抑制剂对酶的抑制程度决定于抑制剂与酶的相对亲和力、抑制剂浓度与底物浓度的相对比例。按米氏方程式可推导出竞争性抑制剂、底物和反应速度之间的动力学关系如下:

$$V = \frac{V_{max}[S]}{K_m\left(1 + \frac{1}{k_i}\right) + [S]}$$

K_i 为抑制剂常数,即酶与抑制剂结合的解离常数。其倒数方程式为:

$$\frac{1}{V} = \frac{K_m}{V_{max}}\left(1 + \frac{1}{K_i}\right)\frac{1}{[S]} + \frac{1}{V_{max}}$$

$\frac{1}{V} - \frac{1}{[S]}$ 变化曲线如图4.5所示。

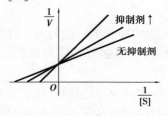

图4.5　竞争性抑制作用双倒数作图

从图4.5中可以看出,加入竞争性抑制剂后,V_{max}不因有抑制剂的存在而改变。但表观K_m值增大(从横轴上的截距量得的"K_m值",称为表观K_m值)。

磺胺类药物治疗细菌性传染病的机制就属于竞争性抑制作用。磺胺类药物能抑制细菌的生长繁殖,而不伤害人和畜禽。这是因为细菌不能利用外源性叶酸,必须自己合成。细菌体内的二氢叶酸合成酶能够催化对氨基苯甲酸、二氢蝶呤啶、谷氨酸等为原料合成二氢叶酸,再还原成四氢叶酸(FH₄参与核酸合成)。磺胺类药物与对氨基苯甲酸的结构非常相似(图4.6),是二氢叶酸合成酶的竞争性抑制剂,抑制二氢叶酸的合成,从而使细菌的DNA合成受阻。人和畜禽能够利用食物中的叶酸,因此其核酸的合成不受磺胺类药物的干扰。根据竞争性抑制的特点,必须保持血液中足够高的药物浓度,才能发挥其有效的抑菌作用。许多抗癌药物,如甲氨蝶呤、氟尿嘧啶、巯嘌呤等,其作用机制都和酶的竞争性抑制作用有关。

(a)磺胺甲恶唑　　　　　　　　　　(b)磺胺嘧啶

图4.6　磺胺类药物结构

（2）非竞争性抑制作用

抑制剂与酶活性中心外的必需基团结合,抑制剂与酶结合和底物与酶结合之间无竞争关系(抑制剂与酶结合不影响酶与底物的结合,酶和底物的结合也不影响酶与抑制剂的结合),但是酶-底物-抑制剂复合物不能进行反应,呈现抑制作用,故称为非竞争性抑制。此类抑制剂在化学结构上与底物分子的结构并不相似,不能与酶的活性中心结合,但它可以与酶活性中心以外的部位结合,即可与底物同时结合在酶分子的不同部位上,形成 ESI 三元复合物。换句话说,就是抑制剂与酶分子结合之后,不妨碍该酶分子再与底物分子结合,但是,在 ESI 三元复合物中,酶分子不能催化底物反应,即酶活性丧失。非竞争性抑制作用可以用下列反应式表示:

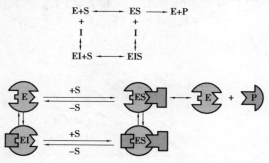

其倒数方程式是:

$$\frac{1}{V} = \frac{K_m}{V_{max}}\left(1 + \frac{1}{K_i}\right)\frac{1}{[S]} + \frac{1}{V_{max}}\left(1 + \frac{1}{K_i}\right)$$

$\dfrac{1}{V} - \dfrac{1}{[S]}$ 变化曲线如图 4.7 所示。

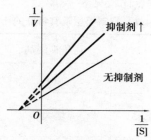

图 4.7　非竞争性抑制作用双倒数作图

在非竞争性抑制剂作用下,最大反应速度 V_{max} 明显地降低,但 K_m 值不改变。

由此可见,非竞争性抑制剂结合在酶活性中心之外的必需基团上(维持酶分子构象)而抑制酶活性。如哇巴因对细胞膜 Na^+-K^+-ATP 酶的抑制。因此底物和非竞争性抑制剂在与酶分子结合时,互不排斥,无竞争性,因而不能用增加底物浓度的方法来消除这种抑制作用。

（3）反竞争性抑制作用

这类抑制剂不能直接与酶结合抑制酶活性,而是结合 ES 中间复合物形成 ESI,从而减少产物的生成。这种结合不仅使 ES 量下降,还有增强底物与酶的亲和力、促进 E 与 S 形成中间复合物的作用,故称为反竞争性抑制。其抑制作用的反应过程如下:

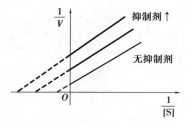

其双倒数方程式是：

$$\frac{1}{V} = \frac{K_m}{V_{max}} \frac{1}{[S]} + \frac{1}{V_{max}} \left(1 + \frac{1}{K_i}\right)$$

以 $\frac{1}{V}$ 对 $\frac{1}{[S]}$ 作图如图4.8所示。

图 4.8　反竞争性抑制作用双倒数作图

不同浓度的抑制剂均可得相同斜率的直线，可见 V_{max} 和 K_m 值均降低。苯丙氨酸对胎盘型碱性磷酸酶的抑制属于反竞争性抑制作用。

上述三种可逆性抑制作用的特点比较见表4.1。

表 4.1　抑制类型及其特征的比较

作用特征	无抑制剂	竞争抑制剂	非竞争抑制剂	反竞争抑制剂
与 I 结合的组分	—	E	E、ES	ES
动力学参数 表观 I	K_m	增大	不变	减小
最大速度	V_{max}	不变	降低	降低
双倒数作图 斜率	K_m/V_{max}	增大	增大	不变
纵轴截距	$1/V_{max}$	不变	增大	增大
横轴截距	$-1/K_m$	增大	不变	减小

4.3.2　不可逆性抑制

抑制剂与酶分子活性中心的某些必需基团以共价键相结合而引起酶活性的丧失，这种结合不能用简单的透析、超滤等物理方法去除抑制剂而恢复酶活性，这种抑制作用称为不可逆抑制作用。抑制作用随着抑制剂浓度的增加而逐渐增加,当抑制剂的量大到足以和所有的酶结合,则酶的活性就完全被抑制。如马拉硫磷、敌敌畏等有机磷农药能专一地与胆碱酯酶(胆碱酯酶的作用是使乙酰胆碱水解)活性中心丝氨酸残基的羟基共价结合,使酶失去催化活性。当有机磷农药中毒时,胆碱酯酶受到抑制,造成胆碱能神经末梢分泌的乙酰胆碱的积蓄,造成迷走神经的兴奋而呈现毒性状态,病人可出现恶心、呕吐、多汗、瞳孔缩小、惊厥等症状。

当发生有机磷农药引起中毒时,临床上可用解磷定来急救,因为虽然有机磷制剂与酶结合后不解离,但可用解磷定等化合物(含 $CH = NOH$)把酶上的磷酸根去除使酶复活。

低浓度的重金属离子可与巯基酶分子中的巯基(—SH)结合,从而使酶失活。化学毒气路易士气是一种含砷的化合物,它能抑制体内的巯基酶而使人畜中毒,引起神经系统、皮肤、黏膜、毛细血管等病变和代谢紊乱。重金属盐引起的巯基酶中毒可用二巯基丁二酸钠解毒,二巯基丁二酸钠含有两个巯基,在体内达到一定浓度后,可与毒剂结合,恢复酶的活性。

4.4　酶活性的调节

生物新陈代谢涉及许多代谢途径,如糖原合成途径、脂肪降解途径等。每个代谢途径由多个酶参与完成,其中有的途径各反应之间按前后顺序排列为直线式,有的出现分支,有的则以循环式完成。有趣的是,众多的反应途径互不干扰,相互协调,它们能在合适的时间、地点各自按一定方向进行,随时根据内外条件的改变加以调节。代谢调节可以在多个水平发生,如在激素水平对整体或器官代谢的调节,在基因表达水平对酶量的调节,以及在酶活水平的调节。活性受到调节的酶简称为调节酶。在这里,我们重点讨论酶活性的调节,主要包括别构调节、可逆共价修饰、酶原激活、调节蛋白,此外对同工酶的作用给以简单介绍。

4.4.1　酶原与酶原的激活

为防止一些酶在不合适的时间、地点进入功能状态而引起细胞损伤,细胞在从 mRNA 翻译这些酶时,首先合成无活性的前体物,然后运输、分泌到特定部位;需要发挥功能时,在酶或其他因素作用下才转化为有活性的形式。无活性的前体物称为"酶原",如胃蛋白酶原、胰蛋白酶原、胰凝乳蛋白酶原及凝血酶原等。酶原转变成有活性的酶的过程,称为酶原激活。

不同酶原激活方式不同。胰凝乳蛋白酶原多肽链由 245 个氨基酸残基组成,具有 5 对二硫键。在胰脏细胞刚合成时,胰凝乳蛋白酶原没有活性,当分泌到小肠后,在胰蛋白酶作用下,它的 Arg_{15} 和 Ile_{16} 之间断裂,形成活性高但不稳定的 π-胰凝乳蛋白酶;π-胰凝乳蛋白酶自我催化,去掉 2 个二肽,形成 3 个肽链[图 4.9(a)]。这 3 个肽链在进行构象折叠时,新末端氨基酸残基 Ile_{16} 与内部 Asp_{194} 发生静电作用,促使 Met_{192} 从酶分子的深层移动到酶分子表面,使第 187及第 193 残基更加舒展,同时一个疏水性口袋产生,由此形成的 α-胰凝乳蛋白酶便具备了专一性水解蛋白质的活性。

胰蛋白酶原的激活更简单一些,它由胰腺细胞分泌进入小肠后,在 Ca^{2+} 和肠激酶作用下受到激活,LyS_6 - Ile_7 之间肽键断裂,在氨基末端移去一个酸性六肽:Val-(Asp)$_4$-Lys[图 4.9(b)],即可形成活性酶的构象。可见,酶原激活虽然方式不同,但实质一样,都是发生专一性蛋白质水解,除去阻碍形成活性构象的肽段,促使酶活性中心形成。酶原激活既涉及一级结构的变化,又涉及高级结构的变化。

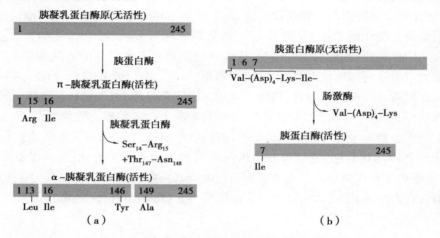

图 4.9　胰凝乳蛋白酶原和胰蛋白酶原的激活

酶原激活是生物体的一种酶活调节机制,具有重要的生物学意义。在细胞中某些酶以酶原的形式合成和储存,这一方面可以保护合成这些酶的细胞免受损伤;另一方面在机体需要这些酶时,酶原可被迅速分泌并激活,参与消化、血液凝固和生长发育等生理过程。酶原激活出现异常可导致疾病产生。出血性胰腺炎就是由于胰蛋白酶原在未进入小肠时提前被激活,使胰腺细胞蛋白质发生了自我降解,从而导致胰腺出血、肿胀。酶原激活不仅出现在消化系统,其他一些生理过程也有此类现象。蝌蚪发育为蛙时尾巴消失涉及前胶原酶的激活和该酶对尾巴中胶原蛋白的水解。

酶原激活是一个不可逆过程,活性酶的失活由专一性抑制剂完成。胰脏中有丰富的胰蛋白酶抑制剂,为多肽,相对分子质量为 6×10^3,可以防止酶原在胰脏中提前活化。用胰蛋白酶抑制剂可以治疗胰腺炎。在肺部组织中存在一类 α-抗蛋白酶,分子质量为 53×10^3,它能抑制弹性蛋白酶的活性,保护肺组织。如果吸烟过多,α-抗蛋白酶就会明显减少,弹性蛋白酶就会严重破坏肺组织。

4.4.2　别构调节

一些代谢物与酶活性中心以外部位可逆结合,通过使酶构象发生变化来改变酶催化活性的调节方式称为别构调节。相应的酶称为别构酶。别构酶常存在于代谢途径的起始步骤或分支处,可快速感知代谢物的变化,从而做出灵活调节。

别构酶分子结构比较复杂,一般为寡聚酶,除了催化中心,还有调节部位。与调节部位结合的代谢物称为别构效应物,它们与酶非共价键结合,可逆调节酶活性。如果具有激活作用,称为正效应物;反之,称为负效应物。典型负效应物的作用如同酶的非竞争性抑制剂。效应物主要为小分子代谢物、ATP、ADP 和辅因子等。一个酶可能有多种效应物,如谷氨酰胺合成酶,它催化 Glu 生成 Gln。Gln 进一步代谢生成的 6 种产物均是该酶的负效应物(图 4.10),加上 Gly 和 Ala,谷氨酰胺合成酶共有 8 种负效应物,而 ATP 则是酶的正效应物。

下面举例说明别构酶的特点。在从天冬氨酸形成胞嘧啶核苷三磷酸的多步反应途径中,第一个酶是天冬氨酸转氨甲酰酶,所催化的转氨甲酰反应是一个限速步骤(图 4.11)。

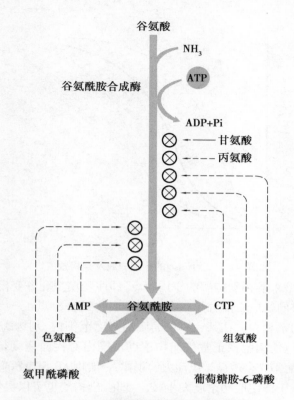

图 4.10 谷氨酰胺合成酶的负效反应

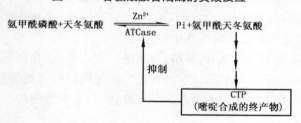

图 4.11 ATCase 受终产物 CTP 抑制

ATCase 含有 12 个亚基,由 3 个二聚体调节亚基(R)和 2 个三聚体催化亚基(C)组成。该酶活性受 ATP 激活,被 CTP 抑制。调节亚基能分别与 ATP 和 CTP 结合,产生别构效应。当用汞化物如 ρ-羟汞苯甲酸处理该酶时,催化亚基与调节亚基分离,ATCase 活性不再受 ATP 与 CTP 的调节(图 4.12)。

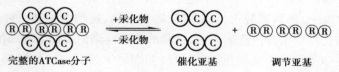

图 4.12 ATCase 的亚基组成

一个别构酶通常至少有一个底物的 v_0 – [S]曲线为 S 形,而不是双曲线。如图 4.13 所示,ATCase 的底物是 Asp 时,v_0 – [S]反应动力学曲线为 S 形(黑色曲线)。ATP 是该酶的正效应物,CTP 是其负效应物。

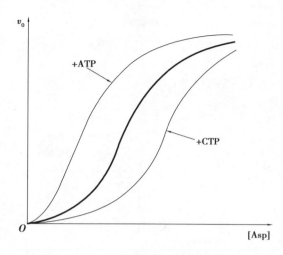

图 4.13　ATCase 的 S 形曲线及别构效应

目前,已有 2 种模型来解释别构酶的作用特点,即序变模型和齐变模型。别构酶的 S 形曲线源于底物结合的正协同效应。酶分子中存在多个底物结合位点,一个亚基与底物的结合能促进邻近亚基与底物的亲和力。在某一窄狭的底物浓度范围内,别构酶反应速率对底物浓度的变化非常敏感,这可以使细胞在正常代谢物浓度范围内对代谢速度行使快速调节(数秒或更短时间)。由于别构酶不完全遵循米氏动力学规律,一般用 $K0.5$ 表示酶与底物的亲和关系。

别构调节的意义在于即使底物浓度发生较小变化,别构酶也可以灵敏、有效地调节酶促反应速度,以确保机体代谢正常进行。必须指出,无论是序变模型还是齐变模型,都只是考虑了最简单的情况,对于复杂的别构酶反应尚具有一定的局限性,别构酶的作用机理尚待深入了解。在这里,需要弄清楚的是别构酶的几个特点:

①别构酶通常为寡聚酶,分子结构复杂,除酶活性中心外,还存在一个或多个调节部位;

②效应物通过与酶分子的调节部位非共价结合而使酶活性得到可逆调节;

③酶反应速率与底物浓度之间的关系不呈双曲线,而是 S 形曲线。

4.4.3　可逆共价修饰调节

有些酶因自身某氨基酸残基发生可逆共价修饰,在活性形式和无活性形式之间发生变化,称为酶的可逆共价修饰。可逆共价修饰包括共价结合修饰基团和水解去掉修饰基团两个过程,需要另外一些酶催化完成。常见的共价修饰方式有:磷酸化/去磷酸化、腺苷酰化/去腺苷酰化、鸟苷酰化/去鸟苷酰化、甲基化/去甲基化、乙酰化/去乙酰化,以及二硫键的氧化/还原等。

在可逆共价调节中,酶的磷酸化/去磷酸化最为常见,是细胞控制对外界信号响应的重要机制。蛋白质磷酸化反应由蛋白激酶完成,去磷酸化反应则由蛋白质磷酸酶完成。磷酸化/去磷酸化几乎涉及生物体所有的生理与病理过程,如细胞生长、发育、代谢调控、基因表达、癌变等。现代分子生物学研究发现,虽然 Ser、Thr 等是发生磷酸化的部位,但并非所有这些位点都发生磷酸化。酶的共价修饰位点具有特异性,即对邻近氨基酸顺序有要求,如蛋白激酶 G 的磷酸化位点是:—X—R—(R/K)—X—(S/T)—X—(X 代表任意氨基酸残基)。需要指出的是,对于一些酶来讲,磷酸化后可能被激活,而对于另一些酶来讲,去磷酸化后可能被激活。一个酶的激活或失活可以开启或关闭一个代谢途径,因此酶的可逆共价调节在细胞信号转导中起重要作用。

糖原磷酸化酶的调节属于可逆共价调节。糖原磷酸化酶是糖原代谢中的一个关键调节酶,催化糖原分解生成 1-磷酸葡萄糖。这个酶有两种形式:活性较高的形式称为磷酸化酶 a,活性较低的形式称为磷酸化酶 b。酶分子由 α,β,γ,δ 四个亚基组成,磷酸化修饰只发生在 α,β 两个亚基上(图 4.14)。当血糖低,需要糖原降解时,磷酸化酶 b 在磷酸化酶激酶作用下,两个亚基上的 Ser14 轻基发生磷酸化,转变为磷酸化酶 a。在这个反应中,ATP 是磷酸基团的供体。当不需要糖原降解时,由另一个酶,即磷酸化酶磷酸酶,催化磷酸化酶 a 脱去磷酸基团,成为无活性的磷酸化酶 b。

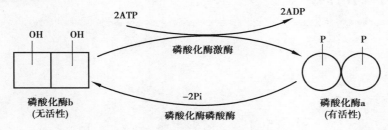

图 4.14 磷酸化酶的共价修饰与活性调节

可逆共价调节酶常接受来自激素和神经的信号指令,反应快速,调节效果明显。这类调节酶往往是另外一种酶的底物或产物,上游一个信号分子可以引发下游众多反应的发生,因此对代谢信号有放大效应。比如胰高血糖素作为胞外信号,一个激素分子通过膜蛋白受体的转导作用,可以引发细胞内腺苷酸环化酶、蛋白激酶 A、蛋白激酶、糖原磷酸化酶等一系列酶按顺序进行逐级共价修饰激活,即级联激活,最后使上百万糖原分子同时发生降解反应。酶的可逆共价修饰调节具有以下特点:

①能把调节物的效应放大,是体内最经济有效的快速调节方式。

②能把胞外的信号与胞内的代谢联系起来,是细胞信号转导系统的重要参与者。与别构调节相比,酶的可逆共价调节稍微滞后一些,一般在数分钟或数小时后起作用。

第 **5** 章

维生素和辅酶

5.1 脂溶性维生素

5.1.1 维生素 A

维生素 A 的化学名称是视黄醇,为不饱和一元醇,基本结构单位是异戊二烯。维生素 A 主要来自动物食品,肝、乳制品及蛋黄中富含,鱼肝油中含量尤其丰富。胡萝卜、绿叶蔬菜等所含的 β-胡萝卜素在动物小肠内可以转化为维生素 A。1 分子 β-胡萝卜素经酶氧化裂解产生 2 分子维生素 A,因此 β-胡萝卜素又称为维生素 A 原(图 5.1)。维生素 A 有维生素 A_1、维生素 A_2 两种,维生素 A_2 比维生素 A_1 多一个双键,为 3-脱氢视黄醇。

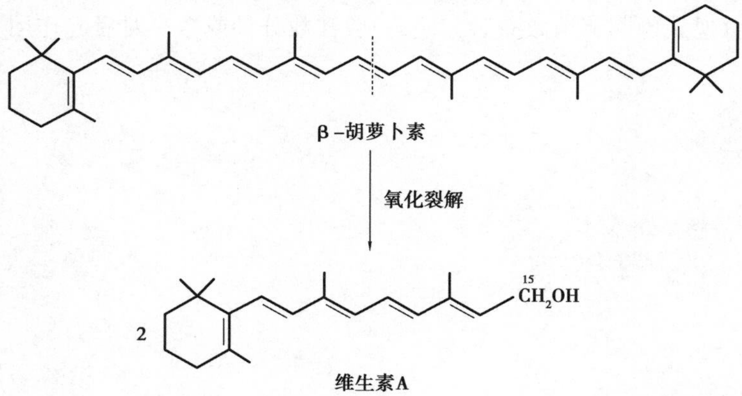

图 5.1 胡萝卜素(维生素 A 原)裂解为维生素 A

维生素 A 不仅对维持上皮组织结构、骨骼的形成和生长有作用,还是构成视觉细胞感光物质的成分。眼球视网膜杆状细胞含有视紫红质,这是一种对弱光敏感的缀合蛋白,由 11-顺-视黄醛和视蛋白组成,视黄醛的醛基与视蛋白赖氨酸残基的 ε-氨基以 Schiff 碱形式共价结合。视紫红质在光中分解,在暗中合成。在弱光下视物时,视紫红质中的 11-顺-视黄醛感光,发生异构化反应转变为全-反-视黄醛。视黄醛是视黄醇的氧化产物,缺乏视黄醇,视紫红质不能保持正常浓度,视网膜感受弱光发生障碍,因而引发夜盲症。

5.1.2　维生素 D

维生素 D 是类固醇衍生物,具有抗佝偻病的作用。维生素 D 有多种,其中以维生素 D_2 和维生素 D_3 最重要;二者结构相似,维生素 D_2 比维生素 D_3 多一个甲基和一个双键。

在人和动物皮肤中,7-脱氢胆固醇经紫外线照射可形成前维生素 D_3,再转变为维生素 D_3(图 5.2)。植物性食物中所含的麦角固醇经紫外线照射后可转变为维生素 D_2。

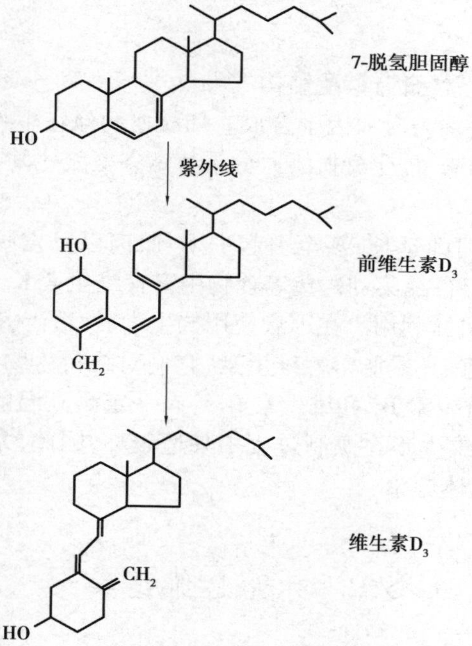

图 5.2　7-脱氢胆固醇在紫外线照射下产生维生素 D_3

维生素 D_3 的化学名称为胆钙化醇,在体内的活性形式是 1,25-二羟胆钙化醇,主要功能是调节钙、磷代谢,维持血钙和血磷正常浓度,促使新骨形成和钙化。缺乏维生素 D,骨骼发育不良,小儿易患佝偻病,成人易患软骨病。维生素 D 在肝、鱼、蛋黄、奶油中含量丰富,海产鱼肝油尤其丰富。补充维生素 D 的同时补钙效果更好。

5.1.3　维生素 E

维生素 E 又称生育酚,活性基团为酚基。维生素 E 有 8 种,因苯环上的甲基数目、位置等有所不同,分别表示为 α-、β-、γ-、δ-生育酚等。维生素 E 的结构简式如下:

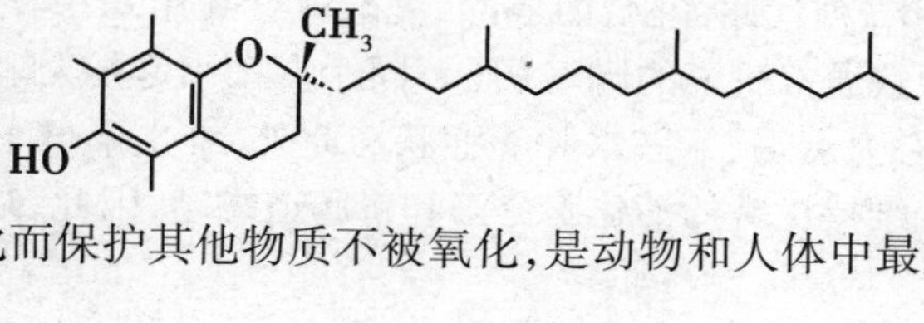

维生素 E 极易氧化而保护其他物质不被氧化,是动物和人体中最重要的抗氧化剂和自由

基清除剂。机体在正常代谢时不断产生自由基,处于逆境时产生的更多,如羟自由基、超氧阴离子自由基、过氧化物自由基等,它们有攻击细胞膜不饱和脂肪酸双键而引发过氧化反应的破坏性。维生素 E 之所以能捕捉自由基,是因为它的酚基极易释放出一个氢原子,氢原子与自由基结合成非自由基产物;而生育酚自由基则可两两结合成醌式结构,从而使细胞膜免于过氧化反应而保持正常结构和功能。此外,维生素 E 还有保护巯基酶、抗衰老、防肿瘤等作用,与生殖有一定关系。缺乏维生素 E 容易造成习惯性流产、肌肉萎缩等。

维生素 E 分布广泛,多存在于植物产品中,尤其麦胚油、玉米油、花生油等,豆类和蔬菜中的含量也较丰富,一般不易缺乏。

5.1.4　维生素 K

维生素 K 又称凝血维生素,含有萘醌结构。

维生素 K 的主要功能是参与凝血因子合成。如凝血酶原在生物合成后加工时,谷氨酰竣化酶需要以维生素 K 作为辅酶,催化凝血酶原分子特定谷氨酸残基在 γ-碳位发生羧基化,使 γ-碳上带有 2 个羧基。

缺乏维生素 K 时,凝血时间延长,甚至引起皮下、肌肉以及胃肠道出血。一般情况下,人体不会缺乏维生素 K,因为绿色蔬菜、肝、鱼等食物中富含维生素 K。另外,哺乳动物肠道内大肠杆菌、乳酸菌也能合成供机体利用。在因病使用抗生素后,适当喝酸奶有利健康。

可见,无论水溶性维生素,还是脂溶性维生素,它们对维持生物正常生长、发育都很重要。有些维生素,如维生素 B_1、维生素 B_2 和维生素 B_5 等有一定耐高温能力,在正常蒸煮温度下一般还能保持活性,但大多数维生素在烹制过程中易遭破坏,因此,常食新鲜蔬菜,合理搭配食谱,讲究科学烹饪,有利于机体健康。

5.2　水溶性维生素

5.2.1　B 族维生素及其辅酶

在水溶性维生素中,B 族维生素不仅种类繁多,而且多构成辅酶或辅基,在脱氢、脱竣、羧化、转氨、基团转移等一系列生物化学反应中起重要作用。

（1）焦磷酸硫胺素和维生素 B_1

维生素 B_1 化学名称为硫胺素,是由一个含氨基的嘧啶环和一个噻唑环构成的化合物。在机体中,硫胺素经硫胺素激酶催化,转变为焦磷酸硫胺素（图 5.3）。

TPP 中的噻唑环 C_2 失去 H^+ 形成负碳离子,它是很好的亲核基团。TPP 是脱羧酶（如丙酮酸脱羧酶）的辅酶,协助进行共价催化,在维持正常糖代谢中发挥重要作用。

若机体缺乏维生素 B_1,糖代谢受阻,丙酮酸、乳酸就会在组织中积累,从而影响心血管和神经组织的正常功能,导致通常所说的脚气病（不同于真菌引起的"脚气"——脚癣）,出现多发性神经炎、皮肤麻木、心力衰竭、下肢水肿等症状。此外,维生素 B_1 还有抑制胆碱酯酶活性的作用,这种抑制有利于维持正常的消化腺分泌和胃肠道蠕动,因此,缺乏维生素 B_1 将引起食欲不振、消化不良等。

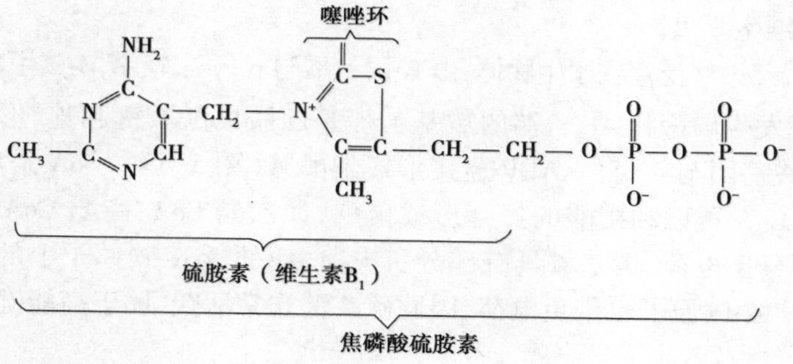

图 5.3　焦磷酸硫胺素

维生素 B_1 在谷物种子外皮中富含,酵母以及瘦肉中含量也很高。维生素 B_1 在酸性条件下耐一定高温。摄食粗粮有利于补充维生素 B_1,烹饪时加醋有利于保持食物中维生素 B_1 的活性。

（2）FMN、FAD 和维生素 B_2

维生素 B_2 化学名称为核黄素,是 7,8-二甲基异咯嗪与一分子核糖醇构成的黄色物质。活性部位是异咯嗪环 N_1 和 N_5 之间的两个双键。

机体内,核黄素主要以两种形式存在:黄素单核苷酸和黄素腺嘌呤二核苷酸。FMN、FAD 为氧化型,接收两个氢原子后转变为还原型 $FMNH_2$ 和 $FADH_2$（图 5.4）。

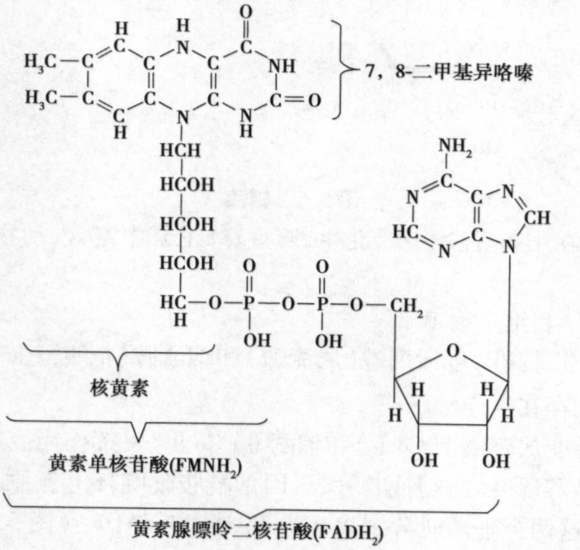

图 5.4　FMN、FAD 与维生素 B_2 的关系

FMN、FAD 常作为脱氢酶（如 NADH 脱氢酶、琥珀酸脱氢酶）的辅基,通过氧化态与还原态的互变参与氧化还原反应,促进糖、脂肪等物质代谢。缺乏维生素 B_2,机体代谢强度降低,表现为口角炎、舌炎等症状。

维生素 B_2 广泛存在,蛋黄、乳类、大豆含量丰富。维生素 B_2 耐一定高温,但易被光分解,因此,维生素 B_2 通常在棕色瓶子中保存。

（3）辅酶 A 和维生素 B_5

维生素 B_5 又名泛酸，广泛存在于生物体，由 β-丙氨酸与 α,γ-二轻-β,β-二甲基丁酸缩合而成。

泛酸的 γ-羟基发生磷酸化，另一端的羧基与巯基乙胺以酰胺键相连，形成磷酸泛酰巯基乙胺；之后通过磷酸基团与 $3',5'-ADP$ 连接形成辅酶 A（图 5.5）。CoA 是典型的酰基载体，活性基团是巯基。CoA 可以和羧酸的羧基形成硫酯，如乙酰 CoA、脂酰 CoA 等重要中间代谢物。硫酯碳带有部分正电荷，羰基氧具有部分负电荷，使邻近 α-碳原子上的氢原子趋向于解离出一个质子，而使 α-碳原子也带负电荷，因此硫酯键非常活跃，属于高能键。缺乏维生素 B_5 易掉毛发、脱皮。

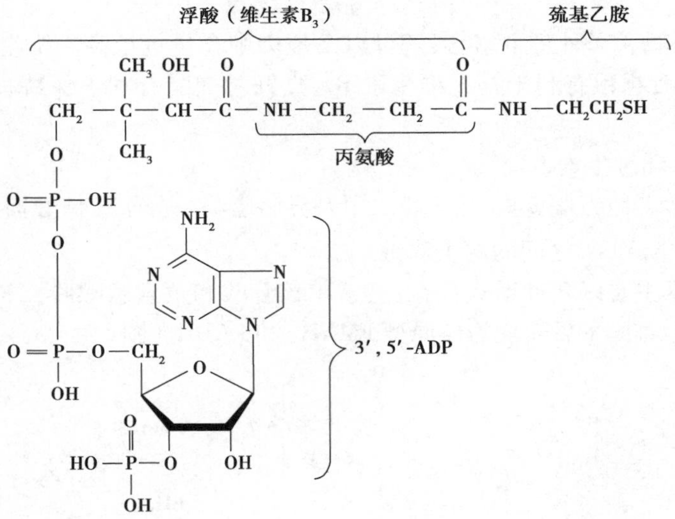

图 5.5　辅酶 A

维生素 B_5 广泛存在于各类食物中，花生、豌豆、蜂王浆中富含，动物肠道细菌也可以合成，一般不会缺乏。

（4）NAD^+、$NADP^+$ 和维生素 B_3

维生素 B_3 又称维生素 PP，包括烟酸（尼克酸）和烟酰胺（尼克酰胺）两种，二者均为吡啶衍生物，主要以酰胺形式存在。

在体内，烟酰胺转变成辅酶 Ⅰ（Co Ⅰ）和辅酶 Ⅱ（Co Ⅱ）发挥作用。Co Ⅰ 即烟酰胺腺嘌呤二核苷酸，Co Ⅱ 是烟酰胺腺嘌呤二核苷酸磷酸。因烟酰胺吡啶环上氮原子与核糖共价连接后带正电荷，因此，在书写这两个辅酶时分别表示为 NAD^+ 和 $NADP^+$（图 5.6）。

NAD^+ 和 $NADP^+$ 为氧化形式，可接受氢负离子（$:H^-$），即 1 个质子和 2 个电子，转变为还原形式的 NADH 和 NADPH。Co Ⅰ 和 Co Ⅱ 通过氧化型和还原型的改变传递氢负离子，作为脱氢酶的辅酶发挥作用。缺乏维生素 B_3 易患皮炎、呆傻、糙皮病等。

维生素 B_5 普遍存在于食物中，以豆类、肉产品富含，而且对酸、碱和热稳定，因此，一般不会缺乏。

（5）转氨酶的辅酶——磷酸吡哆醛是维生素 B_6 的衍生物

维生素 B_6 属于吡啶衍生物，包括 3 个成员——吡哆醇、吡哆醛和吡哆胺，它们在体内可以相互转化。

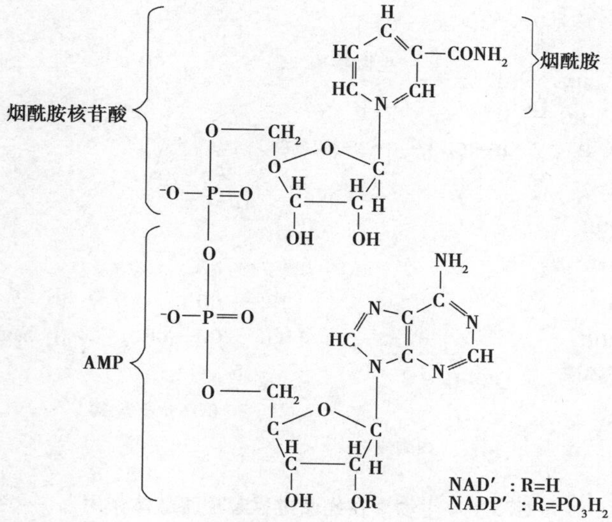

图 5.6　NAD$^+$和 NADP$^+$

维生素 B$_6$经磷酸化作用转变为相应的磷酸酯——磷酸吡哆醛和磷酸吡哆胺等,这些磷酸醋形式之间也可以相互转变。磷酸吡哆醛、磷酸吡哆胺主要在氨基酸代谢中作为转氨酶的辅酶,作用是转移氨基。如在转氨酶催化下,磷酸吡哆醛作为氨基的载体参与氨基酸和 α-酮酸的转氨作用;磷酸吡哆胺在逆反应中作为氨基的供体使 α-酮酸转变为相应的 α-氨基酸。若缺乏维生素 B$_6$,蛋白质代谢将出现紊乱。

维生素 B$_6$广泛存在于动、植物,如肝、蛋黄、肉、鱼中,尤其谷皮中含量丰富。肠道细菌也能合成维生素 B$_6$,一般不会缺乏。

（6）生物素

生物素即维生素 B$_7$（图 5.7）,又称维生素 H,其结构为带有戊酸侧链的噻吩环与一分子脲所结合的骈环,活性位点在 N$_1$上。

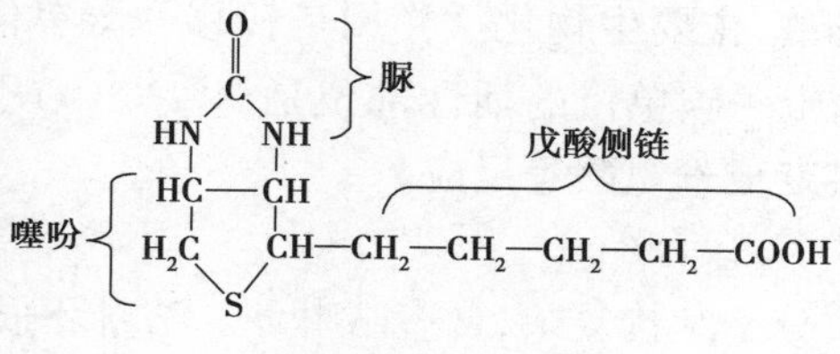

图 5.7　生物素

生物素是多种羧化酶的辅基,作为活化的羧基载体参与羧化反应,其羧基与酶蛋白中赖氨酸残基的 ε-氨基以酰胺键相连。反应时,CO_2首先与脲环上的活性位点氮原子结合,然后再转给适当的受体（如丙酮酸）以完成羧化反应（图 5.8）。若缺乏生物素,导致毛发脱落,皮肤容易发炎。

生物素广泛分布于动、植物,人体肠道细菌也可合成,一般不会缺乏。人们常将生物素与某蛋白质共价连接使之"生物素化",然后利用抗生物素蛋白与生物素专一结合的特性,用酶标-avidin 对目标蛋白进行追踪鉴定。生食大量鸡蛋会引起生物素缺乏,这是因为生鸡蛋清富含抗生物素蛋白,它们与生物素结合使后者丧失活性。

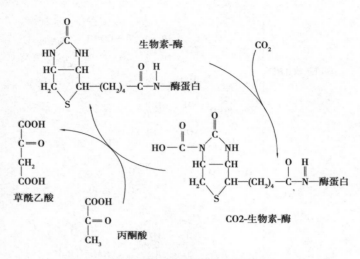

图 5.8　生物素在代谢过程起羧基载体作用

（7）四氢叶酸是维生素 B_{11} 的衍生物

叶酸又称维生素 B_{11}，广泛存在于生物界，因为在植物绿叶中含量丰富而得名。叶酸分子由 6-甲基蝶呤、对氨基苯甲酸与 L-谷氨酸连接而成。

叶酸加氢后的还原产物——5,6,7,8-四氢叶酸是叶酸的活性形式，分子结构如下：

四氢叶酸是转移酶的辅酶，主要生物化学作用是转移一碳单位，如甲基（—CH_3）、亚甲基（—CH_2—）等。四氢叶酸携带一碳单位的活性部位是 N^5，N^{10}。N^5，N^{10}-亚甲基四氢叶酸作为亚甲基的载体参与甘氨酸转变成丝氨酸等反应。

（8）维生素 B_{12} 辅酶

维生素 B_{12} 又称钴胺素，分子结构复杂，含有咕啉环。咕啉环很像血红素的卟啉环，但中心是一个三价 Co 原子，Co 除了和 4 个吡咯氮配位，还有 2 个配位键：一个是二甲基苯并咪唑基的氮；另一个 R 基则可不同，为羟基时称为羟基钴胺素（图 5.9）。

维生素 B_{12} 在体内主要转化为两种辅酶形式——甲基钴胺素和 5'-脱氧腺苷钴胺素，后者是维生素 B_{12} 辅酶的主要活性形式。

维生素 B_{12} 辅酶参与分子内基团重排、转甲基等十多种生物化学反应。如甲基钴胺素在高半胱氨酸转变为甲硫氨酸的过程中起甲基转移作用；5'-脱氧腺苷钴胺素是多种变位酶的辅酶，将一个碳原子上的—H 或—R 基团转移到邻近碳原子上，所催化反应简示如下：

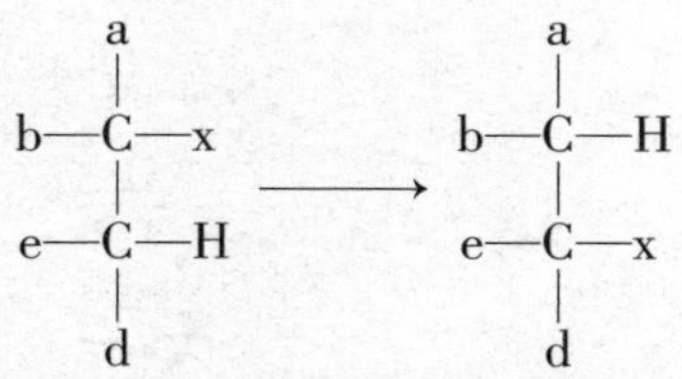

维生素 B_{12} 参与 DNA 合成,对红细胞成熟很重要。缺乏维生素 B_{12},易患恶性贫血病。肉、蛋、鱼、奶等都富含维生素 B_{12},人体肠道细菌也可合成,一般不会缺乏。

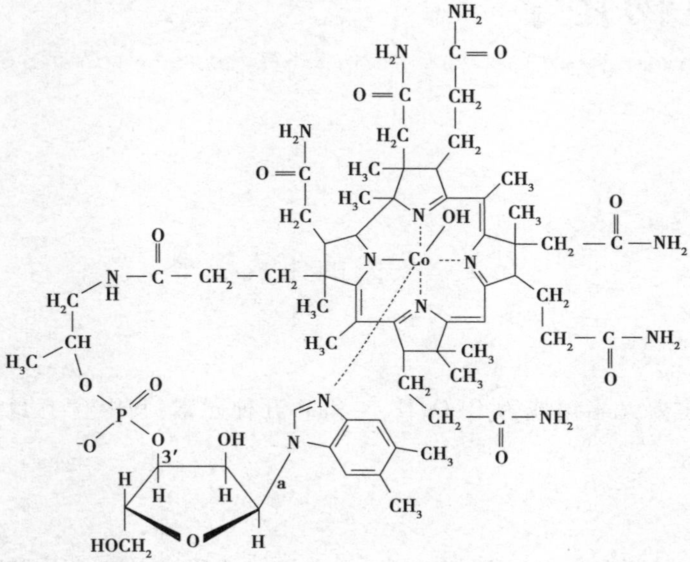

图 5.9　维生素 B_{12}

5.2.2　维生素 C

维生素 C 又名抗坏血酸,是一个含 6 个碳原子的酸性多羟基化合物,有不对称碳原子,自然界存在的具有生理活性的是 L-维生素 C。维生素 C 有还原和氧化两种形式,二者之间可以发生相互转变。

在还原型维生素 C 中,C_2 位和 C_3 之间有一个双键,2 个烯醇式羟基极易解离出 H^+ 和电子,氧化成酮式即脱氢维生素 C。因此,维生素 C 是生物体一种强还原剂,其生化功能是作为氢的供体或受体,通过参与氧化还原反应起作用。维生素 C 有多种生理作用,如保持巯基酶、谷胱甘肽的活性,使机体处于良好状态;保持血红蛋白血红素辅基中铁原子的还原状态,使食物中难以吸收的 Fe^{3+} 还原为易于吸收的 Fe^{2+};恢复因参与捕获自由基而造成的活性维生素 E 的降低等。不仅如此,维生素 C 还参与羟基化反应,在胶原蛋白合成、胆固醇代谢、芳香族氨基酸代谢以及机体免疫反应等方面具有重要作用。

缺乏维生素 C 易引发坏血病,其症状为创伤溃疡不易愈合,骨骼和牙齿易于折断或脱落,毛细血管通透性增大,皮下、黏膜易出血等。维生素 C 广泛存在于生物体,但少数脊椎动物如人和其他灵长类、豚鼠等除外,这些生物必须从食物中摄取。

第 **6** 章
核酸的生物化学

6.1 核酸的组成成分

核酸分子的主要元素组成为 C、O、H、N 和 P 五种元素,其中含 P 量比较稳定,一般为9% ~ 10%。

6.1.1 碱基

构成核苷酸的碱基均是含氮杂环化合物,分为嘌呤和嘧啶两类,其中嘌呤碱基包括腺嘌呤和鸟嘌呤两种碱基,嘧啶碱基包括胞嘧啶、尿嘧啶和胸腺嘧啶(thymine,T)三种碱基。DNA 分子中的碱基是 A、G、C 和 T,而 RNA 分子中的碱基为 A、G、C 和 U。碱基环中的各原子分别以1、2、3、4、5 等标注。各种碱基的结构式如图 6.1 所示。

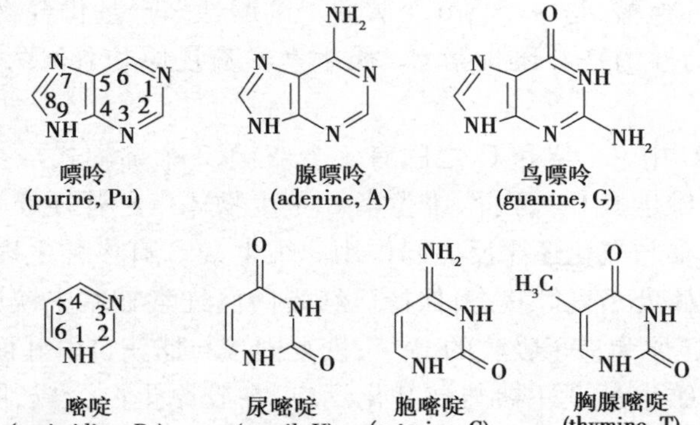

| 嘌呤
(purine, Pu) | 腺嘌呤
(adenine, A) | 鸟嘌呤
(guanine, G) |
| 嘧啶
(pyrimidine, Py) | 尿嘧啶
(uracil, U) | 胞嘧啶
(cytosine, C) | 胸腺嘧啶
(thymine, T) |

图 6.1 碱基的结构

构成核酸的五种碱基,因酮基或氨基均位于杂环上氮原子的邻位,可受介质 pH 的影响而形成酮或烯醇两种互变异构体,或形成氨基与亚氨基的互变异构体,这既是 DNA 双链结构中氢键形成的重要结构基础,又有潜在的基因突变的可能。嘌呤碱基和嘧啶碱基在杂环中均有交替出现的共轭双键,使这两类碱基对波长为 260 nm 左右的紫外光具有较强吸收。这一特性常用作核酸、核苷酸和核苷的定性和定量分析。

另外,RNA 及 DNA 合成后,因在 5 种碱基上发生修饰反应而形成稀有碱基。稀有碱基是指除了 A、T、G、C、U 以外的一些碱基,包括双氢尿嘧啶(DHU)、假尿嘧啶(平)和 7-甲基-鸟嘌呤(m7 – G)等,稀有碱基主要存在于 tRNA 中。

6.1.2　核苷

核苷是戊糖和含氮碱生成的糖苷,在核苷中,核糖的厂碳原子通常与嘌呤碱的第 9 氮原子或嘧啶碱的第 1 氮原子相连。在 tRNA 中有少量尿嘧啶的第 5 位碳原子与核糖的 1′碳原子相连,这是一种碳苷,因为戊糖与碱基的连接方式较特殊,也称为假尿苷。

由嘌呤形成的核苷可以有顺式和反式两种结构类型,嘧啶形成的核苷只有反式构象是稳定的,在顺式结构中,C_2 位的取代基与糖残基存在空间位阻(图6.2)。

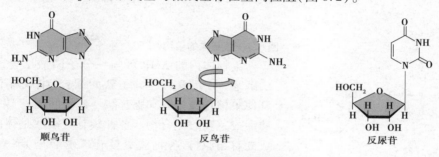

图6.2　核苷的顺式和反式结构

核苷常用单字母符号表示,脱氧核苷则在单字母符号前加一小写的 d。常见的修饰核苷符号有:次黄苷或肌苷为 I,黄嘌呤核苷为 X,二氢尿嘧啶核苷为 D,假尿嘧啶核苷为 Ψ。取代基团用英文小写字母表示,碱基取代基团的符号写在核苷单字母符号的左边,核糖取代基团的符号写在右边,取代基团的位置写在取代基团符号的右上角,取代基的个数则写在右下角。如 5-甲基脱氧胞苷的符号为 m^5dC,而 N^6,N^6-二甲基腺嘌呤的符号为 m_2^6A。

6.1.3　核苷酸

(1)核苷酸的结构和功能

核苷酸是核苷的磷酸酯。核苷酸中的核糖有 3 个自由的羟基,均可以被磷酸酯化,分别生成 2′-,3′-和 5′-核苷酸。脱氧核苷酸的五碳糖上只有 2 个自由羟基,只能生成 3′-和 5′-脱氧核苷酸,各种核苷酸的结构已经由有机合成等方法证实。

生物体内的游离核苷酸多为 5′-核苷酸(图6.3),所以通常将核苷-5′-磷酸简称为核苷一磷酸或核苷酸。各种核苷酸在文献中通常用英文缩写表示,如腺苷酸为 AMP,鸟苷酸为 GMP。脱氧核苷酸则在英文缩写前加小写 d,如 dAMP。

用酶水解 DNA 或 RNA,除得到 5′-核苷酸外,还可得到 3′-核苷酸。现在常用的表示法是在核苷符号的左侧加小写字母 p 表示 5′-磷酸酯,右侧加 p 表示 3′-磷酸酯。如 pA 表示 5′-腺苷酸,Cp 表示 3′-胞苷酸。若为 2′-磷酸酯,则需标明,如 $G^{2'}p$ 表示 2′-鸟苷酸,游离的核苷酸在生物体内很少见。

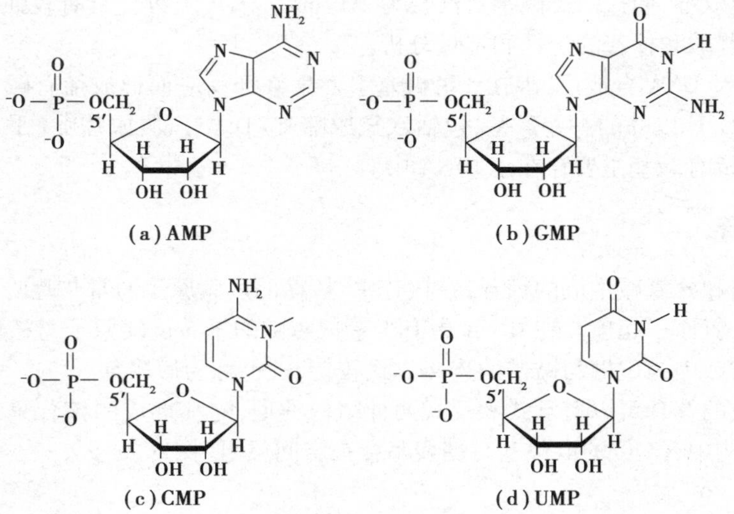

（a）AMP　　　　　　　　　　　（b）GMP

（c）CMP　　　　　　　　　　　（d）UMP

图6.3　核苷酸的结构

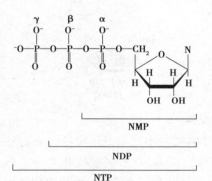

图6.4　核苷三磷酸的结构

生物体内的 AMP 可与一分子磷酸结合,生成腺苷二磷酸,ADP 再与一分子磷酸结合,生成腺苷三磷酸。其他单核苷酸可以和腺苷酸一样磷酸化,产生相应的二磷酸或三磷酸化合物。各种核苷三磷酸是体内 RNA 合成的直接原料,各种脱氧核苷三磷酸是 DNA 合成的直接原料。核苷三磷酸在生物体的能量代谢中起着重要的作用,其中 ATP 在所有生物系统化学能的转化和利用中起着关键作用。有些核苷三磷酸还参与特定的代谢过程,如 UTP 参与糖的互相转化与合成、CTP 参与磷脂的合成、GTP 参与蛋白质的合成。核苷三磷酸的结构如图6.4所示。

腺苷酸也是一些辅酶的结构成分,如烟酰胺腺嘌呤二核苷酸、烟酰胺腺嘌呤二核苷酸磷酸、黄素腺嘌呤二核苷酸(FAD)等。

哺乳动物细胞中的 3′,5′-环腺苷酸(cAMP)是一些激素发挥作用的媒介物,被称为这些激素的第二信使。许多药物和神经递质也是通过 cAMP 发挥作用的。cGMP 是 cAMP 的拮抗物,二者共同在细胞的生长发育中起重要的调节作用。某些哺乳动物细胞中还发现了 cUMP 和 cCMP,功能不详。环核苷酸是在细胞内一些因子的作用下,由某种核苷三磷酸在相应的环化酶作用下生成的,cAMP 和 cGMP 的结构式如图6.5所示。

一些核苷多磷酸和寡核苷多磷酸类对代谢有重要的调控作用。如在细菌的培养基中缺少某种必需氨基酸时,几秒钟内即发生 GTP + ATP→ppGpp 或 pppGpp 的反应。在 ppGpp 或 pppGpp 的作用下,细菌会严格控制一系列代谢活动以减少消耗,加快体内原有蛋白质的水解以获取所缺的氨基酸,并用以合成生命活动必需的蛋白质,从而延续生命。枯草杆菌在营养不利的情况下形成芽孢时,合成 ppApp、pppApp 和 pppAppp,使细菌处于休眠状态度过恶劣时期。很多原核生物(如大肠杆菌)、真核生物(如酵母)和哺乳动物都存在 $A^{5'}pppp^{5'}A$,在哺乳动

中 Ap_4A 含量与细胞生长速度有正相关关系。核苷酸及其衍生物在调控方面的作用已成为生物体调控机制研究的一个重要领域。

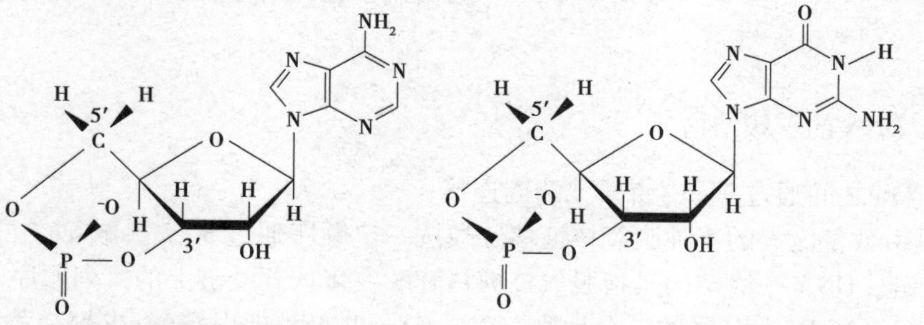

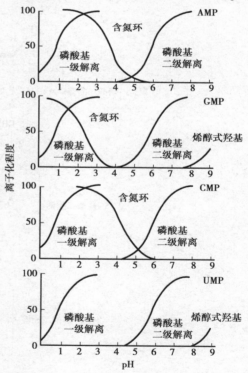

（a）3′, 5′-环腺苷酸(cAMP)　　　　（b）3′, 5′-环鸟苷酸(cGMP)

图 6.5　cAMP 和 cGMP 的结构

（2）核苷酸的性质

核苷酸的碱基具有共轭双键结构,故核苷酸在 260 nm 左右有强吸收峰。由于碱基的紫外吸收光谱受碱基种类和解离状态的影响,故测定核苷酸的紫外吸收时应注意在一定的 pH 下进行。利用碱基紫外吸收的差别,可以鉴定各种核苷酸。

核苷酸的碱基和磷酸基均含有解离基团。图 6.6 是 4 种核苷酸的解离曲线。当 pH 处于磷酸基一级解离曲线和碱基解离曲线的交点时,二者的解离度刚好相等,且磷酸基尚无二级解离,所以这一 pH 为该核苷酸的等电点。

各核苷酸含氮环的解离度有明显的差别,分别为 CMP（ +0.84 ） > AMP（ +0.54 ） > GMP（ +0.05 ） > UMP(0)。这样,所有核苷酸都带净负电荷,且带负电荷的多少各不相同。在 pH3.5 的缓冲液下进行电泳,它们便以不同的速度向正极移动,其移动的速度的顺序是 UMP > GMP > AMP > CMP,因而可以将它们分开。

用阳离子交换树脂分离上述 4 种核苷酸时,先在低 pH(例如 pH1.0)下使它们都带上净正电荷(UMP 除外),经离子交换作用结合在树脂上,然后用盐离子浓度或 pH 递增的缓冲液进行洗脱,UMP 因不带正电荷,首先被洗脱下来,

图 6.6　核苷酸的解离曲线

接着是 GMP,因为嘌呤环同离子交换树脂的非极性吸附比嘧啶环大许多倍,抵消了 AMP 和 GMP 之间正电荷的差别,故洗脱顺序是:UMP→GMP→CMP→AMP。

6.2 DNA 的结构与功能

6.2.1 DNA 的一级结构

（1）核苷酸之间通过 3′,5′-磷酸二酯键连接

DNA 是由数量庞大的 4 种脱氧核糖核苷酸按一定顺序通过 3′,5′-磷酸二酯键连接起来的多核苷酸链。DNA 一级结构是指脱氧核糖核苷酸在多核苷酸链上的排列顺序。

图 6.7 显示了 DNA 分子的一个片段。DNA 分子共价骨架由磷酸、戊糖交替排列组成，碱基作为侧链连接在骨架上。磷酸基 pK 值很低，在 pH 为 7.0 时完全离子化而带负电荷。大量负电荷有利于核酸与蛋白质、金属离子和多胺等带正电荷的物质相互作用。

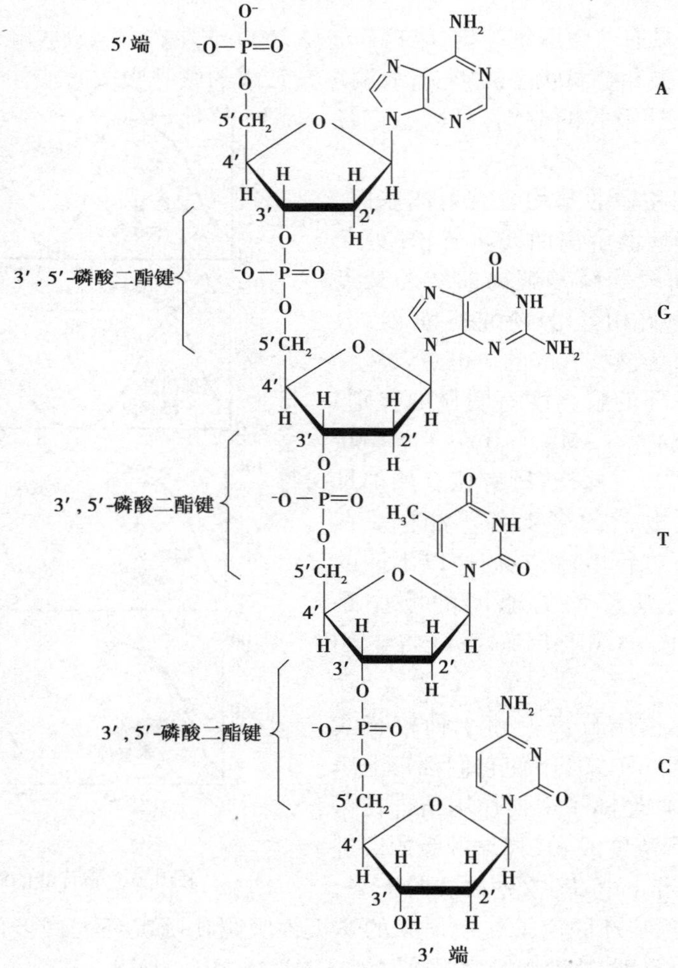

图 6.7 DNA 分子共价结构

（2）DNA 的方向性与 DNA 的书写方式

DNA 分子具有方向性，其多核苷酸链一个末端的单磷酸酯键位于戊糖 5′碳原子上，称为 5′-端；另一端为 3′-游离羟基，称为 3′-端。DNA 的核苷酸顺序（可简称为碱基顺序）一般按 5′→3′方向书写；核苷酸序列可用结构式表示，也可用竖线式或更简化的短线式、字母式表示（图6.8）。

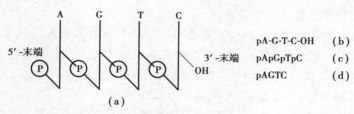

图6.8　核苷酸链的简单书写方式

（3）基因存在于 DNA 分子上

基因是指在染色体上占有一定位置的最小遗传单位。基因实际上是 DNA 分子的一个片段，它携带着编码活性产物（蛋白质、RNA）的信息，能通过复制将遗传信息由亲代传递给子代。一条 DNA 分子上存在数量不等的基因；它们之间可能是连续存在的，也可能是间隔或重叠的；同一个基因可能由连续核苷酸序列组成，也可能因插入多个不编码产物的核苷酸序列而断裂，其中参与编码产物的 DNA 序列称为外显子，而基因中不编码产物的插入序列称为内含子。基因以何种形式存在，与生物物种有关。

一种生物或细胞的遗传物质综合称为基因组。研究基因组结构与功能的科学称为基因组学。不同生物基因组大小不同，基因特征不同。原核生物和病毒的基因组只是单条 DNA 分子，真核细胞基因组则包括多条染色体 DNA，如果蝇为 4 对染色体，人为 23 对。

病毒基因组较小，仅几个到几十个基因。病毒 DNA 分子基因紧凑，常呈重叠状态，即一段核苷酸序列能参与编码两种或两种以上的产物，这增加了病毒基因组遗传信息的总量。病毒 DNA 有单链和双链之分，有线形和环状之分。病毒 DNA 分子大部分用来编码蛋白质，非编码区所占比例很小。

细菌 DNA 为双链环状，基因通常连续存在，功能相关基因受共同调节；基因组中重复序列很少。除拟核中 DNA 外，在染色体外还有游离的小的环状 DNA 分子，称为质粒。质粒是一种独立于染色体以外的、能够进行自我复制的细胞遗传因子，不属于基因组。原核和真核生物均发现存在质粒。由于质粒与抗性有关，而且可以携带基因在物种间转移，因此成为现代分子生物学技术中基因分离、克隆和转移的主要工具。

真核细胞基因组 DNA 以染色体形式存在。最简单的真核细胞酵母所含的 DNA 是大肠杆菌的 4 倍，果蝇是 25 倍，而人和哺乳动物的 DNA 是大肠杆菌的 600 多倍。很多植物和两栖类有更多的 DNA。人每个细胞的 DNA 的螺旋总长度约 2 m，很显然，DNA 必须进行复杂的组织和包装才能容纳于细胞中。真核生物基因组中的调控序列和重复序列所占比例很大，基因是断裂的，一个基因通常包括数个外显子和数个内含子。除核 DNA 外，真核细胞中还有线粒体 DNA，光合细胞还有叶绿体 DNA。这类 DNA 分子较小，为双链环状，能复制。

6.2.2　DNA 的空间结构

DNA 的空间结构是指构成 DNA 的所有原子在三维空间具有确定的相对位置关系。DNA

的空间结构又分为二级结构和高级结构。

1)DNA 的二级结构

（1）DNA 分子的二级结构——双螺旋结构的发现

1951 年 11 月，英国帝国学院的 M. Wilkins 和 R. Franklin 利用 X 线衍射技术获得了高质量的 DNA 分子结构照片。结果分析显示 DNA 是以双链形式存在的螺旋状分子，该发现为 DNA 的双螺旋结构模型提供了重要的实验依据。

1952 年，美国生物化学家 E. Chargaff 等人采用层析和紫外吸收光谱技术分析了多种不同生物的 DNA 碱基组成，提出了有关 DNA 中四种碱基组成的 Chargaff 规则：

①不同生物种属的 DNA 碱基组成不同；

②同一个体不同器官、组织的 DNA 的碱基组成相同；

③在某一特定组织中，其 DNA 碱基组成不随年龄、营养状况或环境因素而改变；

④在某一特定的生物体中，胸腺嘧啶（T）和腺嘌呤（A）的数目相等，胞嘧啶（C）和鸟嘌呤（G）的数目相等，即 A = T，G = C。这种规律被称为 Chargaff 规则，提示了 DNA 分子中的碱基 A 与 T，G 与 C 以互补配对方式存在的可能性。

1953 年 Watson 和 Crick 综合了前人的研究成果，提出了 DNA 分子的双螺旋结构的模型，并在 1953 年将该研究成果发表在 *Nature* 杂志上。DNA 双螺旋结构的发现为生物界遗传性状得以世代相传提供了一个合理的、可能的解释，并将 DNA 的结构与功能的研究联系在一起，奠定了现代生命科学的基础。DNA 双螺旋结构的发现被认为是"分子生物学"诞生的重要里程碑。

（2）双螺旋结构模型的要点

DNA 双螺旋结构模型具有以下特征：

DNA 分子是由两条平行且方向相反的脱氧核糖核苷酸双链组成，一条链为 3′→5′走向，另一条链为 5′→3′走向，两条链围绕同一螺旋轴形成右手螺旋。从外观上看，双螺旋表面存在一个小沟和大沟，这些沟状的结构是蛋白质识别 DNA 的碱基序列并发生相互作用的结构基础。

由亲水的脱氧核糖和磷酸基团构成的亲水骨架位于外侧，疏水的碱基位于内侧。两条链的碱基之间以氢键相结合。由于碱基结构的不同，其所形成氢键的能力不同，因此产生了固有的配对方式，即 A—T 配对，形成两个氢键；G—C 配对，形成三个氢键。

DNA 双螺旋结构中相邻的碱基对平面在盘旋过程中会彼此重叠，由此所产生的疏水性的碱基堆积力。两条链互补碱基间的氢键维系着双螺旋结构横向稳定性，而纵向稳定性则主要靠碱基平面间的疏水性碱基堆积力维持。

DNA 双螺旋结构旋转一圈约为 10.5 个碱基对，螺距为 3.54 nm，螺旋直径为 2.37 nm。各碱基平面与螺旋轴垂直，每两个相邻碱基对平面之间的垂直距离为 0.34 nm。

（3）DNA 双螺旋结构的多样性

DNA 的结构不是一成不变的，DNA 双螺旋结构的螺距、旋转角度以及沟槽等由于自身序列、温度、溶液的离子强度或相对湿度不同，都会发生一些变化。因此，双螺旋结构存在多样性。生理条件下绝大多数 DNA 均以 B 构象存在，即 Watson 和 Crick 所提出的双螺旋结构（称为 B-DNA 或 B 型 DNA）。这是 DNA 在生理条件和水性环境下最稳定的结构。1979 年，美国科学家 A. Rich 等人发现人工合成 DNA 片段主链呈 Z 字形左手螺旋，后续实验证明这种结构在天然 DNA 分子中同样存在，称为 Z 形 DNA。另外当环境的相对湿度降低后，DNA 虽然仍有右手螺旋的双链结构，但其空间结构参数不同于 B 型 DNA，称为 A 型 DNA。生物体内不同构象的 DNA 在功能上有所差异,与基因表达的调节和控制是相适应的。

2)DNA 的高级结构

生物体的 DNA 是长度很长的生物大分子,因此 DNA 要在双螺旋结构的基础上,进一步以紧密折叠扭转的方式才能够存在于很小的细胞核内。DNA 在细胞内进一步旋转折叠形成的具有特定三维构象的空间结构称为三级结构,它具有多种形式,其中以超螺旋结构最常见。盘绕方向与 DNA 双螺旋方同相同为正超螺旋,相反则为负超螺旋;正超螺旋使双螺旋结构更紧密,双螺旋圈数增加,而负超螺旋可以减少双螺旋圈数。

(1)原核生物 DNA 的环状超螺旋结构

原核生物的 DNA 大多是以共价闭合方式形成的双链环状分子,如某些病毒 DNA、某些噬菌体 DNA、细菌染色质和细菌中的质粒 DNA 等。环状 DNA 分子常因盘绕不足而形成负超螺旋结构。

(2)真核生物的 DNA

真核生物的 DNA 是以核小体为单位,以有序且致密的方式组装在细胞核内。真核生物的 DNA 在细胞周期的大部分时间内以分散的染色质的形式存在,而在细胞分裂期则形成高度致密的染色体。染色质(染色体)的基本组成单位是核小体,它由 DNA 和 H_1、H_2A、H_2B、H_3 和 H_4 等 5 种组蛋白构成。其中 H_2A、H_2B、H_3 和 H_4 各两分子聚合构成扁平圆柱状的组蛋白八聚体。长度约为 150 bp 的 DNA 以左手螺旋方式在组蛋白八聚体表面盘绕 1.75 圈形成核小体的核心颗粒。核心颗粒之间再由一段 DNA(约 60 bp)和组蛋白 H_1 共同构成的连接区域连接起来形成串珠样的染色质细丝,可保护 DNA 不受核酸酶降解。核小体是 DNA 在核内形成致密结构的第一层次折叠,使得 DNA 的长度减少约 6 倍。第二层次的折叠是核小体进一步盘绕形成外径 30 nm、内径 10 nm 的染色质纤维空管,使得 DNA 的长度又减少了约 6 倍。第三层次的折叠是染色质纤维空管进一步折叠为直径为 300 nm 的超螺旋管纤维,DNA 的长度又被压缩约 40 倍;第四层次的折叠是超螺旋管纤维空管再折叠形成柱状结构,致密度增加约 1 000 倍,在分裂期染色体中增加 8 000 ~ 10 000 倍,从而将约 2 m 长的 DNA 分子压缩、容纳于直径只有数微米的细胞核中。

6.2.3   DNA 的功能

DNA 分子作为遗传信息的载体为基因的复制和转录提供了模板,是生物遗传的物质基础。基因从结构上定义,是指 DNA 分子中的功能性片段,即能编码有功能的蛋白质或合成 RNA 所必需的完整序列。DNA 的基本功能,一方面是以自身遗传信息序列为模板复制自身,将遗传信息传递给后代,这一过程称为基因遗传;另一方面是 DNA 将基因中的遗传信息通过转录传递给 RNA,再以 RNA 作为模板通过翻译指导合成各种有功能的蛋白质,称为基因表达。

一个生物体内所有遗传信息的总和称为基因组。它包含了所有编码 RNA 和蛋白质的序列及所有的非编码序列,也就是 DNA 分子的全序列。不同生物的基因组的大小和复杂程度各不相同,如 SV40 病毒的基因组仅含 5 100 bp,大肠杆菌基因组为 4 600 kb,而人类基因组则由大约 3.0×10^9 bp 组成,可编码大量的遗传信息。目前,人类基因组的全部碱基序列测定工作已完成,这一工作的完成为进一步研究基因功能奠定了基础。

6.3 RNA 的结构与功能

与 DNA 一样,RNA 在生命活动中同样发挥着重要的作用。RNA 和蛋白质共同承担着基因的表达和表达过程的调控。RNA 常以单链的形式存在,但也可以通过链内相邻区段的碱基互补配对形成局部的双链二级结构和空间的高级结构。与 DNA 相比,RNA 分子要小得多,仅含数十个至数千个核苷酸,但它的种类、大小和结构远比 DNA 复杂。

6.3.1 信使 RNA 的结构与功能

信使 RNA 是以 DNA 为模板进行合成,成为遗传信息载体即信使,作为蛋白质生物合成中的直接模板。mRNA 的含量仅占 RNA 总量的 2%～5%,但种类最多,更新最快,大小也各不相同,且真核生物与原核生物的 mRNA 结构存在显著不同。真核细胞在细胞核内新生成的mRNA 的初始产物称为不均一核 RNA,随后在核内被迅速加工修饰为成熟的 mRNA。真核细胞成熟的 mRNA 有编码区和非编码区,包括 5′末端的帽子结构和 3′末端的多聚 A 尾等特殊结构(图 6.9)。

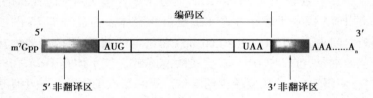

图 6.9 真核生物 mRNA 的结构

(1)真核生物 mRNA 的 5′末端有帽子结构

大多数真核细胞 mRNA 的 5′末端都有 7 - 甲基鸟嘌呤-三磷酸核苷的结构,称为 5′-帽子结构 (图 6.10)。而在原核生物的 mRNA 并没有这种特殊的帽子结构。mRNA 的帽结构可以与帽子结合蛋白结合形成复合体。这种结合形成的复合体有利于维持 mRNA 的稳定性,协同mRNA 从细胞核向细胞质内的转运,并在蛋白质生物合成中有利于核糖体和翻译起始因子的结合。

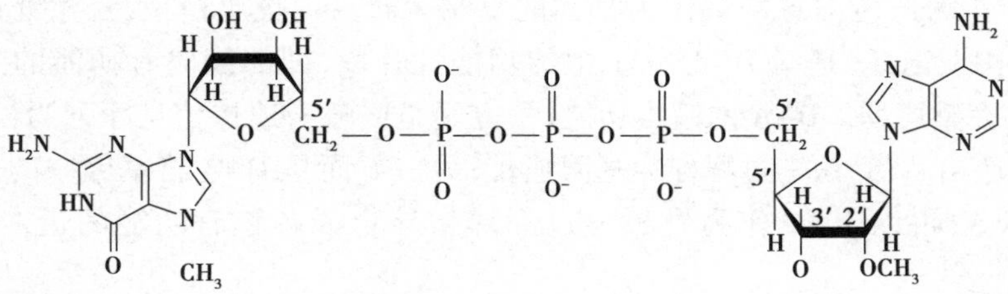

图 6.10 真核生物 mRNA 的帽子结构

(2)真核生物 mRNA 的 3′末端有多聚腺苷酸结构

真核生物 mRNA 的 3′末端转录后加上一段长短不一的多聚腺苷酸结构,称为多聚腺苷酸尾或多聚 A 尾。mRNA 的多聚腺苷酸尾在细胞内每 10～20 个腺苷酸与 poly(A)结合蛋白结合存在。目前研究表明,这种 5′末端的帽子结构和 3′末端的多聚 A 尾共同负责 mRNA 从核内向胞质的转位、mRNA 的稳定性维系以及翻译起始的调控。而原核生物的 mRNA 并没有这些特殊结构。

（3）mRNA 的碱基排列顺序决定了蛋白质的氨基酸排列顺序

mRNA 在蛋白质的生物合成中作为模板存在。成熟的 mRNA 包括编码区和非编码区。从成熟的 mRNA5′-端起始密码子 AUG 到 3′-端终止密码子之间的核苷酸序列,称为开放阅读框架,决定了蛋白质的氨基酸排列顺序。在 mRNA 的开放阅读框架两侧的 5′端和 3′端,还有非编码序列,分别称为 5′-UTR 和 3′-UTR。

6.3.2 转运 RNA 的结构与功能

转运 RNA 在蛋白质合成过程中作为各种氨基酸的载体,将氨基酸转呈给 mRNA。tRNA 占细胞总的 RNA 的 15% ,由 74-95 核苷酸组成,具有很好的稳定性。

（1）tRNA 中含有多种稀有碱基

tRNA 合成后碱基经酶促化学修饰产生一些稀有碱基,稀有碱基是指除 A、G、C、U 以外的一些碱基,包括双氢尿嘧啶（DHU）、假尿嘧啶和甲基化的嘌呤（$^mG^mA$）等。

（2）tRNA 具有茎环结构

tRNA 中一些核苷酸序列,由于碱基互补配对,形成了局部的、链内的双键结构。在这些双键结构的序列间不能配对的序列则形成环状或襻状结构,这种结构称为茎环结构或发卡结构。由于这些茎环结构的存在,使得 tRNA 的二级结构显示为三叶草形结构（图 6.11）。位于左右两侧的发卡结构根据其含有的稀有碱基,分别称为 DHU 环和 TΨC 环;位于上方的发卡结构为氨基酸接纳环,位于下方的则为反密码环。所有的 tRNA 的 3′端是以 CCA 结束的,细胞内的氨基酸通过酯键连接在这里,形成了氨基酰-tRNA。反密码环由 7～9 个核苷酸组成,中间的 3 个碱基构成了一个反密码子。反密码子可通过碱基的互补识别 mRNA 上相应的三联体密码子,从而引导氨基酸正确地定位在合成的肽链上。X 射线衍射图像分析发现,所有的 tRNA 都具有相似倒 L 形的空间结构（图 6.11）,显示 T 环与 DHU 环在空间结构上相距很近,使 tRNA 具有较大的稳定性。

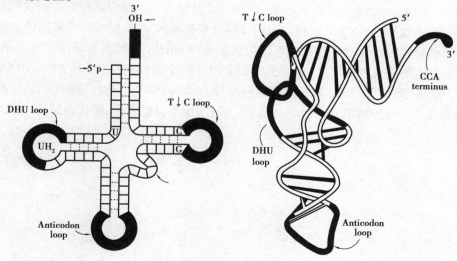

图 6.11 tRNA 三叶草形和倒 L 形的空间结构

6.3.3 核糖体 RNA 的结构与功能

细胞内含量最多的 RNA 是核糖体 RNA,约占 RNA 总量的 80% 以上。rRNA 与核糖体蛋白共同组成了核糖体,它为蛋白质的生物合成提供了空间环境,充当"装配机"。原核生物和真核生物的核糖体均由大、小两个亚基组成。在蛋白质生物合成中,rRNA 作用很重要,不同rRNA 能与 mRNA、tRNA 相结合促进大小亚基结合。

原核生物共有 3 种 rRNA,根据分子大小可分为 5S、16S、23S(S 为大分子物质在超速离心中的沉降系数)。原核生物的核糖体的小亚基(30S)由 16SrRNA 与 20 多种蛋白质构成,大亚基(50S)则由 5S 和 23SrRNA 共同与 30 余种蛋白质构成。

真核生物根据分子大小可分为 28S、5.8S、5S 和 18S 共 4 种 rRNA。真核生物的核糖体小亚基(40S)由 18SrRNA 及 30 余种蛋白质构成;大亚基(60S)则由 5S、5.8S 及 28S 三种 rRNA与近 50 种蛋白质构成。

6.3.4 其他 RNA 分子

除了上述 3 种 RNA,许多其他种类和功能的小分子 RNA 还存在于细胞的不同部位,这些小 RNA 被统称为非 mRNA 小 RNA(snmRNA)。

snmRNA 主要包括:

①核内小 RNA,是位于细胞核内作为核蛋白颗粒的组成成分,参与真核细胞 hnRNA 的加工剪接以及成熟 mRNA 由核内向胞质中转运的过程。

②核仁小 RNA,是新发现的一类位于核仁内的核酸调控分子,参与 rRNA 前体的加工修饰和核糖体亚基的装配。

③胞质小 RNA,位于细胞质中,参与分泌性蛋白质的合成。

④催化性小 RNA,也称为核酶,在细胞内具有催化特定 RNA 降解的活性,在 RNA 合成后的剪接修饰中具有重要作用。

⑤小片段干扰 RNA,可以与外源基因表达的 mRNA 结合,诱发这些 mRNA 的降解。由此可见,这些小 RNA 在 RNA 的转录后加工、转运以及基因表达过程的调控等方面发挥着非常重要的生理作用。如微小 RNA 主要通过识别并结合于靶基因 mRNA,沉默靶基因的表达从而发挥作用。目前研究发现,一种 miRNA 可以识别靶基因 mRNA 的 3′非翻译区的互补结合序列,调控多个靶基因的活性及稳定性,从而影响相应靶基因干扰细胞功能;多个的 miRNA 也可以识别同一个靶基因对其下游信号通路产生网络交互调控影响。因此,miRNAs 表达异常可经由复杂的基因交互调控网络参与细胞表观遗传调控、细胞自噬调控、糖代谢调控以及肿瘤相关基因调控等。

第 7 章

生物氧化

7.1 概　述

7.1.1 生物氧化的概念和特点

（1）生物氧化的概念

物质在生物体内进行的氧化称为生物氧化，主要是指糖、脂肪、蛋白质等营养物质在生物体内分解时逐步释放能量，最终生成 H_2O 和 CO_2 的过程。产生的能量部分转化为 ATP 形式的化学能，供生命活动需要，其余以热能形式释放，如图 7.1 所示。

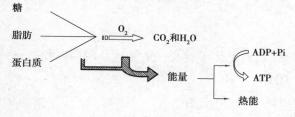

图 7.1　生物氧化

生物氧化遵循氧化还原反应的一般规律，氧化方式有加氧、脱氢、失电子。物质在体内外氧化时，释放的能量和终产物均相同。但生物氧化和体外氧化相比又有明显的不同：生物氧化在细胞内温和的环境中进行，而体外氧化一般需要高温或高压的环境；生物氧化在一系列酶的催化下逐步进行，能量逐步释放，有利于 ATP 的生成，体外氧化一般不需要酶催化，能量是突然释放的；生物氧化以脱氢尤其是加水脱氢为主，生成的水是由代谢物脱下的氢与氧结合产生的，CO_2 来自有机酸的脱羧，体外氧化（燃烧）产生的 CO_2 和 H_2O 是由营养物质中的碳和氢直接与氧结合生成。糖、脂肪、蛋白质三大营养物质进行生物氧化时都要先转变成乙酰 CoA，乙酰 CoA 进入三羧酸循环和氧化磷酸化，彻底氧化成 H_2O 和 CO_2。

（2）生物氧化的特点

生物氧化是在 37 ℃，近于中性水溶液环境中，并在一系列酶的催化作用下逐步进行的。

生物氧化的能量是逐步释放的,并以 ATP 的形式捕获能量。这样不会因氧化过程中能量的骤然释放而损害机体,同时使释放的能量得到有效的利用。

生物氧化中 CO_2 是有机酸脱羧生成的,由于脱羧基的位置不同,又有 α-脱羧和 β-脱羧之分。

生物氧化中水是代谢物脱下的氢经一系列的传递体与氧结合而生成的。

生物氧化有严格的细胞定位。在真核生物细胞内,生物氧化都在线粒体内进行;在不含线粒体的原核生物如细菌细胞内,生物氧化则在细胞膜上进行。

7.1.2 生物氧化的方式

物质在生物体内的氧化方式具有一般氧化还原反应的共同规律,不同的是体内氧化都是酶促反应,主要包括以下 4 种类型。

(1)失电子

从代谢物中脱下一个电子,从而使其原子或离子的正价增加而被氧化,如:

$$Fe^{2+} \rightarrow Fe^{3+} + e$$

(2)加氧

向代谢物中加入氧原子或氧分子,如:

$$Cu + 1/2\ O_2 \rightarrow CuO$$

(3)脱氢

从代谢物中脱去一对氢原子,这对氢原子再分离为一对质子($2H^+$)和一对电子($2e$)。

$$HO{-}\underset{\underset{CH_3}{|}}{\overset{\overset{COOH}{|}}{CH}} \rightleftharpoons \underset{\underset{CH_3}{|}}{\overset{\overset{COOH}{|}}{C}}{=}O \quad +2H(2H^+ + 2e)$$

(4)加水脱氢

有些代谢物不能直接脱氢,而是在加入一分子 H_2O 的同时脱去一对氢原子($2H^+ + 2e$)。

$$H_2CC\overset{OH}{\underset{O}{}} \xrightarrow{H_2O} \left[H_3CHC\overset{OH}{\underset{OH}{}} \right] \rightarrow H_3CC\overset{O}{\underset{OH}{}} \quad +2H^+ + 2e$$

以上不同的氧化方式中以脱氢和加水脱氢最为常见。生物氧化中脱下的电子或氢原子不能游离存在,必须由另一物质接受,接受氢或电子的反应为还原反应,失去氢或电子的反应为氧化反应,所以体内的氧化反应总是和还原反应偶联进行的,称为氧化还原反应。通常,将生物体内的氧化还原反应简称为生物氧化。其中,失去氢原子或电子的物质称为供氢体或供电子体,接受氢原子或电子的物质称为受氢体或受电子体。

(5)氧化还原电位

标准还原电位是电子亲和性的量度,常用氧化还原电子对的氧化还原电位(E^0)来表示还原剂释放电子或氧化剂获得电子能力的大小。E^0 是指成对的氧化型/还原型物质(如 A/AH_2、O_2/H_2O 等,简称氧化还原对)的浓度为 1 md/L,在 pH = 7.0,25 ℃时组成的半电池,以标准氢电极为参比电极(25 ℃,H^+ 浓度为 1 mol/L 和 H_2 压强 100 kPa,其氧化还原电位为 0.0 V)测得的电位。如 E^0 为负值,表示氧化还原对的氧化型形式对电子的亲和力比 H^+ 要小,或者氧化还原对容易释放电子使氢电极中的 H^+ 还原;而 E^0 为正值,表示氧化还原对的氧化型形式对电子的亲和力比 H^+ 要大,或者氧化还原对容易从氢电极中的 H: 获得电子而被还原。因此,E^0 值越大,与电子亲和力越大,反之,E^0 值越小,与电子亲和力越小。氧化还原电位相对较负的电对比相对较正的电对具有较大的还原力,反之,后者相对前者有较大的氧化能力。

7.1.3　高能化合物

1)高能磷酸化合物

生物体内有许多磷酸化合物,其中有些在磷酸基团水解时能释放出 25 kJ/mol 以上的自由能,这类化合物被称为高能磷酸化合物。它们分子中的高能键常用"～"表示。需要指出的是,这里的"高能键"与物理化学上的"键能"含义不同。键能是指断裂一个化学键需要的能量,键能越高,该键越稳定;而"高能键"是指发生水解反应或基团转移时能释放大量自由能的化学键,$\Delta G^{\ominus\prime}$ 负值越高,该键就越不稳定。

除了高能磷酸化合物,还有其他类型的高能化合物。

2)高能化合物类型

根据高能键的类别,高能化合物分为以下几种类型(图 7.2)。

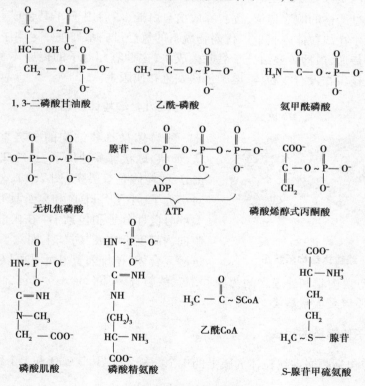

图 7.2　常见高能化合物

(1)磷氧键型

酰基磷酸化合物:例如 1,3-二磷酸甘油酸、乙酰磷酸、氨甲酰磷酸。

焦磷酸化合物:例如 ATP、ADP 等。

烯醇式磷酸化合物:例如磷酸烯醇式丙酮酸。

（2）氮磷键型

例如,磷酸肌酸、磷酸精氨酸。

（3）硫酯键型

例如,乙酰 CoA。

（4）甲硫键型

例如,S-腺苷甲硫氨酸。

以上高能化合物中,磷氧键型和氮磷键型属于高能磷酸化合物,它们占绝大多数。值得强调的是,并非所有含磷酸基团的化合物都属于高能磷酸化合物。1-磷酸葡萄糖、6-磷酸葡萄糖和 AMP 的磷酸基团在水解时释放的能量均小于 25 kJ/mol。$\Delta G^{\ominus'}$ 和磷酸基团转移势能绝对值相等,符号相反。$\Delta G^{\ominus'}$ 负值越高,磷酸基团转移势能就越大。

7.2 电子传递链

糖、脂肪、蛋白质等分子通过各自降解途径所形成的高还原力物质（如 NADH 和 $FADH_2$）上的电子需要经过严格的顺序传递,逐步释放出自由能,然后用于 ATP 合成。在真核细胞中,这种电子传递发生在线粒体内膜上。代谢物脱下的氢经过一系列按一定顺序排列的氢传递体和电子传递体的传递,最后传递给分子氧并生成水,这种氢和电子的传递体系,称为电子传递链或呼吸链。原核生物没有线粒体,电子传递发生在质膜上。

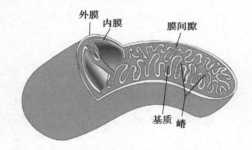

图 7.3 线粒体结构示意图

7.2.1 线粒体的结构

线粒体是真核细胞的一类重要细胞器,呈棒状、卵状、球状等多种外形,长约 2 μm,直径约 0.5 μm。线粒体有双层膜（图 7.3）,外膜上有孔蛋白,对小分子（小于 5 kDa）和离子具有通透性;内膜对大部分极性分子和包括 H^+ 在内的离子不通透,内膜向内高度折叠成"嵴",上面除了分布着电子传递链酶复合体,还排列着电镜下可以看到的颗粒状物

（FoF_1-ATP 合酶）。内膜和外膜之间为膜间隙。线粒体基质（matrix）中包含 DNA、RNA、核糖体、各种代谢物质以及大量酶类。

7.2.2 电子传递链的组成

电子传递链包括镶嵌在线粒体内膜上的 4 个酶复合体、1 个 CoQ 和 1 个细胞色素 c（Cytc）（图 7.4）。

酶复合体结构复杂,下面分别介绍它们的结构特点和生化作用。

（1）复合体 I

复合体 I,又称 NADH-CoQ 还原酶,整个分子呈 L 形,其中一个臂镶嵌在线粒体内膜上,另一个臂伸入线粒体基质中（图 7.5）。有研究发现,如果复合体 I 发生突变,会引发线粒体疾病,甚至致盲。

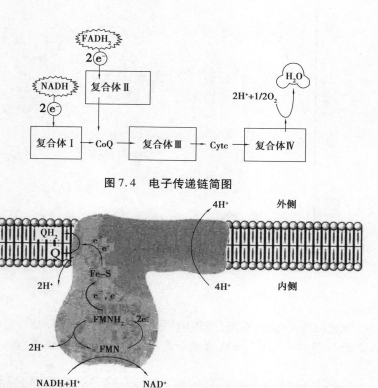

图 7.4　电子传递链简图

图 7.5　复合体 I 及其电子载体

复合体 I 成分非常复杂,含有 40 多条多肽链、1 个黄素辅基、7 个铁硫中心,其中起电子传递作用的组分是 FMN 和铁硫中心。复合体 I 既属于黄素蛋白,又属于铁硫蛋白。铁硫蛋白是含铁的电子载体蛋白,分子中的铁原子不是以血红素形式存在,而是与无机硫原子或蛋白质半胱氨酸残基上的硫原子相连。铁硫中心又称为铁硫聚簇,表示为"Fe-S"。铁硫中心有多种类型:2 铁 2 硫和 4 铁 4 硫等。图 7.6 为 2Fe-2S 中心示意图。

铁原子通过自身化合价的变化传递电子,是重要的电子载体。所有铁硫蛋白在 400～460 nm 有光吸收峰。当蛋白质处于还原态时,光吸收降低 50%,因此通过检测光吸收变化可以确定其氧化还原状态。FMN 在传递电子的同时还传递氢原子,既是电子载体,又是递氢体。

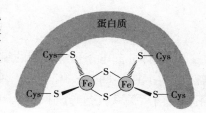

图 7.6　2Fe-2S 中心示意图

复合体 I 有两个重要作用:

①将电子从 NADH 传递给 CoQ。复合体 I 朝向线粒体基质的一侧与 NADH 瞬间结合,接受 2 个电子,经过 FMN 和 Fe-S 中心传递给 CoQ,即:NADH→FMN→Fe→S→CoQ;

②作为"质子泵",将 4 个 H^+ 从线粒体内膜内侧"泵"到膜间隙。NADH 和 NADT 的光吸收峰不同,NADH 在 340 nm 有吸收峰,而 NAD^+ 无吸收峰(图 7.7)。根据光吸收峰的变化可以判断 CoQ 的氧化还原状态。

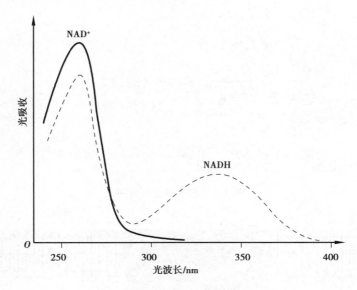

图 7.7　NADH 吸收峰

（2）复合体 Ⅱ

复合体 Ⅱ，即琥珀酸-CoQ 还原酶，能将电子从琥珀酸传递给 CoQ。它含有 4 个蛋白质亚基、1 个 FAD、3 个 Fe-S 中心（图 7.8），既属于黄素蛋白，又属于铁硫蛋白。

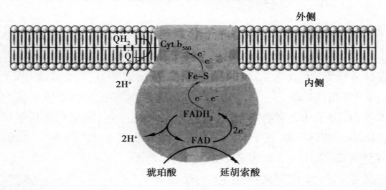

图 7.8　复合体 Ⅱ

复合体 Ⅱ起电子传递作用的组分是 FAD、Fe－S 中心和细胞色素 b$_{560}$。电子传递顺序为：琥珀酸→FAD→Fe→S→Cyt b→CoQ。值得注意的是，复合体 Ⅰ 和复合体 Ⅱ 在电子传递过程中不存在前后关系，它们分别从 NADH 和琥珀酸接受电子，传递给 CoQ。换句话说，进入线粒体呼吸链的电子有两个来源：NADH 和 FADH$_2$。

细胞色素是一类含有血红素辅基的电子传递蛋白的总称，具有颜色，广泛存在于细胞中。细胞色素起电子传递作用的组分是血红素中的铁原子，Fe^{3+} 接受 1 个电子转变为 Fe^{2+}。细胞色素因而有氧化型和还原型之分。还原型细胞色素的吸收光谱显示有 α、β、γ 三个吸收峰。根据最大吸收波长（α 吸收峰波长）将细胞色素分为 a、b、c 三类：Cyt a 为 600 nm，Cyt b 为 560 nm，Cyt c 为 550 nm。同一类中出现多个亚类时，用数字下标表示（如 a$_3$）或直接注明波长（如 b$_{560}$）。

细胞色素类在可见光区的光吸收能力源于辅基中的 Fe 原子，而特征吸收峰的差异在于辅基的氧化还原状态、辅基类型以及辅基与多肽链的连接方式。细胞色素 α 类的辅基是 A 型血红素,上面有一个聚异戊烯长链和一个甲酰基;A 型血红素与多肽链以非共价键结合。细胞色素 b 类的辅基是铁一原卟啉Ⅸ,和血红蛋白中的血红素辅基相同,为 B 型血红素,它与多肽链非共价结合。细胞色素 c 的辅基也是铁一原卟啉Ⅸ,但它与多肽链的 2 个 Cys 残基以硫醚键共价结合(图 7.9)。

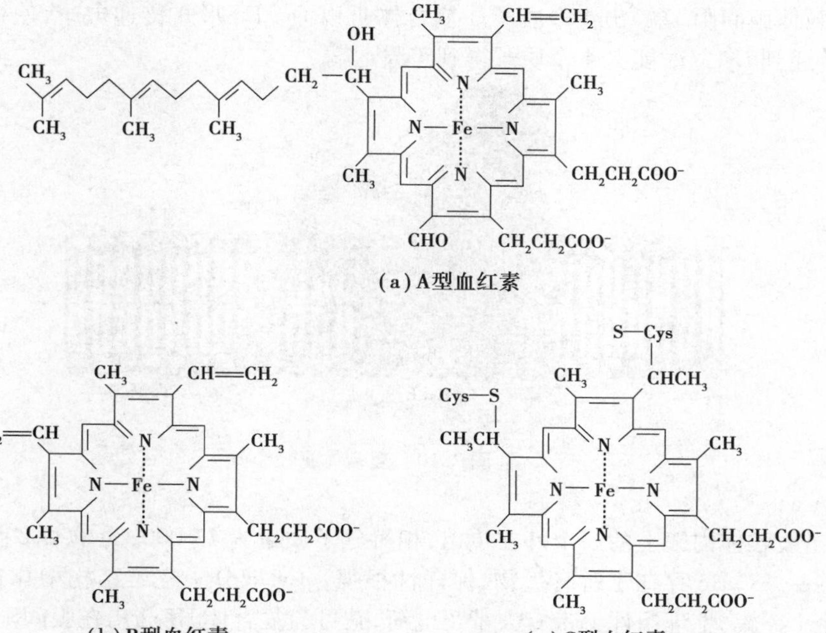

(a)A型血红素

(b)B型血红素

(c)C型血红素

图 7.9 3 类细胞色素的血红素辅基结构

(3) CoQ

CoQ 属于醌类,简称 Q,广泛存在于生物系统,因而成为泛醌。CoQ 侧链的长度因线粒体的来源而有所不同。在动物组织中,泛醌侧链含 10 个类异戊二烯,即 CoQ_{10}。CoQ 结构通式如下:

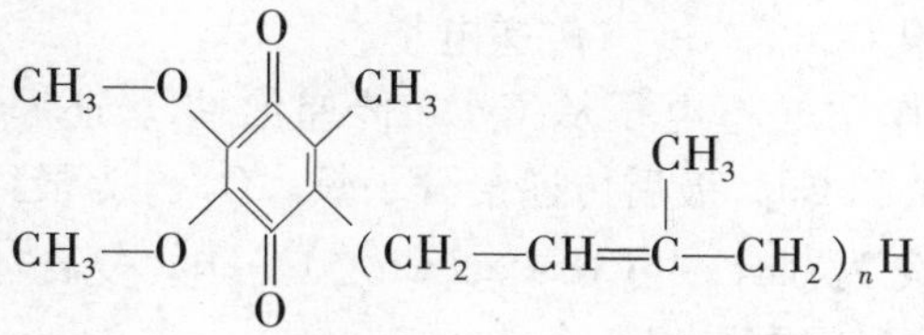

氧化型 CoQ 当得到 2 个电子和 2 个质子时,转变为还原型 CoQ。CoQ 在呼吸链中既是双电子传递体,又是氢传递体。CoQ 为小分子,呈脂溶性,可以在线粒体内膜脂双层中自由扩散,是一个非常活跃的流动电子载体,也是线粒体电子传递链中唯一的非蛋白组分。CoQ 从复合体Ⅰ或复合体Ⅱ接受电子,然后传递给复合体Ⅲ。氧化型的 CoQ 在 $A_{270-290}$。有特征吸收峰,还原后特征峰消失。

(4)复合体Ⅲ

复合体Ⅲ,即 CoQ-Cyt c 还原酶,能将电子从 $CoQH_2$ 传递给 Cyt c。该酶复合体含有 20 多个蛋白质亚基,起电子传递作用的是 Cyt b_{560}(bL)和 Cyt b_{562}(bH)、1 个 Cyt c_1 和 1 个铁硫蛋白(含 2Fe-2S)。Cyt c_1 和铁硫蛋白凸出在线粒体膜间隙中。

复合体Ⅲ从 2 分子 QH_2 同时接受两对电子:一对电子经过 Cyt b_L 和 Cyt b_H,传递给氧化型的 CoQ,形成一个 Q 循环;另一对电子经过 Fe-S 和 Cyt c_1 传递给 Cyt c(图 7.10),整个过程可以简单表示为:$CoQH_2\rightarrow$(Cyt b)Fe $-$ S$\rightarrow$Cyt c_1—Cyt c。复合体Ⅲ是一个"质子泵",每传递一对电子,向线粒体膜间隙"泵"出 4 个质子。复合体Ⅲ以 Q 循环形式传递电子,使得每对电子从复合体Ⅲ传递到 Cyt c 时能有 4 个质子得到跨膜运输。

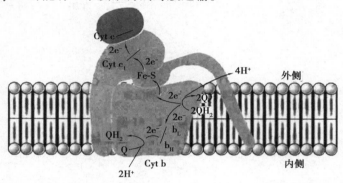

图 7.10　复合体Ⅲ

(5)Cyt c

Cyt c 是线粒体内膜上的一个外在蛋白,相对分子质量为 13 000,为单一多肽链,含有 104 个氨基酸残基。Cyt c 存在于所有生物,保守性很强。Cyt c 分子三维结构中靠近血红素的一侧存在一个 Lys 簇,生理条件下带有大量正电荷,它可与复合体Ⅲ凸出在膜间隙中的 Cyt c_1 部分互作,从而接受电子。Cyt c 与线粒体内膜结合比较弱,是唯一能溶于水的细胞色素,也是唯一处于线粒体膜间隙的细胞色素。Cyt c 比较灵活,能发生移动,从而将电子从复合体Ⅲ传递到复合体Ⅳ。

(6)复合体Ⅳ(细胞色素 c 氧化酶,cytochrome c oxidase)

复合体Ⅳ是线粒体电子链中最后一个酶复合体,称为末端氧化酶。它含有 13 个蛋白质亚基,其中起电子传递作用的是 Cyt a 和 Cyt a_3;另外含有一个铜中心 CU_A 和一个铜原子(Cu_B),它们通过自身化合价的变化(Cu^{2+}/Cu^+)传递电子。

复合体Ⅳ的一个重要作用是将电子从 Cyt c 传递给 O_2。还原型 Cyt c 的电子首先经过 CuA 到 Cyt a,再经过 Cyt a_3 和 Cu_B,最后传递给分子氧。O_2 作为最终电子受体接受 2 个电子,被还原成水。此过程可简化为:Cyt c$\rightarrow$Cyt a a_3(Cu^{2+})—O_2。复合体Ⅳ另一个作用是作为"质子泵",每传递一对电子,向膜间隙泵出 2 个质子。

根据线粒体电子传递链各组分的组成及作用整理电子传递链如图 7.11 所示。可以清楚地看到一对电子从 NADH 传递到分子氧可以将 10 个质子从线粒体内膜内侧泵到内膜外侧,从 $FADH_2$ 传递到分子氧则只泵出 6 个质子。

为了突出递氢体和电子载体的可循环性,电子传递链用图 7.12 表示。

值得强调的是,正是由于众多电子载体的参与和电子的逐级传递,才使得反应自由能呈现逐步释放的特点,其中有 3 个较大的自由能下降:从 NADH 到 CoQ;从 Cyt b 到 Cyt c;从 Cyt a 到分子氧(图 7.13)。

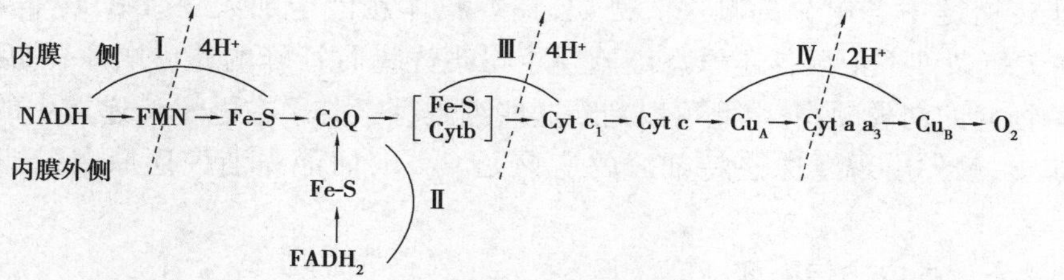

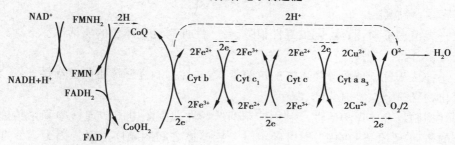

图 7.11　线粒体电子传递链

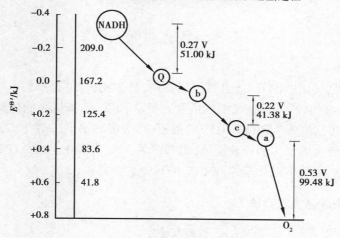

图 7.12　电子传递链的电子传递组分和递氢过程

图 7.13　呼吸链中电子传递时的自由能降

7.2.3　电子传递链顺序的测定

确定线粒体电子传递链的顺序是一项艰难的工作,花费了科学家们几十年的时间,所用的方法主要有以下几种。

(1)测定电子传递体的 $E^{\ominus}{}'$ 值

线粒体电子传递是一个热力学自发过程,电子总是从 $E^{\ominus}{}'$ 值小的电子载体流向 $E^{\ominus}{}'$ 值大的电子载体。分别测定出各电子载体的值;然后按从低到高的顺序排列,即可推测电子传递链各组分的顺序。

(2)差异光谱

各种电子载体在氧化和还原状态呈现不同的光谱吸收特征峰,通过检测特征峰的变化可以推测电子传递链中各组分的顺序。例如,在线粒体悬液中加入 NADH 或苹果酸(可产生NADH),在无氧条件下记录各还原态细胞色素出现光谱特征峰的先后顺序,然后加入 O_2,再记录这些特征峰的消失顺序,由此可以判断这些细胞色素分子在电子传递链中的顺序。在这个反应系统中,最先出现还原态特征峰的应该是 Cyt b,而最先消失还原态特征峰的应该是Cyt a a_3。

(3)利用专一性电子传递抑制剂

有些物质能专一性阻断电子传递链,这些物质称为电子传递抑制剂,常见的有:

①安密妥、鱼藤酮。

这是一类植物毒素,对鱼、昆虫毒性很强,专一性抑制复合体Ⅰ的酶活性。

②抗霉素 A。

这是一种从灰色链球菌分离出来的抗菌素,专一性抑制复合体Ⅲ的酶活性。

③氰化物、硫化氢、叠氮化物、CO。

专一性抑制复合体Ⅳ酶活性。利用抑制剂选择性地阻断电子传递链中某个传递步骤,结合各组分的氧化-还原态的测定,即可确定电子传递体之间的顺序关系。因为当氧存在时,处在抑制部位以前的电子传递体均为还原态,抑制部位以后的均为氧化态。

7.3 氧化磷酸化

在生物体的能量代谢中,ATP 是主要供能物质,是生物体的能量货币。细胞内 ADP 磷酸化生成 ATP 的方式有两种:一种是与脱氢或脱水反应偶联,直接将高能代谢物分子中的能量转移给 ADP(或 GDP),生成 ATP(或 GTP)的过程,称为底物水平磷酸化。另一种是代谢物脱下的氢经线粒体呼吸链电子传递释放能量,偶联驱动 ADP 磷酸化生成 ATP,称为氧化磷酸化,又称为偶联磷酸化。氧化磷酸化是体内生成 ATP 的主要方式。

7.3.1 氧化磷酸化偶联部位

氧化磷酸化的偶联部位可通过以下实验来确定。

(1)P/O 比值

P/O 比值是指氧化磷酸化过程中,每消耗 1/2 mol O_2 所需磷酸的摩尔数,即生成 ATP 的摩尔数。P/O 比值的测定是在离体线粒体内加入 ADP、磷酸、氧气等,加入不同底物,算出消耗的磷酸和氧原子的比值。实验发现丙酮酸等底物脱氢产生 $NADH + H^+$ 通过 NADH 氧化呼吸链氧化时 P/O 比值接近 3,说明 NADH 氧化呼吸链存在 3 个偶联生成 ATP 的部位。而琥珀酸脱氢时 P/O 比值接近 2,说明琥珀酸氧化呼吸链存在 2 个偶联部位。提示 NADH 和泛醌之间存在一个偶联 ATP 生成部位。维生素 C 直接通过 Cyt c 传递电子进行氧化,P/O 比值接近1,推测 Cyt c 和 O_2 之间存在一个偶联生成 ATP 的部位,另一 ATP 生成部位则在泛醌和 Cyt c之间。

实验证实一对电子经 NADH 氧化呼吸链传递,净生成 ATP 数约为 2.5,一对电子经琥珀酸氧化呼吸链传递,净生成 ATP 数约为 1.5。

（2）自由能变化

根据热力学公式,pH 为 7.0 时的标准自由能变化(ΔG)与标准氧化还原电位变化(ΔE)之间的关系为:$\Delta G = -nF\Delta E$,n 是传递电子数,F 是法拉第常数[96.5 kJ/(mol·V)]。从 NAD^+ 到泛醌测得的电位差约 0.36 V,从泛醌到 Cyt c 电位差为 0.19 V,从 Cyt a 到氧分子为 0.58 V,这三段分别对应复合体 Ⅰ、Ⅲ、Ⅳ 的电子传递。根据热力学公式,它们释放的自由能分别为 69.5 kJ/mol、36.7 kJ/mol、112 kJ/mol,生成 1 mol ATP 需要的能量约为 30.5 kJ,说明上述三个部位均可能存在一个生成 ATP 的偶联部位(图 7.14)。

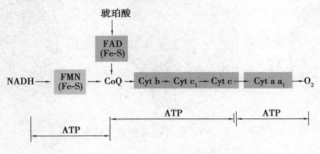

图 7.14　氧化磷酸化偶联部位

7.3.2　氧化磷酸化偶联机制

（1）化学渗透假说

化学渗透假说是 1961 年由英国科学家 P. Mitchell 提出,因此他获得 1978 年获诺贝尔化学奖。化学渗透假说的主要内容是电子经呼吸链传递时,可将质子(H^+)从线粒体内膜的基质侧泵到内膜胞浆侧,产生膜内外质子电化学梯度储存能量。当质子顺浓度梯度回流时驱动 ADP 与 Pi 生成 ATP。

化学渗透假说已经得到广泛的实验支持:氧化磷酸化依赖于完整封闭的线粒体内膜;线粒体内膜对 H^+、OH^-、K^+、cl^- 离子是不通透的;电子传递链可驱动质子移出线粒体,形成跨线粒体内膜的电化学梯度;增加线粒体内膜外侧酸性可促进 ATP 合成,而减少线粒体内膜质子梯度,可使 ATP 生成减少。实验证实复合体 Ⅰ、Ⅲ、Ⅳ 在传递电子过程中有质子泵功能,每传递 2 个电子分别泵出 $4H^+$、$2H^+$ 和 $4H^+$。

（2）ATP 合酶

电子传递过程中通过各复合体的质子泵作用形成跨线粒体内膜的 H^+ 浓度梯度和电化学梯度,储存着能量。当质子顺浓度梯度回流到线粒体基质时,ATP 合酶利用储存的能量,催化 ADP 和 Pi 生成 ATP。ATP 合酶又称复合体 Ⅴ,由嵌入内膜中疏水的 F_0 部分和突出于线粒体基质中亲水的 F_1 部分组成,又称 F_0-F_1 复合体。F_0 镶嵌在线粒体内膜中,由 $a_1b_2c_{9-12}$ 亚基组成,是跨线粒体内膜的质子通道。F_1 主要由 $\alpha_3\beta_3\gamma\delta\varepsilon$ 等亚基构成,其功能是催化 ATP 生成,其中 β 亚基为催化亚基。

当 H^+ 顺浓度梯度经 F_0 质子通道回流时,F_1 的 γ 亚基发生旋转,3 个 β 亚基的构象发生改变,使 ATP 生成并释放出来。P. Boyer 提出 ATP 合成的结合变构机制,β 亚基有 3 种构象:开放型(O)无活性,与配体亲和力低;疏松型(L)无活性,与 ADP 和 Pi 底物疏松结合;紧密型(T)有合成 ATP 活性。ATP 合酶亚基在 γ 亚基转动时构象循环变化,ADP 和 Pi 作为底物结合于 L

型 β 亚基,质子流能量驱动该 β 亚基变构为 T 型,合成 ATP,再次转动 β 亚基变构为 O 型,释放出 ATP(图7.15)。目前的实验数据表明,净生成 1 个 ATP 需要 4 个 H^+,其中 3 个通过 ATP 合酶回流进基质,还有 1 个 H^+ 用于把合成的 ATP 转运至线粒体外。NADH 氧化呼吸链每传递 2 个电子泵出 10 H^+,净生成约 2.5 个 ATP;琥珀酸氧化呼吸链传递一对电子泵出 6H^+,净生成约 1.5 个 ATP。

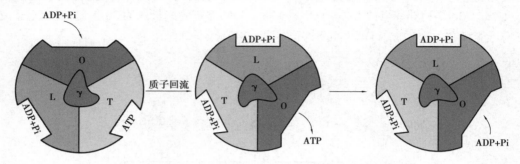

图 7.15　ATP 合成的结合变构机制

7.3.3　氧化磷酸化的影响因素

1)ADP 氧化磷酸化

ADP 氧化磷酸化是生物体合成能量载体 ATP 的最主要途径,机体根据能量需求调节氧化磷酸化的速度,从而调节 ATP 的生成量。ADP 作为氧化磷酸化的底物,当机体利用 ATP 速度增加时,ATP 分解加速,ADP 浓度增高,氧化酸酸化速度加快;相反,ADP 浓度降低,氧化磷酸化速度减慢。通过这种调节作用使 ATP 的生成速度适应生理需要,防止能源浪费。ADP 是生理条件下调节氧化磷酸化的主要因素。

2)抑制剂

抑制剂可阻断氧化磷酸化,根据抑制剂作用机制的不同,可分为三类:呼吸链抑制剂、解偶联剂和 ATP 合酶抑制剂。

(1)呼吸链抑制剂

呼吸链抑制剂阻断呼吸链特定部位的电子传递。鱼藤酮、异戊巴比妥、粉蝶霉素 A 等可与复合体 I 的 Fe-S 结合,阻断电子从复合体 I 传递到泛醌;姜锈灵是复合体 II 的抑制剂,抑制电子从琥珀酸传递到泛醌;抗霉素 A、黏噻唑菌醇、二巯基丙醇等是复合体 III D 的抑制剂,抑制电子从 Cyt b 传递到 Cyt c_1;CO、CN^-、H_2S 等是复合体 IV 的抑制剂,CO、CN^- 紧密结合氧化型 Cyt a_3,阻断电子从 Cyt a 传递到 Cu_B-Cyt a_3。CO 与还原型 Cyt a_3 结合,阻断电子传递给氧(图 7.16)。抑制剂可使细胞内呼吸停止,严重时导致机体死亡。

(2)解偶联剂

解偶联剂可使氧化与磷酸化的偶联相互分离,基本作用机制是破坏电子传递过程建立的跨线粒体内膜的质子电化学梯度,使电化学梯度储存的能量以热能形式释放,ATP 的生成受到抑制。二硝基苯酚是脂溶性分子,可在线粒体内膜自由移动,在线粒体内膜的胞液侧结合 H^+,进入基质侧释放 H^+,从而破坏了膜内外的质子电化学梯度,ATP 不能生成,使储存的能量以热能的形式释放,氧化磷酸化解偶联。哺乳动物和人(尤其是新生儿)存在棕色脂肪组织,该组织中有大量的线粒体,线粒体内膜中有解偶联蛋白(图7.17)。解偶联蛋白在线粒体内膜上形成质子通道,可破坏内膜 H^+ 浓度梯度,使氧化与磷酸化解偶联,不能生成 ATP,质子浓度梯度储存的能量以热能形式释放而维持体温,产生热量,抵御严寒。新生儿硬肿症患儿就是因为缺乏棕色脂肪组织,不能维持正常体温而引起皮下脂肪凝固所致。

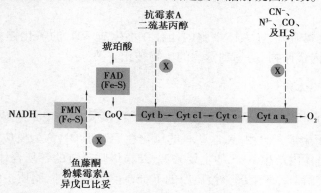

图 7.16　各种呼吸链抑制剂的阻断位点

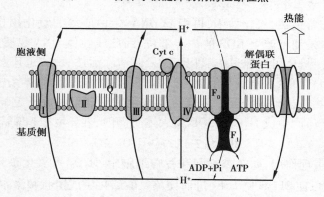

图 7.17　解偶联蛋白作用机制

（3）ATP 合酶抑制剂

ATP 合酶抑制剂对电子传递和 ADP 磷酸化均有抑制作用。如寡霉素可结合 F_0 的寡霉素敏感蛋白,二环己基碳二亚胺可结合 F_0 的 c 亚基谷氨酸残基,阻断质子从 F_0 质子通道回流,抑制 ATP 合酶活性。由于线粒体内膜两侧质子电化学梯度增高,影响呼吸链质子泵的功能,电子传递也受到抑制。

3）甲状腺激素

甲状腺激素是调节机体能量代谢的重要激素,可诱导细胞膜上 Na^+,K^+-ATP 酶的生成,使 ATP 分解加速,ADP 增多,促进氧化磷酸化,ATP 生成也增加。甲状腺素还可诱导解偶联蛋白基因表达,导致机体耗氧量和产热量同时增加,基础代谢率增高。

4）线粒体 DNA 突变

线粒体 DNA 呈裸露的环状双螺旋结构,缺乏蛋白质保护和损伤修复系统,容易受多种因素的影响发生突变。线粒体 DNA 编码呼吸链复合体中的 13 个亚基以及线粒体内 22 种 tRNA 和 2 种 rRNA。因此,线粒体 DNA 突变可直接影响氧化磷酸化,使 ATP 生成减少,能量代谢障碍,严重时可引起线粒体 DNA 病。

7.4 非线粒体氧化体系

除线粒体的氧化体系外,在人体细胞内还存在不生成 ATP 的氧化体系,这些氧化体系不生成 ATP,主要与体内代谢物、药物和毒物的生物转化有关。

7.4.1 抗氧化酶体系

O_2 得到单个电子产生超氧阴离子,超氧阴离子再接受单个电子生成过氧化氢(H_2O_2),H_2O_2 再接受单个电子生成羟自由基,这些氧的氧化性远大于 O_2,称为反应活性氧类。

线粒体呼吸链是体内产生 ROS 的主要来源,线粒体呼吸链的各复合体在电子传递过程中将漏出的电子直接交给 O_2,产生部分被还原的 ROS。除呼吸链外,胞质中的黄嘌呤氧化酶、微粒体的 Cyt P_{450} 等催化的反应也可产生 ROS。另外,细菌感染、组织缺氧等病理过程,环境、药物等外源因素也可导致 ROS 的产生。

ROS 化学性质非常活泼,氧化性强,可引起 DNA、蛋白质等的氧化损伤,破坏细胞的正常结构与功能。线粒体是细胞产生 ROS 的主要部位,因此线粒体 DNA 易受到自由基攻击而损伤或突变,引起疾病。机体可以通过抗氧化酶类及时清除活性氧,防止其累积造成有害影响。

抗氧化体系的酶有清除活性氧类的功能。体内存在的抗氧化酶体系主要由过氧化氢酶、过氧化物酶、超氧化物歧化酶等催化。超氧化物歧化酶可催化一分子超氧阴离子氧化成 O_2,另一分子超氧阴离子还原生成 H_2O_2。SOD 是人体防御内、外环境中超氧离子损伤的重要酶。

$$2O_2^- + 2H^+ \longrightarrow H_2O_2 + O_2$$

H_2O_2 有一定的生理作用,如在粒细胞和吞噬细胞中,H_2O_2 可氧化杀死入侵的细菌,甲状腺细胞产生的 H_2O_2 可使 $2I^-$ 氧化为 I_2,进而使酪氨酸碘化生成甲状腺激素。过氧化氢酶(catalase)主要存在于过氧化酶体中,将 H_2O_2 分解为 H_2O 和 O_2,辅基为血红素,催化的反应如下:

$$2H_2O_2 \longrightarrow 2H_2O + O_2$$

谷胱甘肽过氧化物酶也是机体防止活性氧类损伤的主要酶,可清除 H_2O_2 和其他过氧化物,催化的反应如下:

$$2H_2O_2 + 2GSH \longrightarrow 2H_2O + GS-SG$$
$$2GSH + R-O-OH \longrightarrow GS-SG + H_2O + R-OH$$

除了以上各种抗氧化体系的酶类,体内还有其他小分子自由基清除剂,如维生素 C、维生素 E、β-胡萝卜素、泛醌等。

7.4.2 微粒体细胞色素 P_{450} 单加氧酶体系

人微粒体细胞色素 P_{450} 单加氧酶催化氧分子中的一个氧原子加到底物分子上使底物羟化,另一个氧原子被 $NADPH + H^+$ 的氢还原成水,又称混合功能氧化酶或羟化酶。参与类固醇激素、胆汁酸及胆色素等的生成以及药物和毒物的生物转化。

$$RH + NADPH + H^+ + O_2 \rightarrow ROH + NADP^+ + H_2O$$

经化酶催化的反应需细胞色素 P_{450} 参与。Cyt P_{450} 属于 Cyt b 类,还原型细胞色素 P_{450} 与 CO 结合后在波长 450 nm 处出现最大吸收峰。

单加氧酶催化的反应过程如下:NADPH 首先将电子交给黄素蛋白,黄素蛋白再将电子传递给以 Fe-S 为辅基的铁硫蛋白,与底物结合的氧化型 Cyt P_{450} 接受铁氧还蛋白的 1 个电子后,转变成还原型 P_{450},与 O_2 结合形成 RH · P P_{450} · Fe^{2+} · O_2,Cyt P_{450} 铁卟啉中 Fe^{2+} 将电子交给 O_2 形成 RH · P_{450} · Fe^{3+} · O_2^-,再接受铁氧还蛋白的第 2 个电子,使氧活化。此时 1 个氧原子使底物羟化,另 1 个氧原子与来自 NADPH 的质子结合生成 H_2O,如图 7.18 所示。

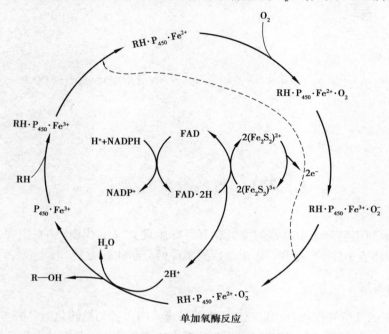

图 7.18　细胞色素 P_{450} 单加氧酶反应

第 **8** 章

糖代谢

8.1 糖的分解代谢

为了尽量地利用糖分子中蕴藏的能量和有特殊生理意义的代谢产物,生物体在不同的组织细胞、不同的环境条件下,采用了复杂微妙的多种糖分解代谢方式。

8.1.1 糖酵解

无氧条件下的糖酵解作用最初发现自肌肉提取液。由于葡萄糖转化为乳酸与酵母内葡萄糖发酵成乙醇和 CO_2 的过程相似,都经历了由葡萄糖变成丙酮酸这段共同的生化反应历程,所以统称 1 mol 葡萄糖变成 2 mol 丙酮酸并伴随 ATP 生成的过程为糖酵解。有时也称 1 mol 葡萄糖到 2 mol 乳酸的整个反应过程为糖酵解。糖酵解是动物、植物、微生物共同存在的糖代谢途径。

糖酵解过程的阐明最早源于对发酵作用的研究。人类很早就利用发酵酿酒、制作面包。早在 1875 年,法国著名科学家 L. Pasteur 就发现,在无氧条件下,酵母可使葡萄糖转化成乙醇和 CO_2,之后的几十年对发酵机制的研究逐步深入,直至 20 世纪中期,Otto Warburg、Gustay Embden、Otto Meyerhof 等才比较清楚地阐明了糖酵解的反应历程及代谢机制。

葡萄糖经糖酵解转变为丙酮酸,丙酮酸有 3 条代谢去路:在组织缺氧条件下丙酮酸还原为乳酸;酵母可使丙酮酸还原成乙醇;在有氧条件下,丙酮酸转化为乙酰辅酶 A 进入柠檬酸循环或称为三羧酸循环,彻底氧化为水和二氧化碳(图 8.1)。

$$\begin{array}{ll} \quad\quad \nearrow 乳酸 & 糖酵解 \\ 葡萄糖 \rightarrow 丙酮酸 \rightarrow 乙酰辅酶 A & 进入柠檬酸循环 \\ \quad\quad \searrow 乙醛 \rightarrow 乙醇 & 乙醇发酵 \end{array}$$

图 8.1 葡萄糖经糖酵解为丙酮酸的三条代谢去路

糖酵解的全部过程从葡萄糖开始,包括 10 步酶促反应,反应均在细胞质中进行。糖酵解可划分为 3 个阶段,为了讨论方便,将无氧条件下丙酮酸的继续氧化列为第 4 阶段一并讨论。

1) 己糖磷酸酯的生成

葡萄糖或糖原经磷酸化转变成果糖-1,6-二磷酸,为分解成两分子丙糖作好准备。这阶段如从葡萄糖开始,可由 3 步反应组成,即葡萄糖的磷酸化、异构化,以及果糖磷酸的磷酸化作用。如从糖原开始,则需经过磷酸解作用,生成葡糖-1-磷酸,然后转变成葡糖-6-磷酸,最后再转变为果糖-1,6-二磷酸。

①葡萄糖在葡糖激酶或己糖激酶的催化下,生成葡糖-6-磷酸。

激酶使底物磷酸化,但必须是 ATP 提供磷酸基团。

ATP 将 γ 磷酸基团转移到葡萄糖分子上,消耗一个 ATP,反应式为:

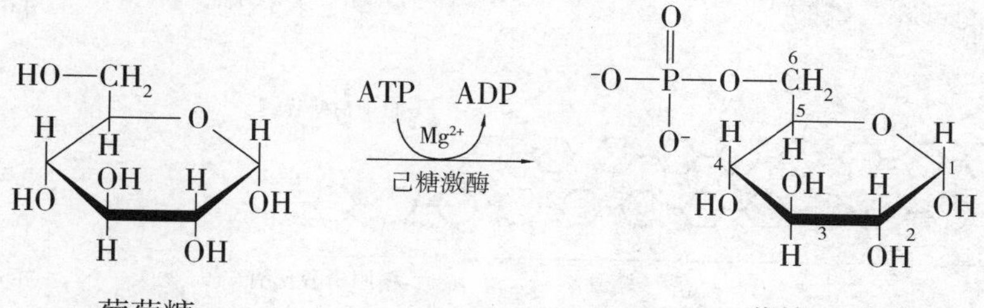

葡萄糖　　　　　　　　　　　　　　葡糖-6-磷酸

②葡糖-6-磷酸在己糖磷酸异构酶的催化下,转化为果糖-6-磷酸,反应式为:

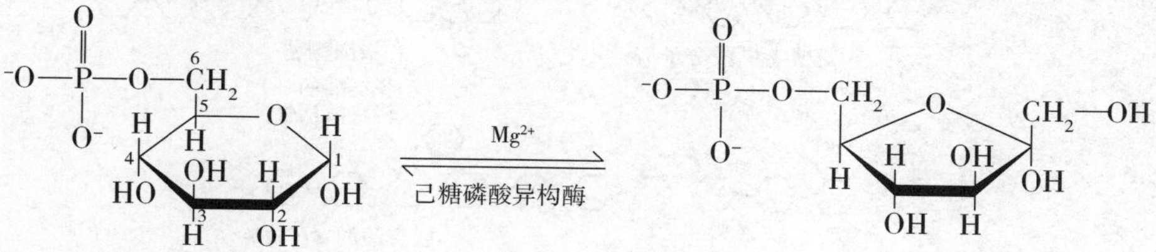

葡糖-6-磷酸　　　　　　　　　　　　果糖-6-磷酸

③果糖-6-磷酸在果糖磷酸激酶的催化下,利用 ATP 提供的磷酸基团生成果糖-1,6-二磷酸,反应式为:

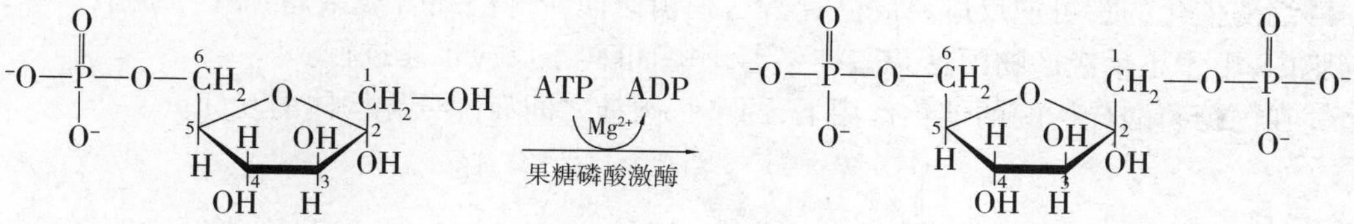

果糖-6-磷酸　　　　　　　　　　　　果糖-1,6-二磷酸

激酶催化磷酸基团从 ATP 上转移到某代谢物分子上。当 Mg^{2+} 存在时,激酶才有活性。

葡糖激酶与果糖磷酸激酶催化的两步反应均是释放大量自由能的不可逆反应。两种酶均是别构酶类,并通过酶活性的调节来控制糖酵解的反应速度。

反应若从糖原开始,糖原经糖原磷酸化酶、转移酶和脱支酶的作用(图 8.2)生成葡糖-1-磷酸,再经变位酶的作用转化成葡糖-6-磷酸。

变位机制不是葡糖-1-磷酸分子内部的磷酸基转移,而是它与葡糖-1,6-二磷酸互换磷酸基。这种互换作用是通过葡糖磷酸变位酶的磷酸化型与非磷酸化型的转变而进行的。

2) 丙糖磷酸的生成

①在醛缩酶的催化下,果糖-1,6-二磷酸分子在第 3 与第 4 碳原子之间断裂为两个三碳化合物,即磷酸二羟丙酮与甘油酸-3-磷酸。

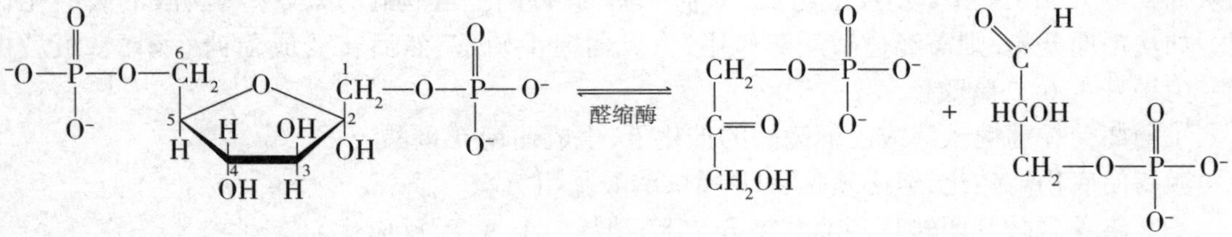

果糖-1,6-二磷酸   磷酸二羟丙酮   甘油醛-3磷酸

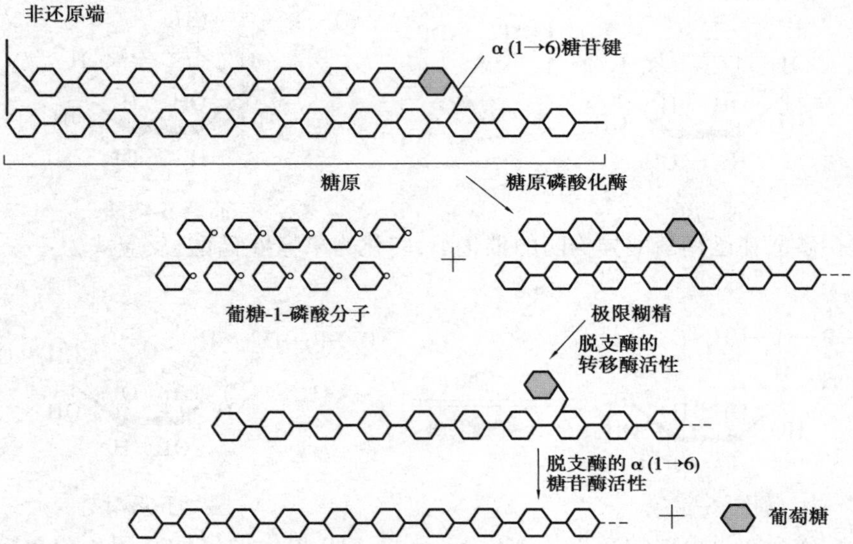

图 8.2　糖原的水解

醛缩酶催化的是可逆反应,标准状况下,平衡倾向于醇醛缩合成果糖-1,6-二磷酸一侧,但在细胞内,由于正反应产物丙糖磷酸被移走,平衡可向正反应迅速进行。

②在丙糖磷酸异构酶的催化作用下,两个三碳糖之间有同分异构体的互变。

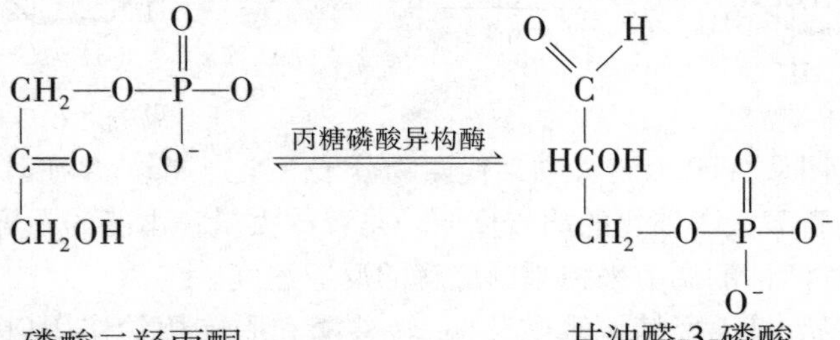

磷酸二羟丙酮   甘油醛-3-磷酸

由于甘油醛-3-磷酸的持续被氧化,反应的平衡将向生成甘油醛-3-磷酸的方向移动,总的结果相当于 1 分子果糖-1,6-二磷酸生成 2 分子甘油醛-3-磷酸。

3) 甘油醛-3-磷酸生成丙酮酸

在此阶段有两步产生能量的反应,释放的能量可由 ADP 转变成 ATP 贮存。

①甘油酸-3-磷酸氧化为甘油酸-1,3-二磷酸,反应式为:

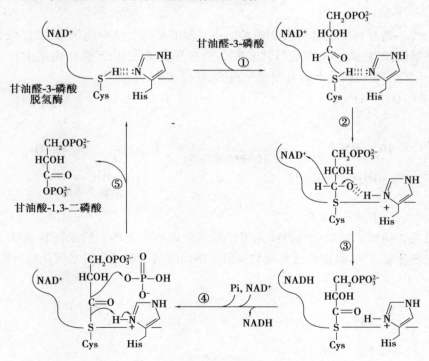

甘油醛-3-磷酸   无机磷酸   甘油酸-1, 3-二磷酸

甘油醛-3-磷酸的氧化是糖酵解过程唯一的氧化脱氢反应,生物体通过此反应可以获得能量。催化此反应的酶为甘油醛-3-磷酸脱氢酶,它的辅酶 NAD^+ 转化为 NADH。反应中同时进行脱氢和磷酸化反应,分子内部能量重新分配,并将能量贮存在甘油酸-1,3-二磷酸分子中,为下一步底物磷酸化作准备。碘乙酸为甘油醛-3-磷酸脱氢酶的抑制剂,可与酶活性中心的—SH基结合。

甘油醛-3-磷酸脱氢酶的 M_r 为 14 000,由 4 个相同亚基组成,每个亚基牢固地结合一分子 NAD^+,并能独立参与催化作用。已证明亚基第 149 位的半胱氨酸残基的—SH 基是活性基团。能特异地结合甘油醛-3-磷酸。NAD^+ 的吡啶环与活性—SH 基很近,共同组成酶的活性部位。

如图 8.3 所示,甘油醛-3-磷酸脱氢酶的作用机制如下:

图 8.3　甘油醛-3-磷酸脱氢酶的作用机制

a. 酶活性基团—SH 基攻击甘油醛-3-磷酸的羰基,形成硫酯酰半缩醛。

b. 硫酯酰半缩醛被 NAD^+ 氧化,生成与酶共价连接的硫酯酰基化合物,硫酯酰是个高能键。NAD⁺被还原成 NADH。

c. NADH 被 NAD⁺取代，生成的 NADH 可用于还原丙酮酸或在有氧条件下进入呼吸链。

d. 无机磷酸结合到酶的活性部位，而且攻击硫酯酰－酶中间物的羰基，形成磷酰基。

e. 产物甘油酸-1,3-二磷酸从酶的活性部位上解离，完成整个循环。

从葡萄糖到丙酮酸的中间产物，全部是磷酸化合物，这个现象不是偶然的。磷酰基在这些化合物中，提供了一负电荷基团，其意义在于基团的极性，可阻止中间产物透过细胞膜，从而维持糖在细胞内的高浓度（高极性分子一般不易通过细胞膜），使酵解反应全部在胞质中进行。此外磷酰基的提供，对贮存积聚糖酵解的能量也起着重要作用。

②甘油酸-1,3-二磷酸生成甘油酸-3-磷酸。磷酸甘油酸激酶将高能磷酸基团转移给 ADP 生成 ATP，反应式为：

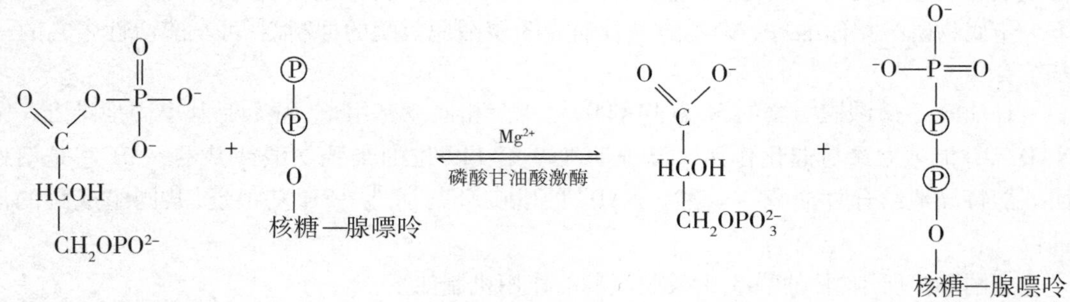

甘油酸-1，3-二磷酸　　ADP　　甘油酸-3-磷酸　　ATP

③甘油酸-3-磷酸转变成甘油酸-2-磷酸。由甘油酸磷酸变位酶催化，其变位机制与葡糖磷酸变位机制相似，即甘油酸-3-磷酸与甘油酸-2-磷酸互换磷酰基，互换作用是由甘油酸磷酸变位酶的磷酸化型与非磷酸化型的互变来完成的，反应式为：

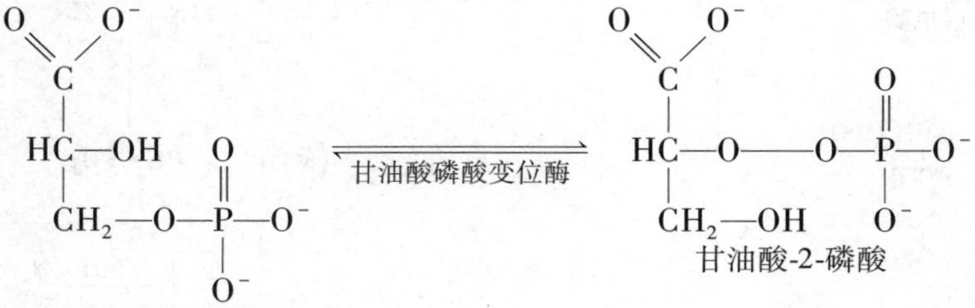

甘油酸-3-磷酸　　甘油酸-2-磷酸

④甘油酸-2-磷酸在烯醇化酶的催化下生成磷酸烯醇丙酮酸。脱水使甘油酸-2-磷酸分子内部能量重新分配，产生高能磷酸化合物磷酸烯醇丙酮酸。氟化物对烯醇化酶有抑制作用，反应式为：

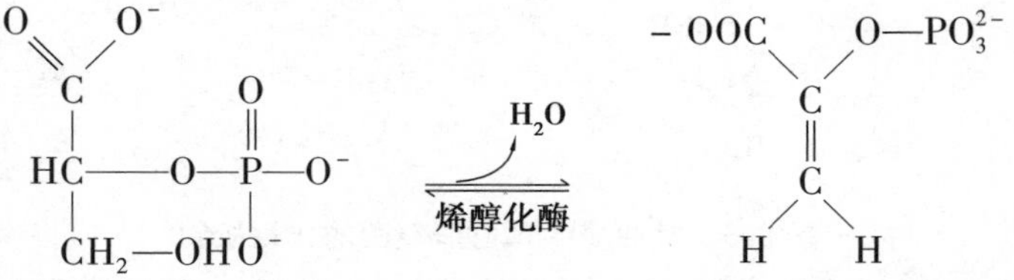

甘油酸-2-磷酸　　磷酸烯醇丙酮酸

⑤磷酸烯醇丙酮酸在丙酮酸激酶催化下生成丙酮酸。

经底物磷酸化生成一个 ATP,磷酸烯醇丙酮酸转化成烯醇丙酮酸。

烯醇丙酮酸不稳定,可自动生成丙酮酸,为非酶促反应。

4）丙酮酸的继续氧化

从葡萄糖到丙酮酸的糖酵解阶段是几乎所有生物体都存在的普遍代谢途径。只是在氧存在与否的条件下,或在不同的生物体内,丙酮酸的代谢去路又有所不同。

（1）丙酮酸还原成乳酸

人和动物激烈运动时,肌肉组织供氧不足,或乳酸菌在无氧条件下发酵,丙酮酸都会还原为乳酸。剧烈运动后,肌肉及血液中乳酸含量很高就是这个原因。

丙酮酸还原成乳酸的化学反应式为:

丙酮酸　　　　　　　　　　　　　乳酸

由葡萄糖到乳酸的总反应式:

葡萄糖（$C_6H_{12}O_6$）$+2Pi +2ADP\rightarrow 2$ 乳酸（$CH_3CHOHCOOH$）$+2ATP +2H_2O$

利用乳酸菌发酵可生产奶酪、酸奶和乳酸菌饮料。厌氧生物和某些特殊的细胞,例如成熟的红细胞因没有线粒体不能进行有氧氧化,只能以糖酵解作为唯一的供能途径。人和动物在细胞暂时缺氧时也是通过该途径获得能量。

（2）丙酮酸还原成乙醇

无氧条件下,酵母等微生物及植物细胞的丙酮酸能继续转化为乙醇并释放出 CO_2,该过程称为乙醇发酵。其反应机制如下:

丙酮酸首先在丙酮酸脱羧酶的催化下,以硫胺素焦磷酸（TPP）为辅酶,脱羧变成乙醛,放出 CO_2。

在乙醇脱氢酶的催化下,以 $NADH + H^+$ 为供氢体,乙醛为受氢体,乙醛被还原成乙醇,反应式为:

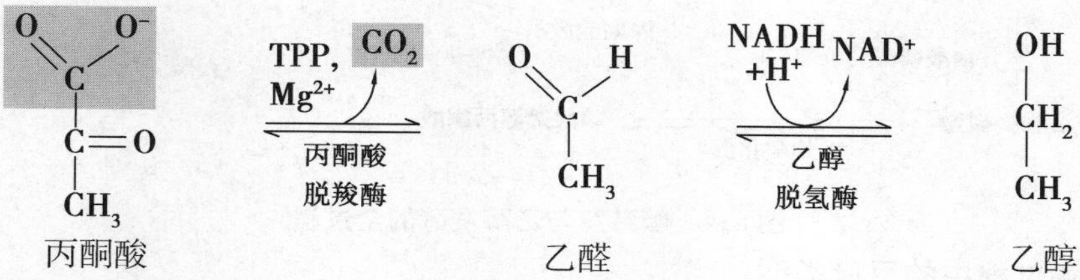

$$\text{丙酮酸} \xrightarrow[\text{丙酮酸脱羧酶}]{\text{TPP, Mg}^{2+},\ CO_2} \text{乙醛} \xrightarrow[\text{乙醇脱氢酶}]{NADH+H^+,\ NAD^+} \text{乙醇}$$

丙酮酸　　　　　　　　　　乙醛　　　　　　　　　　乙醇

乙醇发酵总反应式为:

葡萄糖（$C_6H_{12}O_6$）$+2Pi +2ADP\rightarrow 2$ 乙醇（CH_3CH_2OH）$+2ATP +2H_2O +2CO_2$

酿酒、制作面包和馒头均为乙醇发酵过程。某些植物种子发芽或受涝时,发酵产生的乙醇会使幼苗和根腐烂。

1 个葡萄糖经过乙醇发酵会生成 2 个 CO_2,资源消耗相当大。用淀粉水解得到的葡萄糖生产乙醇,用作燃料,不论经济方面是否合算,从资源利用角度讲是不合算的。

在无氧条件下,NADH 还原丙酮酸或乳酸,最重要的意义是 NADH 被转化为 NAD^+,使甘油醛-3-磷酸的脱氢反应可以持续。否则,一旦 NAD^+ 被耗尽,则甘油醛-3-磷酸的脱氢反应无法进行,糖酵解途径会因此而终止,细胞会因为得不到能量而死亡。

糖酵解与乙醇发酵的全过程如图 8.4 所示。

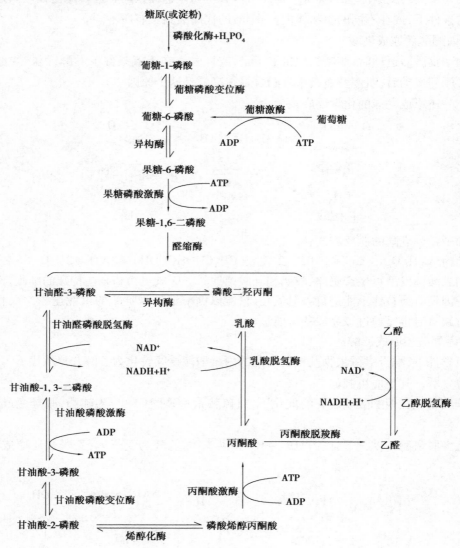

图 8.4 糖酵解与乙醇发酵的全过程

5）糖酵解过程中的反应类型

总的说来,在酵解过程中有以下几种类型的反应。

（1）磷酸转移

磷酰基从 ATP 转移到中间产物上,反过来也同样,反应式为:

$$\text{ROH} + \text{ATP} \rightleftharpoons \text{R}-\overset{\displaystyle O^-}{\underset{\displaystyle O}{\overset{|}{\underset{\|}{P}}}}-O^- + \text{ADP} + \text{H}^+$$

（2）磷酸移位

磷酰基在分子内部移位,反应式为:

$$\text{R}-\overset{\displaystyle OH}{\underset{\displaystyle H}{\overset{|}{\underset{|}{C}}}}-\text{CH}_2-O-\overset{\displaystyle O^-}{\underset{\displaystyle O}{\overset{|}{\underset{\|}{P}}}}-O^- \rightleftharpoons \text{R}-\overset{\displaystyle O-\overset{O^-}{\underset{O}{\overset{|}{\underset{\|}{P}}}}-O^-}{\underset{\displaystyle H}{\overset{|}{\underset{|}{C}}}}-\text{CH}_2\text{OH}$$

（3）异构化

酮糖异构为醛糖。

（4）脱水

脱掉一分子水,反应式为:

$$\text{H}-\overset{\displaystyle H}{\underset{\displaystyle H}{\overset{|}{\underset{|}{C}}}}-\overset{\displaystyle H}{\underset{\displaystyle OH}{\overset{|}{\underset{|}{C}}}}-\text{H} \rightleftharpoons \text{H}-\overset{\displaystyle H}{\overset{|}{C}}=\overset{\displaystyle H}{\overset{|}{C}}-\text{H} + \text{H}_2\text{O}$$

（5）氧化脱氢反应

代谢物氧化脱下的 H 交给 NAD^+,使其还原为 $NADH + H^+$,反应式为:

$$\text{RH} + \text{NAD}^+ \rightleftharpoons \text{R} + \text{NADH} + \text{H}^+$$

（6）醇醛断裂

碳-碳间键的断裂,相当于醇醛缩合的逆反应。

6）糖酵解的调控

从单细胞生物到高等动植物都存在糖酵解过程,其生理意义主要是释放能量,使机体在缺氧情况下仍能进行生命活动,酵解过程的中间产物可为机体提供碳骨架。糖酵解反应速度主要受以下 3 种酶的调控。

（1）果糖磷酸激酶是最关键的限速酶

ATP/AMP 比值对该酶活性的调节具有重要的生理意义。当 ATP 浓度较高时,该酶几乎无活性,酵解作用减弱;当 AMP 积累,ATP 较少时,酶活性恢复,酵解作用增强。H^+ 可抑制果糖磷酸激酶的活性,它可防止肌肉中形成过量乳酸而使血液酸中毒。柠檬酸含量高,说明细胞能量充足,葡萄糖就无须为合成其前体而降解。因此柠檬酸可增加 ATP 对酶的抑制作用。果糖-6-磷酸在果糖磷酸激酶的催化下可磷酸化为果糖-2,6-二磷酸。果糖-2,6-二磷酸能消除 ATP 对酶的抑制效应,使酶活化。

（2）己糖激酶活性的调控

葡糖-6-磷酸是该酶的别构抑制剂。果糖磷酸激酶活性被抑制时,可使葡糖-6-磷酸积累,酵解作用减弱。然而,因葡糖-6-磷酸可转化为糖原及戊糖磷酸,因此,己糖激酶不是酵解过程关键的限速酶。

（3）丙酮酸激酶活性的调节

果糖-1,6-二磷酸是该酶的激活剂,可加速酵解速度。丙氨酸是该酶的别构抑制剂,酵解产物丙酮酸为丙氨酸的生成提供了碳骨架。丙氨酸抑制丙酮酸激酶的活性,可避免丙酮酸的过剩,ATP、乙酰 CoA 等也可抑制该酶活性,减弱酵解作用。

8.1.2　三羧酸循环

乙酰 CoA 的乙酰基部分是在有氧条件下通过一种循环被彻底氧化为 CO_2 和 H_2O 的。这种循环因开始于乙酰 CoA 与草酰乙酸缩合生成的含有 3 个羧基的柠檬酸,因此称为三羧酸循环或柠檬酸循环。它不仅是糖的有氧分解代谢的途径,也是机体内一切有机物的碳链骨架氧化成 CO_2 和 H_2O 的必经途径。

三羧酸循环包括下列多步反应,现分述如下:

①乙酰 CoA 在柠檬酸合酶催化下与草酰乙酸进行缩合生成柠檬酸。该反应为缩合反应,反应不可逆。生成中间产物柠檬酰 CoA,柠檬酰 CoA 的高能硫酯键水解,放出能量推动反应进行,生成柠檬酸。

②柠檬酸脱水生成顺乌头酸,然后加水生成异柠檬酸。同分异构化反应,为逆反应,催化该反应的酶为顺乌头酸酶,该酶是含铁的非血红素蛋白,含有一个[4Fe-4S]铁硫簇,又称铁硫中心,因此 Fe^{2+} 是必需阳离子。从柠檬酸至顺乌头酸至异柠檬酸,先后经历脱水与加水过程,从而改变了分子内的 OH^- 和 H^+ 的位置,使不能氧化的叔醇转变成可氧化的仲醇,其反应式为:

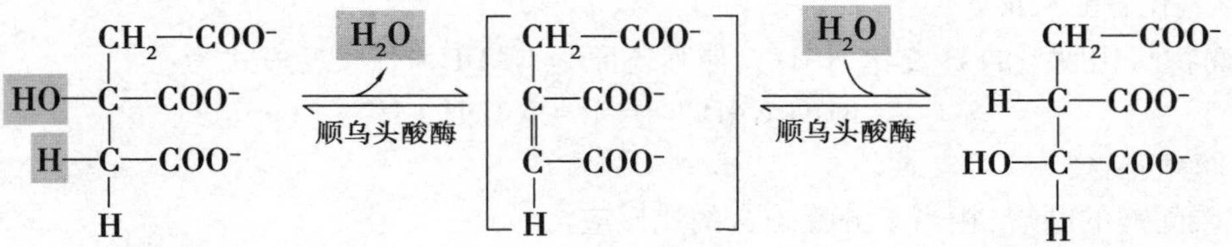

柠檬酸　　　　　　　　　顺乌头酸　　　　　　　　异柠檬酸

③异柠檬酸氧化与脱羧生成 α-酮戊二酸。在异柠檬酸脱氢酶的催化下,异柠檬酸脱去 $2H^+$,其中间产物草酰琥珀酸迅速脱羧生成 α-酮戊二酸。该反应为不可逆反应。两步反应均为异柠檬酸脱氢酶所催化。现在认为这种酶具有脱氢和脱羧两种催化能力,其反应式为:

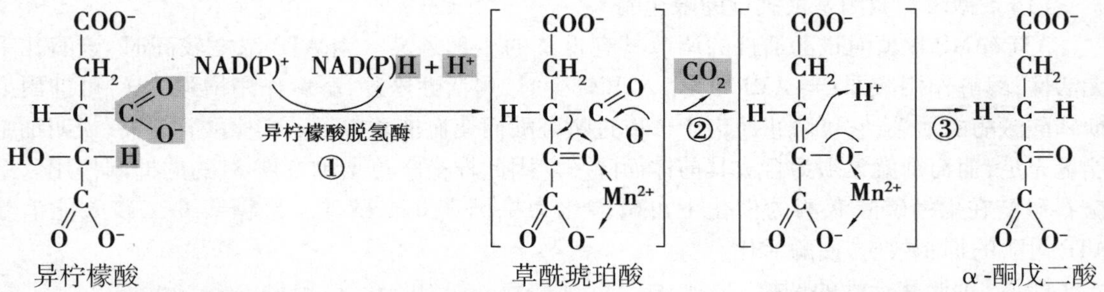

异柠檬酸　　　　　　　　　草酰琥珀酸　　　　　　　　α-酮戊二酸

由柠檬酸到异柠檬酸的反应都是三羧酸间的转化,在此反应之后则是二羧酸的变化了。

④α-酮戊二酸氧化脱羧形成琥珀酰 CoA。和丙酮酸氧化脱羧机制相类似,释放大量能量,

是三羧酸循环中的第二次氧化脱羧,产生了 NADH 及 CO_2,其反应式为:

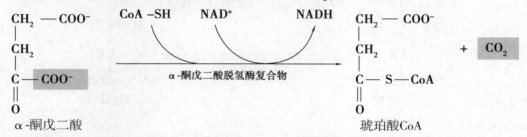

α-酮戊二酸　　　　　　　　　　　　　　　　　　　琥珀酸CoA

⑤琥珀酰 CoA 在琥珀酸硫激酶催化下,转移其硫酯键至鸟苷二磷酸上生成鸟苷三磷酸,同时生成琥珀酸,然后 GTP 再与 ADP 生成一个 ATP,反应式为:

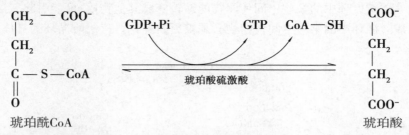

琥珀酰CoA　　　　　　　　　　　　　　　　　　　琥珀酸

⑥琥珀酸被氧化成延胡索酸。琥珀酸脱氢酶催化此反应,为可逆反应。黄素腺嘌呤二核苷酸为辅基,生成 $FADH_2$,相当于 1.5 个 ATP,反应式为:

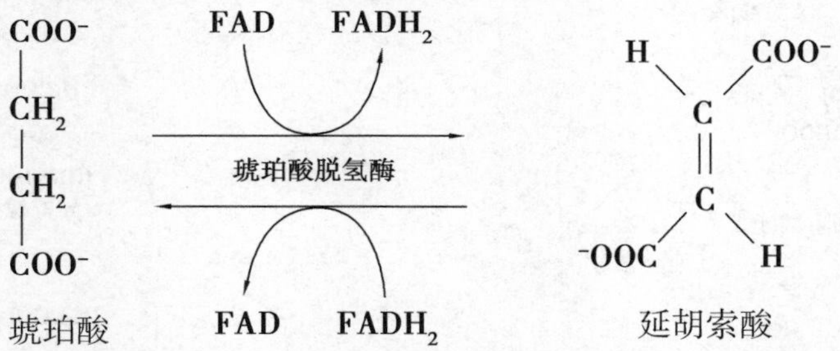

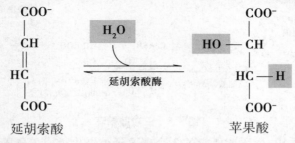

琥珀酸　　　　　　　　　　　　　　　　　　　　延胡索酸

⑦延胡索酸加水生成苹果酸。该反应属可逆反应,由延胡索酸酶催化,反应式为:

延胡索酸　　　　　　　　　　　　　苹果酸

⑧苹果酸被氧化成草酰乙酸。该反应属可逆反应,由苹果酸脱氢酶催化,是三羧酸循环中的第四次氧化还原反应,也是三羧酸循环的最后一步,产生 1 个 NADH,反应式为:

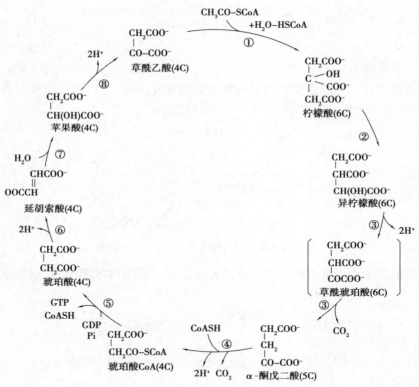

至此草酰乙酸又重新形成。

三羧酸循环一周,消耗 1 分子乙酰 CoA(二碳化合物)。循环中的三羧酸、二羧酸并不因参加此循环而有所增减。因此,在理论上,这些羧酸只需微量,就可不息地循环,促使乙酰 CoA 氧化。但是,三羧酸循环中的某些中间代谢物能够转变成其他物质,可能引起三羧酸循环运转障碍,这时三羧酸循环中的某些中间代谢物必须被更新补充。三羧酸循环的具体流程如图 8.5 所示。

图 8.5 三羧酸循环

从图 8.5 中可以看出,丙酮酸所含的 3 个碳原子被氧化生成 3 分子的 CO_2,其中 1 个是在形成乙酰 CoA 时产生的,另外 2 分子的 CO_2 则是在三羧酸循环中产生的(③、④)。

丙酮酸氧化脱羧反应及三羧酸循环中的反应③、④、⑥、⑧,反应物都脱下一对 H^+ 交给 NAD^+ 或 FAD^+,生成 NADH 或 $FADH_2$。NADH 或 $FADH_2$ 经呼吸链将 H^+ 交给氧而生成水并释放能量。

三羧酸循环的多个反应是可逆的,但由于柠檬酸的合成及 α-酮戊二酸的氧化脱羧是不可逆的,故此循环是单方向进行。三羧酸循环是在线粒体内进行的。

8.1.3 乙醛酸循环

许多微生物如醋酸杆菌、大肠杆菌、同氮菌等能够利用乙酸作为唯一的碳源,并能利用它建造自己的机体。之后,从微生物中分离出两种特异的酶,即苹果酸合酶与异柠檬酸裂解酶。乙酸在 CoA 与 ATP 及乙酰 CoA 合成酶的参与下可活化成乙酰 CoA。乙酰 CoA 与乙醛酸可合成苹果酸,异柠檬酸裂解酶能将异柠檬酸裂解为琥珀酸与乙醛酸,并发现有一个与三羧酸循环相联系的小循环。因为该循环以乙醛酸为中间代谢物,故称为乙醛酸循环。

(1)乙醛酸循环两个关键酶催化的反应

①在异柠檬酸裂解酶催化下,异柠檬酸裂解为琥珀酸和乙醛酸,反应式为:

$$
\begin{array}{ccc}
\text{CH}_2\text{—COO}^- & & \\
| & & \\
\text{CH—COO}^- & \xrightleftharpoons{\text{异柠檬酸裂解酶}} & \text{CH}_2\text{—COO}^- \quad\quad \text{CHO} \\
| & & | \quad\quad\quad\quad\quad + \quad | \\
\text{HO—CH—COO}^- & & \text{CH}_2\text{—COO}^- \quad\quad \text{COO}^- \\
\end{array}
$$

异柠檬酸　　　　　　　　琥珀酸　　　乙醛酸

②在苹果酸合酶的催化下,乙醛酸与乙酰 CoA 反应生成苹果酸,反应式为:

$$
\begin{array}{l}
\text{CHO} \\
| \quad\quad + \text{CH}_3\text{CO—SCoA} + \text{H}_2\text{O} \xrightleftharpoons{\text{苹果酸合酶}} \\
\text{COO}^-
\end{array}
\quad
\begin{array}{l}
\text{COO}^- \\
| \\
\text{CHOH} + \text{CoASH} \\
| \\
\text{CH}_2 \\
| \\
\text{COO}^-
\end{array}
$$

乙醛酸　　　　乙酰 CoA　　　　　　苹果酸

有些微生物因具有乙酰 CoA 合成酶,可以利用乙酸生成乙酰 CoA 而进入乙醛酸循环。因此,它们能利用乙酸作为唯一碳源。

从乙酸开始的乙醛酸循环总反应为:

$$2\text{CH}_3\text{COOH} + \text{NAD}^+ + 2\text{ATP} \rightarrow \text{C}_4\text{H}_6\text{O}_4 + \text{NADH} + \text{H}^+ + 2\text{AMP} + \text{PPi}$$

(2)乙醛酸循环与三羧酸循环的关系

乙醛酸循环中生成的四碳二羧酸,如琥珀酸、苹果酸仍可返回三羧酸循环,所以乙醛酸循环可以看作三羧酸循环的支路。乙醛酸循环与三羧酸循环的关系如图 8.6 所示。

(3)乙醛酸循环的生物学意义

可以二碳物为起始物合成三羧酸循环中的二羧酸与三羧酸,只需少量四碳二羧酸作"引物",便可无限制地转变成四碳物和六碳物。这些四碳物和六碳物可作为三羧酸循环化合物的补充。

由于丙酮酸的氧化脱羧生成乙酰 CoA 是不可逆反应,在一般生理情况下,依靠脂肪大量合成糖是较困难的。但在植物、微生物和个别无脊椎动物体内则发现脂肪可转变为糖,这是通过乙醛酸循环途径进行的。两个乙酰 CoA 合成一个苹果酸,苹果酸氧化变成草酰乙酸,草酰乙酸脱羧生成丙酮酸后可经糖异生途径合成糖。乙醛酸循环适应了油料种子萌发时的物质转化。

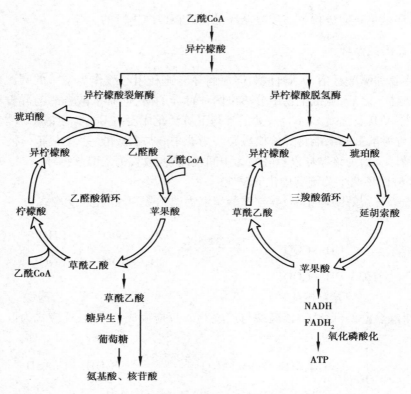

图 8.6　乙醛酸循环与三羧酸循环的关系

8.1.4　磷酸戊糖途径

糖的无氧酵解及有氧氧化过程是生物体内糖分解代谢的主要途径,但不是唯一的途径,糖的另一氧化途径称为戊糖磷酸途径。加碘乙酸能抑制甘油醛-3-磷酸脱氢酶,此酶被抑制后,酵解及有氧氧化途径均停止,但许多微生物以及很多动物组织中仍有一定量的糖被彻底氧化成 CO_2 与 H_2O,特别是植物组织普遍地进行此种氧化。1931 年,OttoWarburg、FritzLiprmm 等发现了 $NADP^+$ 是葡糖-6-磷酸脱氢酶和葡糖酸-6-磷酸脱氢酶的辅酶。1951 年,D. B. Scott 和 S. S. Cohen 分离到核糖-5-磷酸,进一步确认了该途径的存在。由于这一途径涉及几个戊糖磷酸的相互转化,所以称为戊糖磷酸途径。因为反应是从葡糖-6-磷酸开始的,故又称为己糖磷酸支路。

（1）戊糖磷酸途径的化学反应过程

它主要包括葡糖-6-磷酸脱氢生成葡糖酸-6-磷酸,再经过脱羧基作用转化为戊糖磷酸,最后通过转移二碳单位的转酮醇酶和转移三碳单位的转醛醇酶的催化作用,进行分子间基团交换,重新生成己糖磷酸和甘油醛磷酸。

①葡糖-6-磷酸的脱氢反应。葡糖-6-磷酸脱氢酶以 $NADP^+$ 为辅酶,催化葡糖-6-磷酸脱氢生成葡糖酸-6-磷酸内酯,反应式为:

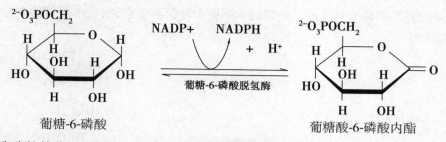

葡糖-6-磷酸　　　　　　　　　　　　　　　　　葡糖酸-6-磷酸内酯

在内酯酶的催化下,内酯与水反应,水解为葡糖酸-6-磷酸,反应式为:

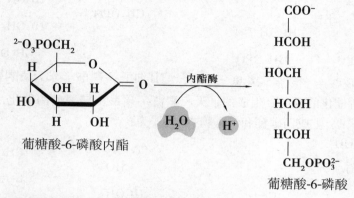

葡糖酸-6-磷酸内酯　　　　　　　　　　　　　　葡糖酸-6-磷酸

葡糖酸-6-磷酸脱羧生成核酮糖-5-磷酸,反应式为:

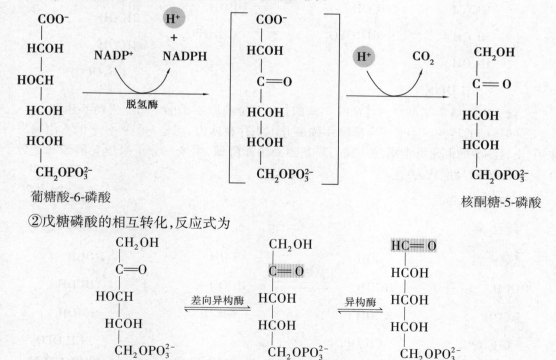

葡糖酸-6-磷酸　　　　　　　　　　　　　　　　　　　　　　　　　核酮糖-5-磷酸

②戊糖磷酸的相互转化,反应式为

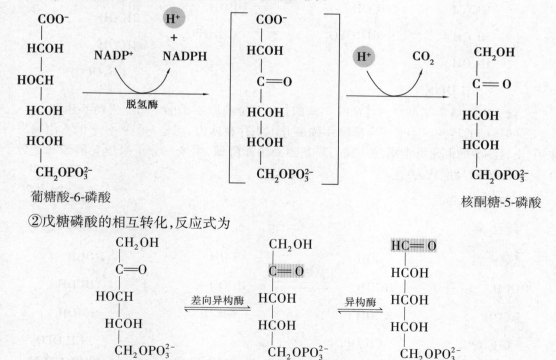

木酮糖-5-磷酸　　　　　　核酮糖-5-磷酸　　　　核糖-5-磷酸

③景天庚酮糖-7-磷酸的生成。生成的木酮糖由转酮醇酶催化,将木酮糖的酮醇转移给核糖-5-磷酸,反应式为:

$$
\begin{array}{ccccc}
\text{CH}_2\text{OH} & & \text{CHO} & & \text{CH}_2\text{OH} \\
| & & | & & | \\
\text{C}=\text{O} & + & \text{HCOH} & \xrightleftharpoons{\text{转酮醇酶}} & \text{C}=\text{O} \\
| & & | & & | \\
\text{HOCH} & & \text{HCOH} & & \text{HOCH} \\
| & & | & & | \\
\text{HCOH} & & \text{CH}_2\text{OPO}_3^{2-} & & \text{HCOH} \\
| & & & & | \\
\text{CH}_2\text{OPO}_3^{2-} & & & & \text{HCOH} \\
& & & & | \\
& & & & \text{CH}_2\text{OPO}_3^{2-}
\end{array}
$$

木酮糖-5-磷酸   核糖-5-磷酸   甘油醛-3-磷酸   景天庚酮糖-7-磷酸

④转醛醇酶所催化的反应。生成的景天庚酮糖-7-磷酸由转醛醇酶催化,把二羟丙酮基团转移给甘油醛-3-磷酸,生成四碳糖和六碳糖,反应式为:

$$
\begin{array}{ccccc}
\text{CH}_2\text{OH} & & \text{CHO} & & \text{CH}_2\text{OH} \\
| & & | & & | \\
\text{C}=\text{O} & & \text{HCOH} & & \text{C}=\text{O} \\
| & + & | & \xrightleftharpoons{\text{转醛醇酶}} & \text{HOCH} \\
\text{HOCH} & & \text{HCOH} & & | \\
| & & | & & \text{HCOH} \\
\text{HCOH} & & \text{CH}_2\text{OPO}_3^{2-} & & | \\
| & & & & \text{HCOH} \\
\text{HCOH} & & & & | \\
| & & & & \text{CH}_2\text{OPO}_3^{2-} \\
\text{CH}_2\text{OPO}_3^{2-} & & & &
\end{array}
$$

景天庚酮糖-7-磷酸   甘油醛-3-磷酸   赤藓糖-4-磷酸   果糖-6-磷酸

⑤四碳糖的转变。生成的赤藓糖-4-磷酸并不积存在体内,而是与另一分子的木酮糖进行作用,由转酮醇酶催化将木酮糖的羟乙醛基团交给赤藓糖,生成一分子果糖-6-磷酸和一分子甘油醛-3-磷酸,反应式为:

$$
\begin{array}{ccccc}
\text{CH}_2\text{OH} & & \text{COH} & & \text{CH}_2\text{OH} \\
| & & | & & | \\
\text{C}=\text{O} & + & \text{HCOH} & \xrightleftharpoons{\text{转酮醇酶}} & \text{C}=\text{O} \\
| & & | & & | \\
\text{HOCH} & & \text{HCOH} & & \text{HOCH} \\
| & & | & & | \\
\text{HCOH} & & \text{CH}_2\text{OPO}_3^{2-} & & \text{HCOH} \\
| & & & & | \\
\text{CH}_2\text{OPO}_3^{2-} & & & & \text{HCOH} \\
& & & & | \\
& & & & \text{CH}_2\text{OPO}_3^{2-}
\end{array}
$$

木酮糖-5-磷酸   赤藓糖-4-磷酸   甘油醛-3-磷酸   果糖-6-磷酸

　　总结以上 5 步反应如图 8.7 所示,图中是两个五碳糖相加生成三碳与七碳糖,后二者相加再生成六碳与四碳糖,五碳与四碳糖相加生成三碳与六碳糖。

　　由于生成的果糖-6-磷酸易转化为葡糖-6-磷酸,因此可以明显地看出这个代谢途径具有循环机制的性质,即一个葡萄糖分子每循环一次只脱去一个羧基(放出一个 CO_2)和两次脱氢形成 2 个 $NADPH + H^+$。若 6 分子葡萄糖同时参加戊糖磷酸途径反应,可生成 6 个 CO_2 和 5 分子葡糖-6-磷酸,相当于 1 个葡萄糖分子彻底氧化,其总反应如下:

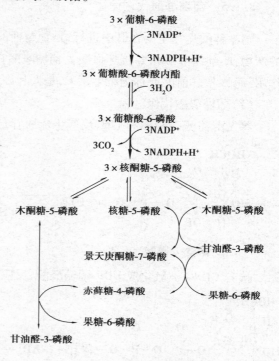

图 8.7　戊糖磷酸途径

$$6(葡糖\text{-}6\text{-}磷酸) + 6O_2 \rightarrow 5(葡糖\text{-}6\text{-}磷酸)$$
$$+ 6CO_2 + 5H_2O + H_3PO_4$$

　　(2)戊糖磷酸途径的主要特点

　　①葡萄糖直接脱氢和脱羧,不必经过糖酵解途径,也不必经过三羧酸循环。

　　②在整个反应过程中,脱氢酶的辅酶为 $NADP^+$ 而不是 NAD^+。

　　③戊糖磷酸途径可分为氧化阶段与非氧化阶段,前者是从葡糖-6-磷酸脱氢、脱羧形成核糖-5-磷酸的过程;后者是戊糖磷酸分子重排产生己糖磷酸和丙糖磷酸的过程。

　　(3)戊糖磷酸途径的生物学意义

　　戊糖磷酸途径的酶类已在许多动植物中发现。这说明戊糖磷酸途径也是普遍存在的一种糖代谢方式,在不同的组织或器官中它所占的比重有所不同。

　　①戊糖磷酸途径生成的 NADPH 可被用于合成代谢的还原反应,如脂肪酸和固醇类化合物的生物合成。NADPH 可使 GSH 保持还原状态,GSH 能使红细胞膜和血红蛋白的巯基免遭氧化破坏,因此缺乏葡糖-6-磷酸脱氢酶的人,因 NADPH 缺乏,使 GSH 含量过低,红细胞易遭破坏而发生溶血性贫血。肝细胞内质网含有以 NADPH 为供氢体的加单氧酶体系,可参与激素、药物、毒物的生物转化。

　　②戊糖磷酸途径中产生的核糖-5-磷酸是核酸生物合成的必需原料,并且核酸中核糖的分解代谢也可通过此途径进行。核糖类化合物还与光合作用密切相关。

　　③通过转酮及转醛醇基反应使丙糖、丁糖、戊糖、己糖、庚糖相互转化。

　　④在植物中赤藓糖-4-磷酸与甘油酸-3-磷酸可合成莽草酸,后者可转变成多酚,也可转变成芳香氨基酸,如色氨酸及吲哚乙酸等。

　　戊糖磷酸途径与糖的有氧、无氧分解途径相互联系。甘油醛磷酸是糖分解代谢 3 种途径的枢纽点。如果戊糖磷酸途径由于受到某种因素影响不能继续进行时,生成的甘油醛磷酸可进入无氧或有氧分解途径,以保证糖的分解仍然能继续进行。糖分解途径的多样性,可以认为是从物质代谢上表现生物对环境的适应性。

8.1.5 葡糖醛酸代谢途径

葡糖醛酸途径主要在肝中进行,是葡萄糖的次要代谢途径。在这个途径中产生两个特殊的产物:D-葡糖醛酸和L-抗坏血酸。葡糖醛酸在外来有机化合物的解毒和排泄中起着重要的作用;而L-抗坏血酸或称为维生素C,是人和许多动物不可缺少的营养物质。

(1)葡糖醛酸代谢过程

首先由葡糖-1-磷酸和UTP反应生成尿苷二磷酸葡糖,反应式为:

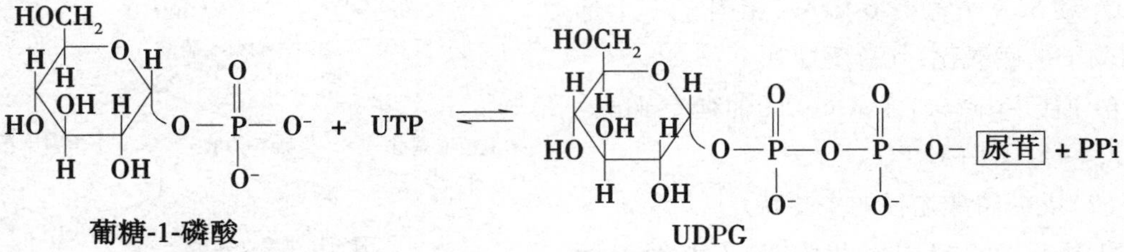

葡糖-1-磷酸   UDPG

接着UDPG被氧化成UDP-葡糖醛酸,反应式为:

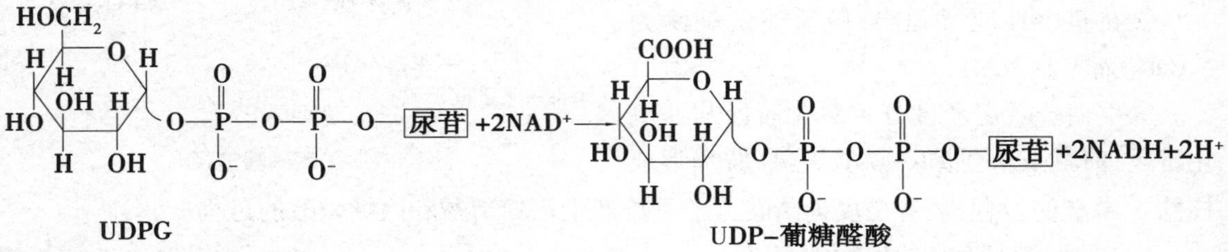

UDPG   UDP-葡糖醛酸

UDP-葡糖醛酸可水解生成葡糖醛酸,后者经图8.8的途径生成L-抗坏血酸和木酮糖-5-磷酸。

(2)葡糖醛酸代谢途径的生理意义

葡糖醛酸代谢过程中生成的UDP-葡糖醛酸和葡糖醛酸,可参与许多代谢过程。

①在肝中糖醛酸可与药物或含—OH、—COOH、—NH_2、—SH基的物质结合成可溶于水的化合物,随尿、胆汁排出,从而起着解毒作用。

②UDP-葡糖醛酸是葡糖醛酸基供体,可以形成许多重要的糖胺聚糖如硫酸软骨素、透明质酸和肝素等。

③葡糖醛酸可以转变成抗坏血酸,但是人及其他灵长类动物不能合成抗坏血酸。

④从葡糖醛酸可以生成木酮糖,从而与磷酸戊糖途径相联系。

此代谢过程要消耗NADPH + H^+(同时生成NADH + H^+),而磷酸戊糖通路又生成NADPH,因此两者关系密切。当磷酸戊糖通路发生障碍时,必然会影响葡糖醛酸代谢的顺利进行。

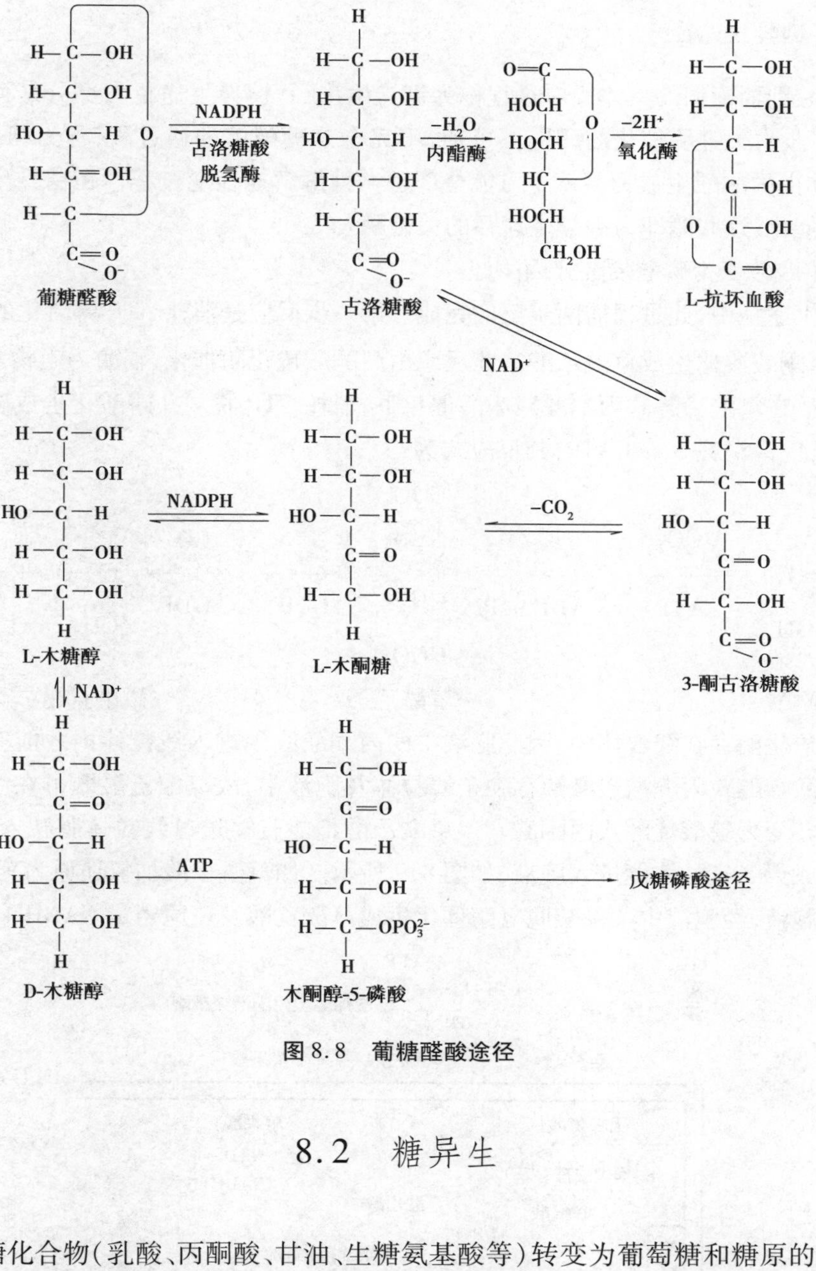

图 8.8　葡糖醛酸途径

8.2　糖异生

各种非糖化合物(乳酸、丙酮酸、甘油、生糖氨基酸等)转变为葡萄糖和糖原的过程称为糖异生作用。体内的糖原储备有限,通过肝糖原分解以补充血糖,如不能得到补充,仅 10 多小时后肝糖原将耗竭。事实上即使在较长时间(24 h 以上)的禁食或饥饿状态下,血糖仍能保持在正常范围或仅略下降,这说明机体除使周围组织减少对葡萄糖的利用外,主要是肝脏可利用氨基酸、乳酸等非糖化合物转变为葡萄糖,不断补充血糖。肝脏是糖异生作用的主要器官,当长期饥饿时,肾脏糖异生也起重要作用。

8.2.1 糖异生途径

从丙酮酸到葡萄糖的具体反应过程称为糖异生途径,糖异生途径大部分是糖酵解的逆过程,但是有 3 步由关键酶催化的反应不可逆,不完全是糖酵解的逆过程,称为糖异生的"能障反应"。因此由丙酮酸生成葡萄糖不可能全部遵循糖酵解途径逆过程。在糖异生途径中必须由另外的酶催化,这些酶即为糖异生途径的关键酶。

（1）丙酮酸转变为磷酸烯醇式丙酮酸

在糖异生途径中,此过程需两步反应完成。第一步反应是消耗 ATP 将活化的 CO_2 转移给丙酮酸,使丙酮酸羧化生成草酰乙酸。此反应由丙酮酸羧化酶催化,辅酶为生物素。第二步反应是草酰乙酸在磷酸稀醇式丙酮酸羧激酶催化下,消耗 GTP 脱羧并磷酸化生成磷酸烯醇式丙酮酸,两步反应共消耗 2 mol ATP,其反应式为：

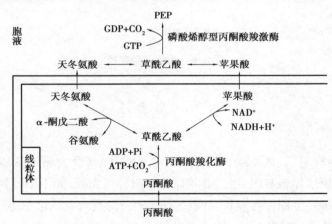

丙酮酸羧化酶存在于线粒体中,因此胞液中的丙酮酸必须进入线粒体内才能完成丙酮酸羧化反应。磷酸烯醇式丙酮酸羧激酶存在于线粒体及胞液中,故草酰乙酸既可在线粒体内也可在胞液中被转变为磷酸烯醇式丙酮酸。但草酰乙酸不能直接透过线粒体膜转入胞液,必须转变为苹果酸或天冬氨酸才能进入胞液,如图 8.9 所示。如草酰乙酸加氢还原为苹果酸,透过线粒体膜进入胞液,经胞液中苹果酸脱氢酶催化生成草酰乙酸及还原当量 $NADH + H^+$。

图 8.9　草酰乙酸转变为苹果酸或天冬氨酸后转入胞液

（2）1,6-二磷酸果糖转变 6-磷酸果糖

由果糖 1,6-二磷酸酶-1 催化此反应,该水解过程是放能反应,所以反应易于进行,反应式为：

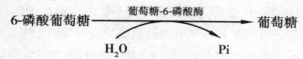

（3）6-磷酸葡萄糖水解为葡萄糖

此步反应由葡萄糖-6-磷酸酶催化，反应式为：

$$6\text{-磷酸葡萄糖} \xrightarrow[\;H_2O \qquad\qquad Pi\;]{\text{葡萄糖-6-磷酸酶}} \text{葡萄糖}$$

在糖酵解或者糖异生这 3 步不可逆反应中，3 个作用物分别由不同的酶催化正反两单向反应，构成的互变循环称为作用物循环或底物循环。在底物循环中，如果对应的两种酶的活性相等，就会导致只消耗 ATP，代谢进入无效循环。而在机体细胞精细的调控中是不会出现这样的情况的，细胞内两种酶的活性不完全相等，因此代谢反应仅向一个方向进行。

因为肝脏的糖异生活跃，而肌肉糖异生活性低，因此肌肉收缩通过糖酵解生成的乳酸，不能异生成糖，需通过细胞膜扩散融入血液，经血液运输到肝脏，在肝脏内经糖异生作用生成葡萄糖。葡萄糖进入血液后又被肌肉组织摄取利用，这种循环过程称为乳酸循环，亦称 Cori 循环。乳酸循环的生理意义在于避免肌肉生成的乳酸损失，使之回收利用；防止乳酸堆积引起的酸中毒。1 mol 葡萄糖经酵解生成乳酸，产生 2 mol ATP，而 2 mol 乳酸异生成 1 mol 葡萄糖需消耗 6 mol ATP，因此乳酸循环是耗能过程。

8.2.2　糖异生的生理意义

糖异生的主要生理意义在于维持血糖水平的恒定。

（1）维持血糖浓度稳定

在空腹或者饥饿条件下，维持血糖水平的恒定是糖异生最重要的生理作用。实验证明，禁食 12～24 h 后，肝糖原耗尽，糖异生显著增强，成为血糖的主要来源，来维持血糖水平正常。机体中一些组织器官不能够利用脂肪酸只能依赖葡萄糖供能，比如脑组织。所以即使在饥饿时，机体也需保持一定量的葡萄糖消耗，维持生命活动，而此时的糖完全依赖糖异生作用生成。因此糖异生产生的葡萄糖对保证脑神经组织正常行使功能十分重要。

糖异生的主要原料是乳酸、生糖氨基酸和甘油等。乳酸来自肌糖原分解，乳酸经血液运至肝，异生成糖，有利于乳酸的再利用，防止乳酸堆积引起酸中毒。短期饥饿时，脂肪动员加强，脂肪分解生成的甘油是糖异生的主要原料。长期饥饿时，大量肌蛋白分解为氨基酸。以丙氨酸和谷氨酸的形式运输到肝脏异生成糖。蛋白质是生命的物质基础，大量消耗蛋白质是无法维持生命的，长期饥饿以后，大脑会减少葡萄糖消耗并依赖酮体供能，从而减少蛋白质消耗，维持血糖的相对恒定，维持生命。

（2）餐后补充肝糖储备

机体需经常补充合成糖原和恢复肝糖原储备，特别在饥饿后再进餐更为重要。一系列的研究证实，在进食后肝糖原的生物合成并不是依靠葡萄糖激酶使葡萄糖磷酸化，主要是如下的因素导致:一是与葡萄糖激酶活性低有关;二是肝糖原合成除 UDPG 的直接途径外,还存在一种三碳途径(称间接途径),即摄入的葡萄糖先在肝脏外分解成丙酮酸、乳酸等三碳化合物,再到肝脏中异生成糖原。饥饿时,恢复肝糖储备两种合成途径各占 50% 左右。

(3)调节酸碱平衡

长期饥饿时,肾脏糖异生的能力增强。因长期饥饿时,脂肪动员显著增强,酮体生成增多会导致代谢性酸中毒。体液 pH 值的降低会诱导肾小管上皮磷酸烯醇式丙酮酸羧激酶合成,糖异生作用增强,从而促进谷氨酸和谷氨酰胺的脱氨反应,产生的酮戊二酸作为糖异生原料。同时,肾小管细胞将 NH_3 与原尿中的 H^+ 结合成 NH_4^+ 排出,起到泌氢保钠作用,防止酸中毒。

8.2.3 糖异生作用的调节

糖异生作用和糖酵解途径是两条方向相反的代谢途径,因此其中一条代谢途径加强,就必须抑制另一条代谢途径,否则只会导致消耗能量的无效循环。糖异生途径和糖酵解途径的协调与调节主要通过对 6-磷酸果糖和 1,6-二磷酸果糖之间以及磷酸烯醇式丙酮酸和丙酮酸之间的底物循环进行的。

(1)果糖-6-磷酸和果糖-1,6-二磷酸之间的互变

糖酵解时,果糖-6-磷酸在磷酸果糖激酶-1 的作用下生成果糖-1,6-二磷酸,糖异生时果糖1,6-二磷酸在果糖 1,6-二磷酸酶的作用下生成果糖-6-磷酸,因此构成了一个底物循环。催化互变反应的两种酶通常会呈相反的变化。代谢物对这两种酶活性调节也是相反的。果糖-2,6-二磷酸和 AMP 激活磷酸果糖激酶-1 的同时,也抑制了果糖-1,6-二磷酸酶。保证了反应高效的向一个方向进行。饥饿时,胰高血糖素分泌增加,通过 cAMP,蛋白激酶 A 系统抑制了磷酸果糖激酶-2,降低了体内果糖-2,6-二磷酸的水平,从而促进糖异生,抑制了糖酵解。而胰岛素的作用则刚好相反。进食后,胰岛素水平升高,抑制了糖异生,增强了糖酵解。

目前认为 2,6-二磷酸果糖水平,是调节肝脏糖分解或糖异生反应方向的主要信号。

(2)磷酸烯醇式丙酮酸和丙酮酸之间的互变

糖酵解时,磷酸烯醇式丙酮酸转变成丙酮酸并产能,糖异生时,丙酮酸耗能生成磷酸烯醇式丙酮酸,这构成了第二个底物循环。催化这两个反应的丙酮酸激酶和磷酸烯醇式丙酮酸羧激酶的活性在调节物的作用下也呈现相反的变化。1,6-二磷酸果糖使丙酮酸激酶变构激活,胰高血糖素通过抑制 2,6-二磷酸果糖的合成,而减少 1,6-二磷酸果糖生成,并通过活化蛋白激酶 A 使丙酮酸激酶磷酸化失活,降低糖的氧化。累积的乙酰 CoA 可激活丙酮酸羧化酶,促进丙酮酸进入糖异生。饥饿时,脂肪酸氧化产生大量乙酰 CoA,乙酰 CoA 可反馈抑制丙酮酸脱氢酶,抑制丙酮酸氧化,同时变构激活丙酮酸羧化酶,促进丙酮酸异生成糖途径。丙氨酸是饥饿时糖异生的主要原料,可抑制肝内丙酮酸激酶活性,有利于丙氨酸转变为丙酮酸后再异生成糖,如图 8.10 所示。

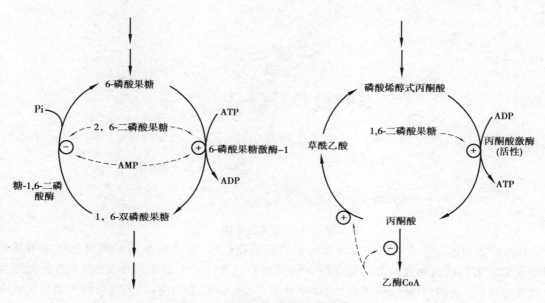

图 8.10　底物循环对糖代谢的调节

8.3　糖原代谢

　　糖原是以葡萄糖残基为基本单位,通过 α-1,4-糖苷键和 α-1,6-糖苷键连接聚合而成的高度分支的大分子多糖,是体内糖的储存形式。食物中摄入的糖类物质大部分转变成脂肪,储存于脂肪组织,小部分以糖原的形式储存于肝脏和肌肉,即为肝糖原和肌糖原。人体肝糖原总量为 70 ~ 100 g,是血糖的重要来源。肌糖原总量为 120 ~ 400 g,主要为肌肉收缩供能。

8.3.1　糖原的分解

　　糖原分解是指糖原分解为葡萄糖或者葡萄糖-6-磷酸的过程,它并不是糖原合成的逆反应。肝糖原与肌糖原分解的过程不尽相同,起始阶段是一致的,至生成葡萄糖-6-磷酸后开始进入不同的代谢途径。在肝细胞中,葡萄糖-6-磷酸进一步去磷酸生成葡萄糖,以补充血糖。而在肌细胞中,葡萄糖-6-磷酸则进入糖无氧氧化途径。

　　在肝糖原分解的过程中,主要有两种酶起作用,一是分解 α-1,4-糖苷键的磷酸化酶,一是分解 α-1,6-糖苷键的脱支酶。

　　肝糖原分解反应位点是糖链的非还原末端,在糖原磷酸化酶作用下,糖基逐个磷酸解生成1-磷酸葡萄糖。磷酸化酶只能水解 α-1,4-糖苷键,对 α-1,6-糖苷键无作用。在分支点处的 α-1,6-糖苷键水解还需脱支酶的作用。目前认为细胞中脱支酶具有葡聚糖转移酶及 α-1,6-糖苷酶两种活性。当糖链上的葡萄糖基逐个磷酸解至分支点约 4 个糖基时,磷酸化酶由于空间位阻作用中止,由葡聚糖转移酶将 3 个葡萄糖基转移到邻近糖链末端以 α-1,4-糖苷键连接。剩下的一个以 α-1,6-糖苷键与糖链相连的葡萄糖基,被脱支酶的 α-1,6-糖苷酶水解为游离葡萄糖。在磷酸化酶和脱支酶次序作用下,使糖原分子渐渐变小,如图 8.11 所示。

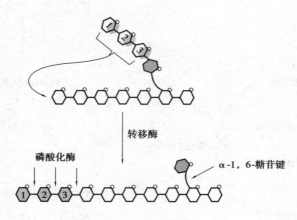

图 8.11　脱支酶作用

　　1-磷酸葡萄糖在变位酶作用下转变为 6-磷酸葡萄糖后,葡萄糖-6-磷酸酶可催化 6-磷酸葡萄糖水解成葡萄糖而释放入血。葡萄糖-6-磷酸酶只存在于肝和肾组织中,所以只有肝糖原可直接补充血糖。肌肉中此酶活性低,肌糖原不能直接分解成葡萄糖,只能进行糖无氧氧化或有氧氧化,为肌肉活动提供能量。具体反应式为:

$$1\text{-磷酸葡萄糖}\xrightarrow{\text{变位酶}}6\text{-磷酸葡萄糖}\xrightarrow[\text{(肝、肾)}]{\text{葡萄糖-6-磷酸酶}}\text{葡萄糖}$$

8.3.2　糖原的合成

　　由单糖(主要是葡萄糖)合成糖原的过程称糖原合成。糖原的合成在肝组织和肌组织的胞质中进行。反应过程主要可分为以下 3 步:葡萄糖的活化、糖链的延长和分支的形成。

　　(1)葡萄糖的活化

　　所谓葡萄糖的活化也就是葡萄糖经过 3 步反应,转变成葡萄糖的活性形式尿苷二磷酸葡萄糖的过程。具体反应步骤如下:

　　①葡萄糖由己糖激酶催化磷酸化为 6-磷酸葡萄糖。

　　②6-磷酸葡萄糖经磷酸葡萄糖变位酶催化转变为 1-磷酸葡萄糖。

　　③1-磷酸葡萄糖在 UDPG 焦磷酸化酶催化下与尿苷三磷酸反应生成尿苷二磷酸葡萄糖,释放出焦磷酸。此反应是可逆的,由于焦磷酸在体内迅速被焦磷酸酶水解移出反应,使反应倾向合成糖原方向进行。每活化 1 分子葡萄糖实际消耗 2 个高能磷酸键。其反应式为:

1-磷酸葡萄糖　　　　　　　　　　　　　　　　　**UDPG**

　　(2)糖链的延长

　　在糖原合酶的催化下,UDPG 将葡萄糖基转移给糖原引物,以 α-1,4-糖苷键逐个连接于引物分子的非还原末端,在延长糖链的同时释放出 UDP。所以 UDPG 可看作"活性葡萄糖",作为糖原合成的葡萄糖供体。糖原引物是指原有的细胞内较小的糖原分子。反应每进行 1 次,糖原引物即增加 1 个葡萄糖单位,其反应式为:

$$糖原(Gn) + UDPG \xrightarrow{\text{糖原合酶}} UDP + 糖原(Gn+1)$$

（3）分支的形成

糖原合酶催化形成 α-1,4-糖苷键,只能延长糖链而不能形成分支。当每条糖链延长到 12 ～ 18 个糖基的长度时,由分支酶发挥作用,将一段糖链残基转移到邻近糖链上,以 α-1,6-糖苷键相连形成新分支,如图 8.12 所示。

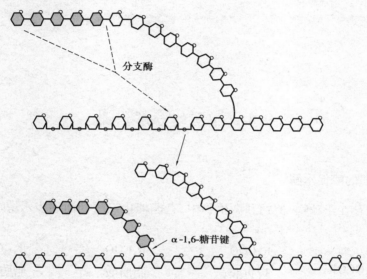

图 8.12　分支酶的作用

两种酶依序作用,形成高度分支的糖原分子,不仅增多非还原末端数目,利于糖原迅速合成分解,还增加糖原的水溶性。

8.3.3　糖原代谢的调节

糖原合成与糖原分解分别通过两条不同的途径进行,二者互相制约,调节精细,这也是生物体内合成和分解代谢的普遍规律。机体对这两条途径的调节主要是通过对其关键酶糖,原合酶和磷酸化酶的活性进行调节来实现的。这两个酶的活性都受到化学修饰和别构调节两种方式调节。当糖原合酶被活化时,磷酸化酶被抑制,反应向糖原合成的方向进行;当糖原磷酸化酶活化时,糖原合酶被抑制,糖原分解启动。

第9章
脂代谢

9.1 脂肪的分解代谢

9.1.1 脂肪的酶促水解

脂肪酶广泛存在于动物、植物和微生物中,它能催化三酰甘油逐步水解产生脂肪酸和甘油,其反应式为:

$$
\begin{array}{c}
\text{CH}_2\text{OCOR}_1 \\
| \\
\text{CHOCOR}_2 \\
| \\
\text{CH}_2\text{OCOR}_3 \\
\text{三酰甘油}
\end{array}
\xrightarrow{+\text{H}_2\text{O}}
\begin{array}{c}
\text{R}_1\text{COO}^- \\
\text{脂肪酸} \\
+ \\
\text{CH}_2\text{OH} \\
| \\
\text{CHOCOR}_2 \\
| \\
\text{CH}_2\text{OCOR}_3 \\
\text{二酰甘油}
\end{array}
\xrightarrow{+\text{H}_2\text{O}}
\begin{array}{c}
\text{R}_3\text{COO}^- \\
\text{脂肪酸} \\
+ \\
\text{CH}_2\text{OH} \\
| \\
\text{CHOCOR}_2 \\
| \\
\text{CH}_2\text{OH} \\
\text{单酰甘油}
\end{array}
\xrightarrow{+\text{H}_2\text{O}}
\begin{array}{c}
\text{R}_2\text{COO}^- \\
\text{脂肪酸} \\
+ \\
\text{CH}_2\text{OH} \\
| \\
\text{CHOH} \\
| \\
\text{CH}_2\text{OH} \\
\text{甘油}
\end{array}
$$

9.1.2 甘油的氧化

甘油的氧化是先经甘油激酶及 ATP 的作用生成甘油-3-磷酸,反应式为:

$$
\begin{array}{c}
\text{CH}_2\text{OH} \\
| \\
\text{CHOH} \\
| \\
\text{CH}_2\text{OH} \\
\text{甘油}
\end{array}
+ \text{ATP}
\underset{\text{甘油激酶}}{\rightleftharpoons}
\begin{array}{c}
\text{CH}_2\text{O}-\text{P}(\text{O})\text{OH}\ \text{OH} \\
| \\
\text{CHOH} \\
| \\
\text{CH}_2\text{OH} \\
\text{甘油-3-磷酸}
\end{array}
+ \text{ADP}
$$

甘油-3-磷酸再经甘油磷酸脱氢酶催化脱氢,反应需要 NAD$^+$ 参加,生成磷酸二羟丙酮及 NADH + H$^+$。磷酸二羟丙酮可以循糖酵解过程转变为丙酮酸,再进入三羧酸循环氧化。磷酸二羟丙酮也可逆糖酵解途径生成糖。

9.1.3　脂肪酸的 β-氧化

脂肪酸是人类及哺乳类动物的主要能源物质。在 O_2 供给充足的条件下,脂肪酸可在体内氧化分解成 CO_2 及 H_2O 并释出大量能量,以 ATP 形式供机体利用。除脑组织外,大多数组织均能氧化脂肪酸,但以肝脏和肌肉组织利用脂肪酸的能力最强。脂肪酸的 β-氧化分为 3 个阶段,即脂肪酸的活化、脂酰 CoA 进入线粒体、脂酰 CoA 的氧化循环,最后生成乙酰 CoA。乙酰 CoA 进入三羧酸循环彻底氧化分解。

（1）脂肪酸的活化

脂肪酸被氧化利用前必须先活化,转变成脂酰 CoA。脂肪酸的活化在胞液中进行,由内质网及线粒体外膜上的脂酰 CoA 合成酶催化完成,需 ATP、CoA-SH 及 Mg^{2+} 参与,反应式为：

$$脂肪酸+CoA\text{–}SH \xrightarrow[\substack{ATP \qquad\quad AMP}]{\text{脂酰CoA合成酶}\atop Mg^{2+}} 脂酰CoA+PPi$$

脂肪酸活化生成脂酰 CoA 后,提高了脂肪酸的代谢活性。脂肪酸活化反应生成的焦磷酸立即被细胞内的焦磷酸酶水解,阻止了逆向反应的进行。

（2）脂酰 CoA 进入线粒体

脂肪酸的活化在胞液进行,生成的脂酰 CoA 也在胞液中,但是催化脂肪酸氧化的酶系却存在于线粒体基质,所以活化的脂酰 CoA 必须进入线粒体内才能被氧化利用。中短链脂肪酸可以直接穿过线粒体内膜,但是长链的脂酰 CoA 却不能,需要肉碱 L-β 羟-γ-三甲氨基丁酸,L-$(CH_3)_3N^+CH$ 的帮助,并在位于线粒体内膜两侧的肉碱转移酶Ⅰ和肉碱转移酶Ⅱ的作用下,将其从胞液载入线粒体基质。线粒体外膜存在肉碱脂酰转移酶Ⅰ,能催化长链脂酰 CoA 与肉碱合成脂酰肉碱,后者在线粒体内膜的肉碱-脂酰肉碱转位酶的作用下,通过内膜进入线粒体基质。肉碱-脂酰肉碱转位酶在转运 1 分子脂酰肉碱进入线粒体基质的同时,将 1 分子肉碱转运出线粒体基质。进入线粒体内的脂酰肉碱,在位于线粒体内膜内侧的肉碱脂酰转移酶Ⅱ作用下,转变为脂酰 CoA 并释出肉碱。脂酰 CoA 即可在线粒体基质中进行 β-氧化(图9.1)。

脂酰 CoA 进入线粒体是脂肪酸的 β-氧化的主要限速步骤,肉碱脂酰转移酶Ⅰ是脂肪酸的 β-氧化的限速酶。

（3）脂酰 CoA 的 β-氧化循环

脂酰 CoA 进入线粒体基质后,在脂肪酸 β-氧化酶系多个酶的顺序催化下,从脂酰基的碳原子开始,进行脱氢、加水、再脱氢及硫解等 4 步连续反应,使脂酰 CoA 分解产生乙酰 CoA、$FADH_2$ 和 NADH(图9.2),如此完成一次 β-氧化循环。

①脱氢:脂酰 CoA 在脂酰 CoA 脱氢酶的催化下,α、β 碳原子各脱下一个氢原子,生成反 Δ^2 烯脂酰 CoA。脱下的 2 分子 H 由 FAD 接受,生成 $FADH_2$。

②加水:反 Δ^2 烯脂酰 CoA 在 Δ^2 烯脂酰 CoA 水化酶的催化下,加水生成 L(＋)-β-羟脂酰 CoA。

③再脱氢:L(＋)-β-羟脂酰 CoA 在 β-羟脂酰 CoA 脱氢酶的催化下,脱下 2 分子 H 生成 β-酮脂酰 CoA,脱下的 2 分子 H 由 NAD^+ 接受,生成 $NADH + H^+$。

④硫解:β-酮脂酰 CoA 在 β-酮脂酰 CoA 硫解酶催化下,加 CoASH 使碳链在 β 位断裂,生成 1 分子乙酰 CoA 和少 2 个碳原子的脂酰 CoA。

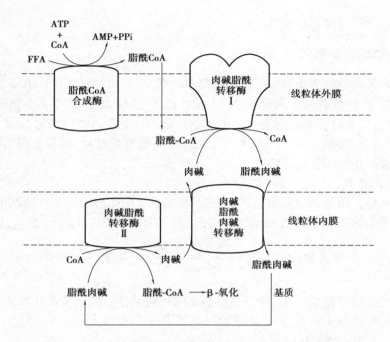

图 9.1　长链脂酰 CoA 从胞液运载入线粒体基质的过程

经过上述 4 步反应,脂酰 CoA 的碳链被缩短 2 个碳原子。脱氢、加水、再脱氢、硫解反复进行,直至最后生成丁酰 CoA,再进行一次 β-氧化,即完成脂肪酸的 β-氧化,生成大量的 $FADH_2$、$NADH + H^+$ 和乙酰 CoA。$FADH_2$、$NADH + H^+$ 可进入呼吸链进行氧化磷酸化,生成 ATP 供机体利用。生成的乙酰 CoA 主要在线粒体内通过三羧酸循环彻底氧化,还有一部分在肝脏线粒体中缩合生成酮体,通过血液运送至肝外组织被氧化利用。

(4)脂肪酸的 β-氧化是机体 ATP 的重要来源

脂肪酸彻底氧化生成大量 ATP。以软脂酸为例,1 分子软脂酸彻底氧化需进行 7 次 β-氧化,生成 7 分子 $FADH_2$、7 分子 NADH 及 8 分子乙酰 CoA。在 pH 为 7.0,25 ℃ 的标准条件下氧化磷酸化,每分子 $FADH_2$ 产生 1.5 分子 ATP,每分子 NADH 产生 2.5 分子 ATP,每分子乙酰 CoA 经三羧酸循环彻底氧化产生 10 分子 ATP。因此 1 分子软脂酸彻底氧化共生成(7 × 1.5)+(7 × 2.5)+(8 × 10)= 108 分子 ATP。因为脂肪酸活化消耗 2 个高能磷酸键,相当于 2 分子 ATP,所以 1 分子软脂酸彻底氧化净生成 106 分子 ATP。

9.1.4　脂肪酸其他氧化途径

脂肪酸除可以进行 β-氧化外,还有其他的氧化方式。

①奇数碳原子脂肪酸的氧化。人体含有极少量奇数碳原子脂肪酸,其氧化分解与偶数碳原子脂肪酸不同,奇数碳原子脂肪酸在进行脂肪酸 β-氧化后,除生成乙酰 CoA 外,还生成丙酰 CoA。丙酰 CoA 的彻底氧化需先经 β-羧化酶及异构酶的作用,转变为琥珀酰 CoA,然后加入三羧酸循环被彻底氧化,生成 CO_2 和 H_2O,释放出能量。

②不饱和脂肪酸的氧化。机体中脂肪酸约一半以上是不饱和脂肪酸,它们也在线粒体内进行 β-氧化。不同的是,饱和脂肪酸 β-氧化产生的烯脂酰 CoA 是反式 Δ^2 烯脂酰 CoA,而天然不饱和脂肪酸中的双键为顺式,因双键位置不同,不饱和脂肪酸 β-氧化产生的顺式 Δ^3 烯脂酰

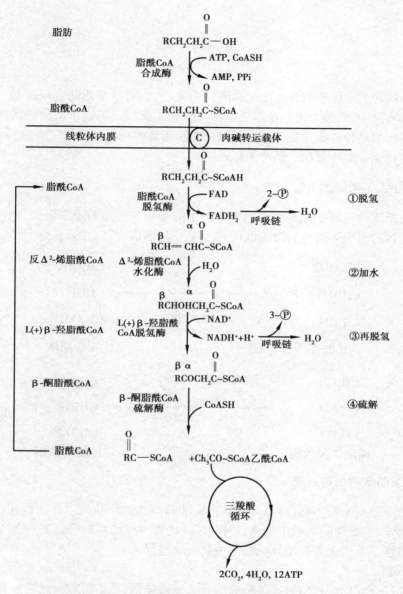

图 9.2　脂酰 CoA 的 β-氧化循环过程

CoA 或顺式 Δ^2 烯脂酰 CoA,不能继续进行 β-氧化。线粒体特异的顺 Δ^3→反 Δ^2 烯脂酰 CoA 异构酶催化顺式 Δ^3 烯脂酰 CoA 转变为返式 Δ^2 构型,β-氧化继续进行。

　　③过氧化酶体脂肪酸氧化除线粒体外,过氧化酶体中亦存在脂肪酸 β-氧化酶系,能将超长碳链脂肪酸(如 C_{20},C_{22})氧化成较短链脂肪酸,再进入线粒体内进行氧化分解。其反应与线粒体内的 β-氧化基本一致,不同的是由 FAD 为辅基的脂肪酸氧化酶作用下脱氢,脱下的氢与 O_2 结合生成 H_2O_2,而不是与呼吸链偶联进行氧化磷酸化,因而不产生 ATP。生成的 H_2O_2 最终被过氧化氢酶分解。过氧化酶体脂肪酸氧化途径的生理意义在于使不能在线粒体进行 β-氧化的超长碳链脂肪酸如甘碳、廿二碳脂肪酸先氧化分解成较短链脂肪酸,以使其能在线粒体内氧化分解。

9.2 脂肪的合成代谢

机体脂肪的合成由脂肪酸分步酯化磷酸甘油完成,脂肪酸是脂肪合成的基本原料。体内脂肪酸根据其来源不同,分为内源性脂肪酸和外源性脂肪酸。不同来源的脂肪酸在不同的器官以不完全相同的途径合成甘油三酯。所以甘油和脂肪酸是合成甘油三酯的基本原料。甘油三酯的合成有甘油一酯和甘油二酯两条途径。

9.2.1 甘油-3-磷酸的生物合成

合成脂肪所需的甘油-3-磷酸可由糖酵解产生的磷酸二羟丙酮还原而成,也可由脂肪分解产生的甘油经脂肪组织外的甘油激酶催化与 ATP 作用而成,反应式为:

$$
\begin{array}{l}
CH_2OH \\
CHOH + ATP \\
CH_2OH
\end{array}
\quad \xrightarrow[\text{(非脂肪细胞)}]{\text{甘油激酶}} \quad
\begin{array}{l}
CH_2OH \\
CHOH + ADP \\
CH_2O\textcircled{P}
\end{array}
$$

甘油   甘油-3-磷酸

$$
\begin{array}{l}
CH_2OH \\
C = O \\
CH_2O\textcircled{P}
\end{array}
\quad \xrightarrow[\text{甘油-3-磷酸脱氢酶}]{NADH+H^+ \quad \nearrow NAD^+} \quad
\begin{array}{l}
CH_2OH \\
CHOH \\
CH_2O\textcircled{P}
\end{array}
$$

磷酸二羟丙酮   甘油-3-磷酸

9.2.2 脂肪酸的生物合成

人体脂肪酸根据来源不同,分为外源性脂肪酸和内源性脂肪酸。外源性脂肪酸主要由食物消化吸收而来,内源性脂肪酸由机体自身合成。内源性脂肪酸的合成需先合成软脂酸,再加工成各种脂肪酸。下面主要介绍软脂酸的生物合成过程。

(1)合成部位

催化脂肪酸合成的多种酶组成了脂肪酸合成的酶体系,即脂肪酸合成酶复合体,主要存在于肝、肾、脑、肺、乳腺及脂肪等多种组织细胞的胞液中。这些组织都能合成脂肪酸,其中以肝脏的脂肪酸合成能力最大,较脂肪组织大 8~9 倍,因而肝脏是人体合成脂肪酸的主要场所。脂肪组织能以葡萄糖代谢的中间产物为原料合成脂肪酸,但脂肪组织的脂肪酸主要来源于小肠消化吸收的外源性脂肪酸和肝脏合成的内源性脂肪酸。

(2)合成原料

乙酰 CoA 是脂肪酸合成的主要原料,主要来自糖的分解代谢。葡萄糖分解代谢的中间产物乙酰 CoA 在线粒体内产生,不能自由透过线粒体内膜扩散到胞质。而脂肪酸合酶复合体主要存在于胞液中。在线粒体内的乙酰 CoA 不能自由通过线粒体内膜,需要通过柠檬酸-丙酮酸循环进入胞质。在此循环中,乙酰 CoA 首先在线粒体内与草酰乙酸在柠檬酸合酶催化下缩合生成柠檬酸,后者通过线粒体内膜上的载体转运进入胞质,在胞质中,通过 ATP-柠檬酸裂解酶的作用下裂解,重新生成乙酰 CoA 及草酰乙酸。胞液中的乙酰 CoA 即可作为脂肪酸合成原料。而草酰乙酸则在苹果酸脱氢酶作用下,由 NADH + H⁺ 提供氢,还原成苹果酸,苹果酸以丙酮酸的形式进入线粒体,羧化生成草酰乙酸,草酰乙酸可以继续参加转运乙酰 CoA。

脂肪酸的合成除需乙酰 CoA 外,还需 ATP、NADPH + H⁺、HCO_3^-(CO_2)及 Mn^{2+} 等原料。脂肪酸的合成所需氢全部由 NADPH + H⁺ 提供。NADPH + H⁺ 主要来自磷酸戊糖途径,胞液内苹果酸酶催化的苹果酸氧化脱羧反应也可提供少量 NADPH + H⁺。

(3)软脂酸合成过程

软脂酸的合成在胞液中,以乙酰 CoA 羧化成丙二酸单酰 CoA 为起始,在脂肪酸合酶体系的作用下,重复的循环加成反应。每循环一次延长两个碳原子,最终合成十六碳软脂酸。

①丙二酸单酰 CoA 的合成:脂肪酸合成的第一步反应是在乙酰 CoA 羧化酶催化下,乙酰 CoA 羧化成丙二酸单酰 CoA。

$$ATP + HCO_3^- + 乙酰 CoA \longrightarrow 丙二酰 CoA + ADP + Pi$$

乙酰 CoA 羧化酶存在于胞液,是脂肪酸合成的限速酶,其活性受变构调节及化学修饰调节。乙酰 CoA 羧化酶有两种存在形式,一种是无活性的单体形式,分子量约为 4 万,另一种是有活性的多聚体形式,通常由 10 ~ 20 个单体构成,分子量为 60 ~ 80 万,呈线状排列,催化活性增加 10 ~ 20 倍。柠檬酸、异柠檬酸可使此酶发生别构而激活。而软脂酰 CoA 及其他长链脂酰 CoA 则能使多聚体解聚成单体,抑制乙酰 CoA 羧化酶的催化活性。

乙酰 CoA 羧化酶可以在一种依赖于 AMP(而不是 cAMP)的蛋白激酶催化下发生磷酸化而失活。胰高血糖素能激活该蛋白激酶,因而可以抑制乙酰 CoA 羧化酶活性,胰岛素则能使磷酸化的乙酰 CoA 羧化酶脱去磷酸而恢复活性。高糖膳食可促进乙酰 CoA 羧化酶蛋白的合成,增加乙酰 CoA 羧化酶活性,促进乙酰 CoA 羧化反应。

②软脂酸合成:各种生物合成脂肪酸的过程基本相似,均以丙二酸单酰 CoA 为基本原料,1 分子乙酰 CoA 和 7 分子丙二酸单酰 CoA 在脂肪酸合酶的催化下,由 NADPH 供氢。经过连续重复加成,每次重复加成反应延长 2 个碳原子,十六碳软脂酸的生成,需经过连续的 7 次重复加成反应。

在大肠杆菌中,脂肪酸合酶是一个酶复合体,其核心由 7 种独立的酶/多肽聚集而成,分别是乙酰 CoA-ACP 转酰基酶(acetyl-CoA-ACP transacylase,AT;以下简称乙酰基转移酶)、酰基载体蛋白、β-酮脂酰-ACP 合酶(β-ketoacyl-ACP synthase,KS;β-酮脂酰合酶)、β-酮脂酰-ACP 还原酶[β-ketoacyl-ACP reductase,丙二酸单酰 CoA-ACP 转酰基酶(malonyl-CoA-ACP transacylase,MT;丙二酸单酰转移酶)KR;β-酮脂酰还原酶]、β-羟脂酰-ACP 脱水酶(β-hydroxyacyl-ACP dehydratase,HD;脱水酶)及烯脂酰 ACP 还原酶(Enoyl-ACP re-ductase,ER;烯脂酰还原酶)。在哺乳动物中,催化脂肪酸合成的 7 种酶和 ACP 存在于同一条多肽链上,形成带有 ACP 结构域的多功能酶。软脂酸的生物合成步骤(图 9.3)包括:

a. 乙酰 CoA 在乙酰 CoA 转移酶作用下,其乙酰基被转移至 ACP 的—SH,再从 ACP 转移到 β-酮脂酰合酶的半胱氨酸—SH。

b. 丙二酸单酰 CoA 在丙二酸单酰转移酶作用下,先脱去 HSCoA,再与 ACP 的—SH 缩合后,与 ACP 连接在一起。

c. 缩合:β-酮脂酰合酶上连接的乙酰基与 ACP 上的丙二酸单酰缩合,生成 β-酮丁酰 ACP,释放出 CO_2。

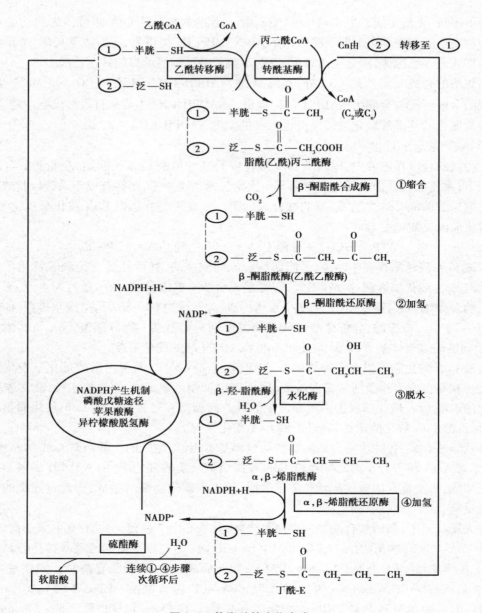

图9.3 软脂酸的生物合成

d. 加氢:由 NADPH + H$^+$ 提供氢,β-酮丁酰 ACP 在 β-酮脂酰还原酶的作用下,加氢还原生成 D – (–)β-羟丁酰 ACP。

e. 脱水:D-(–)β-羟丁酰 ACP 在水化酶作用下,脱水生成反式 Δ^2 烯丁酰 ACP。

f. 再加氢:由 1NADPH + H$^+$ 提供氢,反式 Δ^2 烯丁酰 ACP 在烯酰还原酶作用下,再加氢还原生成丁酰 ACP。

丁酰-ACP 是脂肪酸合成的第一轮产物。

通过以上酰基转移、缩合、还原、脱水、再还原等步骤的第一轮反应,碳原子由 2 个增加至 4 个。然后丁酰由 E$_1$-泛-SH(即 ACP 的 SH)转移至 E$_2$-半胱-SH 上,E$_1$-泛-SH 又可与一新的丙二酸单酰基结合,进行缩合、还原、脱水、再还原等步骤的第二轮反应。碳原子由 4 个增加至 6

个。共经过 7 次循环之后,生成 16 个碳原子的软脂酰-E_2,最后经硫酯酶水解,生成游离软脂酸。软脂酸合成的总反应式为:

$$CH_3COSCoA + 7HOOCCH_2COSCoA + 14NADPH + 14H^+ \longrightarrow CH_3(CH_2)_{14}COOH + 7CO_2 + 6H_2O + 8HSCoA + 14NADP^+$$

(4)软脂酸合成后的加工

软脂酸合成以后,以其为母体,通过碳链的延长、脱饱和等作用,生成不同长度、不同饱和度的脂肪酸。

①脂肪酸碳链的延长分为两条途径,一是在内质网内,由内质网碳链延长酶体系催化完成;一是在线粒体内,在线粒体脂酸延长酶系作用下完成。在内质网内,以丙二酸单酰 CoA 为二碳单位的供给体,由 NADPH + H^+ 供氢,通过缩合、加氢、脱水及再加氢等反应,每一轮增加 2 个碳原子,反复进行可使碳链逐步延长。该延长过程与软脂酸的合成相似,但脂酰基不是以 ACP 为载体,而是连接在 CoASH 上,延长反应在 CoASH 上进行。一般可将脂肪酸碳链延长至二十四碳,但以十八碳的硬脂肪酸最多。在线粒体内,以乙酰 CoA 为二碳单位的供给体,NADPH + H^+ 供氢,经过缩合、加氢、脱水及再加氢等反应延长碳链。过程类似于 β-氧化的逆反应,只是烯脂酰 CoA 还原酶的辅酶为 NADPH + H^+。每完成一轮循环加上 2 个碳原子,一般可延长脂肪酸碳链至 24 或 26 个碳原子,但仍以 18 碳的硬脂肪酸最多。

②不饱和脂肪酸的合成。上述脂肪酸合成途径合成的均为饱和脂肪酸,但人体还含有不饱和脂肪酸,主要有亚油酸(18:2,$\Delta^{9,12}$),油酸(18:1,Δ^9)、软油酸(16:1,Δ^9)、α-亚麻酸(18:3,$\Delta^{9,12,15}$)及花生四烯酸(20:4,$\Delta^{5,8,11,14}$)等。动物因含有 Δ^4、Δ^5、Δ^8 及 Δ^9 去饱和酶,因此棕榈油酸和油酸可自身合成。但是由于缺乏 Δ^9 以上的去饱和酶,因而亚油酸、亚麻酸和花生四烯酸不能合成,必须由食物供给,特别是从植物油中摄取。

(5)脂肪酸合成的调节

①代谢物的调节作用:高脂肪膳食或者饥饿后,都可使细胞内脂酰 CoA 增多,脂酰 CoA 是乙酰 CoA 羧化酶的变构抑制剂,变构抑制乙酰 CoA 羧化酶,从而抑制脂肪酸的合成;在进食糖类食物后,由于糖代谢加强,NADPH + H^+ 及乙酰 CoA 供应增多,有利于脂肪酸的合成;同时糖代谢加强使细胞内 ATP 增多,可抑制异柠檬酸脱氢酶,导致柠檬酸和异柠檬酸蓄积并从线粒体渗透至胞液,变构激活乙酰 CoA 羧化酶,使脂肪酸合成增加。

②激素的调节作用:胰岛素、胰高血糖素、肾上腺素、生长素等均可以对脂肪的合成进行一定的调节。胰岛素是调节脂肪酸合成的主要激素,能诱导乙酰 CoA 羧化酶、脂肪酸合成酶体系、ATP-柠檬酸裂解酶等的合成,促进脂肪酸合成。胰岛素也能促进脂肪酸合成磷脂肪酸,增加甘油三酯的合成。胰岛素还能增加脂肪组织的脂蛋白脂酶活性,增加脂肪组织对血液甘油三酯的摄取,促使脂肪酸进入脂肪组织并合成脂肪贮存。该代谢过程长期持续,若与脂肪动员之间失去平衡,则会导致肥胖。胰高血糖素使乙酰 CoA 羧化酶磷酸化活性降低,抑制脂肪酸的合成。胰高血糖素也能抑制甘油三酯的合成。肾上腺素、生长素能抑制乙酰 CoA 羧化酶,调节脂肪酸合成。

9.2.3 脂肪的合成

(1)合成部位

肝脏、脂肪组织及小肠是甘油三酯合成的主要场所,以肝脏的合成能力最强。甘油三酯的合成在细胞的胞质中完成。肝细胞虽然能合成甘油三酯,但不能储存甘油三酯。所以,当甘油三酯在肝细胞内质网合成后,需与载脂蛋白 B100、载脂蛋白 C 以及磷脂、胆固醇等组装成极低密度脂蛋白(VLDL),由肝细胞分泌入血液并经血液运输至肝外组织。若磷脂合成不足,或者载脂蛋白合成障碍,或者甘油三酯合成超过了肝脏的转运能力均有可能造成多余的甘油三酯在肝细胞聚集,导致脂肪肝。

小肠黏膜细胞则主要利用外源性甘油三酯的消化产物重新合成甘油三酯,并与载脂蛋白、磷脂、胆固醇等组装成乳糜微粒(CM),经淋巴进入血液循环,将食物脂肪从消化道运送至其他组织、器官利用。

脂肪组织可水解 VLDL 和 CM 中的甘油三酯,利用水解释放的脂肪酸再合成甘油三酯,也可利用葡萄糖分解代谢的中间产物为原料合成甘油三酯。

(2)合成原料

合成甘油三酯所需的基本原料是甘油及脂肪酸,这二者主要来自葡萄糖的代谢。

(3)合成基本过程

机体内甘油三酯的合成有两条途径,即甘油一酯途径和甘油二酯途径。无论是通过哪条途径合成甘油三酯,其基本原料脂肪酸都需先活化成脂酰 CoA,才能参与甘油三酯的合成,反应式为:

$$\text{脂肪酸+CoA–SH} \xrightarrow[\substack{\text{ATP} \quad \text{AMP}}]{\substack{\text{脂酰CoA合成酶} \\ \text{Mg}^{2+}}} \text{脂酰CoA+PPi}$$

①甘油一酯途径:小肠黏膜细胞以甘油一酯途径合成甘油三酯,由脂酰 CoA 转移酶催化、ATP 供能,将脂酰 CoA 转移到 2-甘油-酯羟基上合成甘油三酯,主要利用消化吸收的甘油一酯及脂肪酸再合成甘油三脂。

②甘油二酯途径:肝细胞和脂肪细胞合成甘油三酯的主要途径。葡萄糖经糖酵解途径生成 3-磷酸甘油,在脂酰 CoA 转移酶的作用下,依次加上 2 分子脂酰基生成磷脂肪酸。再水解脱去磷酸生成 1,2-甘油二酯,然后在脂酰 CoA 转移酶的催化下,再加上 1 分子脂酰基即生成甘油三酯,反应如图 9.4 所示。

合成甘油三酯的三分子脂肪酸可以是同一种脂肪酸,也可以是 3 种不同的脂肪酸。所需的 3-磷酸甘油主要由糖代谢提供。肝、肾等组织含有甘油激酶,可直接利用游离甘油反应生成 3-磷酸甘油,脂肪细胞缺乏甘油激酶,不能直接利用甘油合成甘油三酯,反应式为:

$$
\begin{array}{ccc}
\text{CH}_2\text{OH} & & \text{CH}_2\text{OH} \\
| & \text{肝、肾甘油激酶} & | \\
\text{HO}-\text{C}-\text{H} & \xrightarrow[\text{ATP} \quad \text{ADP}]{} & \text{HO}-\text{C}-\text{H} \\
| & & | \\
\text{CH}_2\text{OH} & & \text{CH}_2\text{O}-\textcircled{P} \\
\text{甘油} & & \text{3-磷酸甘油}
\end{array}
$$

脂酰 CoA 转移酶是甘油三酯合成的关键酶。甘油三酯合成的速度受多种激素影响,胰岛素促进糖转变成脂肪,胰高血糖素、肾上腺皮质激素等则抑制甘油三酯的生物合成。

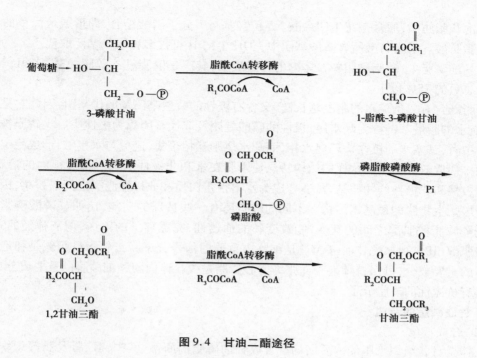

图 9.4 甘油二酯途径

9.3 磷脂的代谢

磷脂是含有磷酸基团脂类物质的总称,其中含有甘油的磷脂称为甘油磷脂,含有鞘氨醇的磷脂称为鞘磷脂。体内含量最丰富的磷脂是甘油磷脂。磷脂分子中既含有脂酰基等疏水基团,又含有磷酸、含氮的碱或者羟基等亲水基团,所以它们可同时与极性和非极性的物质结合,是构成生物膜的重要成分和结构基础。

根据与磷酸相连的取代基团的不同,甘油磷脂又可分为磷脂酰胆碱(卵磷脂)、磷脂酰乙醇胺(脑磷脂)、磷脂酰丝氨酸、磷脂酰甘油、二磷脂酰甘油(心磷脂)及磷脂酰肌醇等。

9.3.1 甘油磷脂的合成与分解

1)甘油磷脂的组成结构、分类及生理功能

甘油磷脂种类繁多,是机体内含量丰富的一类磷脂,主要由甘油、脂肪酸、磷酸及含氮化合物组成,基本结构为:

$$
\begin{array}{c}
\quad\quad\quad\quad\quad O \\
\quad\quad\quad\quad\quad \| \\
\quad\quad CH_2-O-C-R_1 \\
O \quad\quad | \\
\| \quad\quad | \\
R_2-C-O-CH \\
\quad\quad | \quad\quad O \\
\quad\quad | \quad\quad \| \\
\quad\quad CH_2-O-P-OX \\
\quad\quad\quad\quad\quad | \\
\quad\quad\quad\quad\quad OH
\end{array}
$$

甘油磷脂的结构特点是甘油的 1 位和 2 位羟基与脂酰结合被酯化,2 位上的脂肪酸一般为多不饱和脂肪酸,通常是花生四烯酸。3 位羟基与 1 分子磷酸结合,即形成最简单的甘油磷脂——磷脂肪酸。磷脂肪酸所含磷酸基团中—OH 上的 H 可被多种取代基团取代。

在甘油磷脂中,磷脂酰胆碱在体内的含量最多,其次是磷脂酰乙醇胺,它们占组织和血液中磷脂总量的 75% 以上。

磷脂既含有 2 条疏水的脂酰基长链,又含有极性的磷酸基团及取代基团,因此它是双性化合物,疏水的脂酰基链称为疏水尾,极性的磷酸基团及取代基团称为极性头。当磷脂被分散在水溶液中时,其亲水的极性头趋向水相,而疏水尾则互相聚集,避免与水接触,形成稳定的微团或自动排列成双分子层。这样的结构特点使磷脂在水和非极性溶剂中都有很大的溶解度,能同时与极性和非极性的物质结合,适合成为水溶性蛋白质和非极性脂类之间的桥梁,因而磷脂双分子层是生物膜的最基本结构。不同的磷脂还有一些特殊的功能,比如三磷酸磷脂酰肌醇和二磷酸磷脂酰肌醇之间的互变,能改变膜的通透性,完成离子的输送,调节神经的兴奋性。三磷酸肌醇(IP_3)和二酰甘油(DAG)是细胞内重要的信号分子。二软脂酰胆碱是肺泡表面活性物质的重要成分,可保持肺泡表面张力。心磷脂是线粒体内膜和细菌膜的重要成分,而且是唯一具有抗原性的磷脂分子。

2)甘油磷脂的合成

（1）合成部位

人体全身各组织细胞的内质网均有合成甘油磷脂的酶系,其中,肝、肾及肠等组织细胞合成能力最强。

（2）合成的原料

甘油磷脂合成的基本原料包括甘油、脂肪酸、磷酸盐、胆碱、丝氨酸、肌醇等。甘油和脂肪酸主要由葡萄糖代谢转化而来,多不饱和脂肪酸为必需脂肪酸,必须从食物(植物油)中摄取。胆碱可由食物供给,亦可在机体内合成。ATP 为甘油磷脂的合成提供能量,CTP 参与甘油磷脂合成过程中乙醇胺、胆碱、甘油二酯的活化,形成 CDP-乙醇胺、CDP-胆碱、CDP-甘油二酯等甘油磷脂合成所必需的活化中间物,如图 9.5 所示。

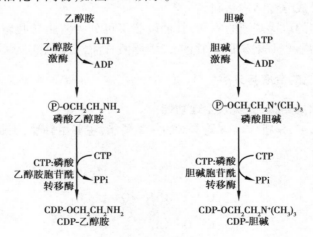

图 9.5　乙醇胺、胆碱的活化

（3）合成基本过程

甘油磷脂的合成有两条途径,即甘油二酯途径和 CDP-甘油二酯途径,不同的甘油磷脂采用不同的合成途径。

甘油二酯途径:磷脂酰胆碱及磷脂酰乙醇胺主要通过此途径合成,胆碱和乙醇胺被活化成CDP-胆碱和CDP-乙醇胺后,分别与甘油二酯缩合生成磷脂酰胆碱(PC)和磷脂酰乙醇胺(PE),如图9.6所示。这两类磷脂占组织及血液磷脂的75%以上。甘油二酯是该途径的重要中间物。

PC是真核生物细胞膜含量最丰富的磷脂,在细胞的增殖和分化过程中具有重要的作用。一些肿瘤和脑相关疾病的发生与PC代谢异常密切相关,如阿尔茨海默病。

PC也可由S-腺苷甲硫氨酸提供甲基,使PE甲基化生成,但这种方式合成量仅占人PC合成总量的10%~15%。哺乳动物细胞PC的合成主要通过甘油二酯途径完成。

CDP-甘油二酯途径:肌醇磷脂、丝氨酸磷脂及心磷脂由此途径合成。在磷脂酰胞苷转移酶催化下,甘油二酯先活化成CDP-甘油二酯,CDP-甘油二酯与丝氨酸、肌醇或磷脂酰甘油缩合,生成磷脂酰丝氨酸、磷脂酰肌醇或二磷脂酰甘油(心磷脂),如图9.7所示。

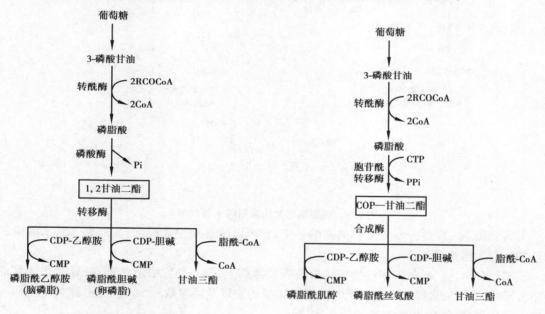

图9.6　甘油二酯途径　　　　　　　图9.7　CPD-甘油二酯途径

磷脂酰丝氨酸也可由磷脂酰乙醇胺酰化或其乙醇胺与丝氨酸交换生成。

甘油磷脂的合成在内质网膜外侧面进行。胞液中存在磷脂交换蛋白,它是能促进磷脂在细胞内膜之间交换的蛋白质,催化不同种类磷脂在膜之间进行交换,使新合成的磷脂转移至不同细胞器膜上,更新这些膜上的磷脂。Ⅱ型肺泡上皮细胞可合成由2分子软脂酸构成的特殊磷脂酰胆碱,生成的二软脂酰胆碱是较强的乳化剂,能降低肺泡的表面张力,有利于肺泡的伸张。如,新生儿肺泡上皮细胞合成二软脂酰胆碱障碍,则会引起肺不张。

3)甘油磷脂的降解

体内能够水解磷脂的酶称为磷脂酶,包括磷脂酶 A_1、A_2、B_1、B_2、C及D,甘油磷脂可以在多种磷脂酶的作用下水解成它的各组成成分,如图9.8所示。磷脂酶 A_1 及 A_2 分别作用于甘油磷脂的1和2位酯键,磷脂酶 B_1 和 B_2 分别作用于溶血磷脂1位和2位酯键,磷脂酶C作用于 3 位磷酸酯键,磷脂酶 D 作用于磷酸基团上的—OH 与取代基间形成的酯键。

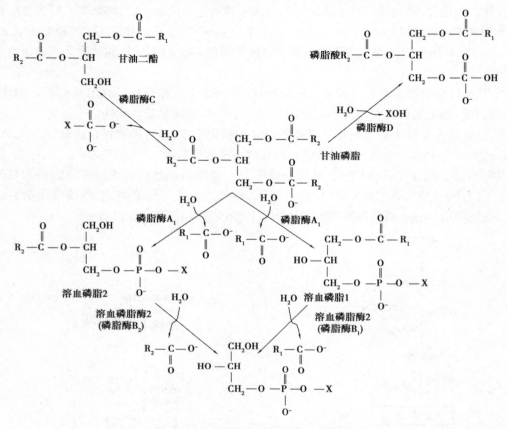

图 9.8　磷脂酶对甘油磷脂的水解作用

①磷脂酶 A_1:广泛分布于动物的溶酶体中,它可以使红细胞破裂,引起溶血。其水解磷脂的产物一般为溶血磷脂 2。

②磷脂酶 A_2:广泛分布于动物细胞膜及线粒体膜上,Ca^{2+} 是它的激活剂,特异性水解甘油磷脂分子中 C2 位的酯键,产物一般为多不饱和脂肪酸以及溶血磷脂 1。急性胰腺炎的发病与胰腺中的磷脂酶 A_2 对胰腺细胞的损伤密切相关。

③磷脂酶 B_1:又称为溶血磷脂酶 1,催化溶血磷脂 1 分子中的 C1 位上的酯键水解,产物为甘油磷酸胆碱,甘油磷酸乙醇胺和脂肪酸。

④磷脂酶 B_2:又称为溶血磷脂酶 2,催化溶血磷脂 2 分子中的 C2 位上的酯键水解,产物为甘油磷酸胆碱、甘油磷酸乙醇胺和脂肪酸。

⑤磷脂酶 C:主要存在于动物细胞膜和某些细菌中。催化甘油磷脂分子中 C3 位上的磷酸酯键水解,产物为磷酸胆碱或磷酸乙醇胺,并余下作用物分子中的其他组分。

⑥磷脂酶 D:主要分布于动物的脑组织细胞和一些植物中。催化磷脂分子中的磷酸与取代基团之间的酯键断裂,释放出取代基团。

9.3.2　鞘脂的合成与分解

1)鞘脂的化学组成及结构

鞘脂是一类含鞘氨醇或二氢鞘氨醇的脂类物质。鞘氨醇或二氢鞘氨醇是具脂肪族长链的氨基二元醇,分子中含有一疏水性长链脂肪烃尾巴和 2 个羟基以及一个氨基构成的极性头,如图 9.9 所示。自然界以 18 碳(18C)鞘氨醇最多,但亦存在 16,17,19 及 20 碳鞘氨醇。鞘脂的末端常被极性基团(X)取代,按取代基的不同,鞘脂可分为鞘磷脂、鞘糖脂和神经鞘磷脂 3 个亚类,鞘磷脂的 X 为磷酸胆碱或磷酸乙醇胺,鞘糖脂的 X 为单糖基或寡糖链通过 β-糖苷键与其末端羟基相连。

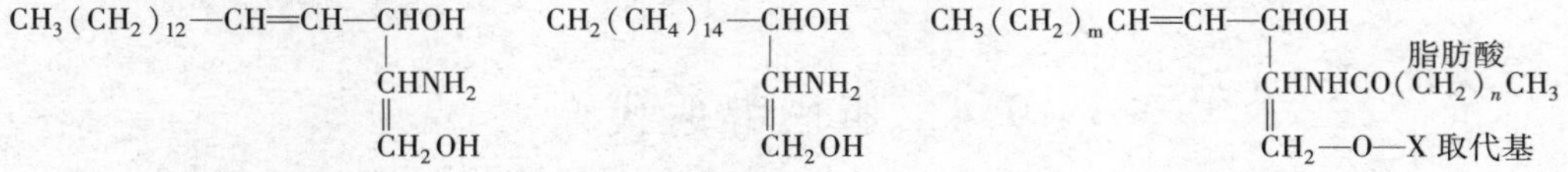

$$CH_3(CH_2)_{12}-CH=CH-CHOH \qquad CH_2(CH_4)_{14}-CHOH \qquad CH_3(CH_2)_m CH=CH-CHOH$$
$$|\qquad\qquad\qquad\qquad\qquad |\qquad\qquad\qquad\qquad 脂肪酸$$
$$CHNH_2 \qquad\qquad\qquad\qquad CHNH_2 \qquad\qquad\qquad CHNHCO(CH_2)_n CH_3$$
$$|\qquad\qquad\qquad\qquad\qquad |\qquad\qquad\qquad\qquad\qquad |$$
$$CH_2OH \qquad\qquad\qquad\qquad CH_2OH \qquad\qquad\qquad CH_2-O-X\ 取代基$$

(a)鞘氨醇　　　　　　　　(b)二氢鞘氨醇　　　　　　　(c)鞘脂

图 9.9　鞘氨醇、二氢鞘氨醇及鞘脂的结构

2)鞘磷脂的代谢

神经鞘磷脂是人体含量最多的鞘磷脂,由鞘氨醇、脂肪酸及磷酸胆碱构成。鞘氨醇的氨基通过酰胺键与脂肪酸的羧基相连,生成 *N*-脂酰鞘氨醇,又称神经酰胺。*N*-脂酰鞘氨醇末端羟基与磷酸胆碱的磷酸基团通过磷酸酯键相连,生成神经鞘磷脂。神经鞘磷脂是构成生物膜的重要组分,人红细胞膜中神经鞘磷脂所占的比例可达 20% ~ 30%,常与卵磷脂并存于细胞膜的外侧。神经髓鞘含有大量的脂类物质,占其干重的 97%,其中 11% 为卵磷脂,5% 为神经鞘磷脂。

(1)鞘氨醇的合成

合成部位:全身各组织细胞均可合成,以脑组织细胞最活跃。合成鞘氨醇的酶系存在于内质网,鞘氨醇的合成主要在此处进行。

合成原料:软脂酰 CoA、丝氨酸是基本原料,此外,还需要胆碱、磷酸吡哆醛、NADPH + H$^+$ 及 FAD 等辅酶参与。

合成过程:软脂酰 CoA 与 L-丝氨酸在内质网 3-酮二氢鞘氨醇合酶及磷酸吡哆醛的作用下脱羧,缩合生成 3-酮二氢鞘氨醇,随后加氢还原生成二氢鞘氨醇。还原所需的 H 由 NADPH + H$^+$ 提供。

(2)神经鞘磷脂的合成

在脂酰转移酶催化下,鞘氨醇的氨基与脂酰 CoA 进行酰胺缩合,生成 *N*-脂酰鞘氨醇,最后由 CDP-丝氨酸胆碱提供磷酸胆碱,生成神经鞘磷脂。

(3)神经鞘磷脂的降解

分解神经鞘磷脂的酶存在于肝、脑、脾、肾等细胞的溶酶体中。

该酶属磷脂酶 C 类,能使磷酸酯键水解,产生磷酸胆碱及 *N*-脂酰鞘氨醇。如先天性缺乏此酶,则鞘磷脂不能降解,在细胞内积存,引起肝、脾肿大及痴呆等鞘磷脂沉积病变。

3)鞘糖脂的代谢

鞘糖脂是 *N*-脂酰鞘氨醇的末端羟基与单糖如葡萄糖或寡糖以 β-糖苷键结合而成的脂类,鞘糖脂普遍存在于细胞膜的外侧,以突触膜和肝细胞膜含量最丰富,在维持细胞膜的稳定中起着十分重要的作用。

（1）鞘糖脂的合成

以 CDP-葡萄糖、CDP-半乳糖、CMP-唾液酸等为原料,在糖基转移酶催化下,将糖基转移至 N-脂酰鞘氨醇的末端羟基,缩合成 β-糖苷键,即生成鞘糖脂。

（2）鞘糖脂的降解

鞘糖脂的降解是在多种糖基水解酶作用下,水解去除糖基的过程。如鞘糖脂含有寡糖链,则需将糖基逐个去除。糖基水解酶的特异性很强,一种糖基水解酶不能代替另一糖基水解酶,任何一种糖基水解酶的缺乏都会使鞘糖脂不能正常降解,导致相应鞘糖脂在细胞内蓄积,引起细胞功能障碍。

9.4　胆固醇的代谢

胆固醇是具有环戊烷多氢菲烃核以及一个羟基的固醇类化合物。其名源于它最先是从动物胆石中分离出的、具有羟基的固体醇类化合物,故称为胆固醇。所有固醇(包括胆固醇)都具有环戊烷多氢菲的共同结构,胆固醇及其衍生物在性质上类似三酰甘油,不溶于水而溶于有机溶剂,以游离的胆固醇和胆固醇酯两种形式存在。

不同固醇间的区别在于碳原子数目及取代基不同;当然,其生理功能也各异。植物不含胆固醇但含植物固醇,以 β-谷固醇最多;酵母含麦角固醇;细菌不含固醇类化合物。它们的结构式如下:

胆固醇　　　　　　β-谷固醇　　　　　　麦角固醇

胆固醇广泛存在于全身各个组织中,但分布不均匀,大约 1/4 分布在脑及神经组织,约占脑组织的 20%。肾上腺、卵巢等具有类固醇激素合成功能的内分泌腺,胆固醇含量也很丰富,达 1%~5%。肝、肾、肠等内脏及皮肤、脂肪组织也含较多的胆固醇,每 100 g 组织含 200~500 mg,其中以肝脏最多。肌组织含量较低,每 100 g 组织含 100~200 mg。

人体胆固醇有两种存在形式,即游离胆固醇和胆固醇酯。体内胆固醇的来源有两种,一是外源性的,即食物的消化吸收而来的;二是内源性的,即体内合成。

胆固醇具有多种生理功能,不仅是细胞各种膜结构的主要成分,也是机体合成类固醇激素、胆汁酸及维生素 D₃ 的前体物质,还可以转变成胆汁酸盐,帮助脂类物质的消化与吸收,并且还可以参与调节脂蛋白的代谢过程。

9.4.1 胆固醇的合成

1）合成部位

体内合成胆固醇的主要场所是肝脏。除成年动物成熟红细胞外,几乎全身各组织均可合成胆固醇,每天的合成量为 1 g 左右。肝脏合成胆固醇的能力最强,约占机体自身合成胆固醇的 70% ~80%,其次是小肠,约占 10%。胆固醇的合成主要在细胞胞液及内质网中完成。

2）合成原料

胆固醇合成的主要原料是乙酰 CoA 及 NADPH + H$^+$,此外还需要 ATP 供给能量。每合成 1 分子胆固醇需 18 分子乙酰 CoA、36 分子 ATP 及 16 分子 NADPH + H$^+$,乙酰 CoA 是葡萄糖、氨基酸及脂肪酸在线粒体内的分解代谢产物,NADPH 来自磷酸戊糖途径。

3）合成基本过程

胆固醇合成过程复杂,有近 30 步酶促反应,大致可划分为 3 个阶段。

（1）甲羟戊酸的合成

在胞液中,2 分子乙酰 CoA 在乙酰乙酰 CoA 硫解酶作用下,缩合生成乙酰乙酰 CoA;再在羟甲基戊二酸单酰 CoA 合酶作用下,与 1 分子乙酰 CoA 缩合生成羟甲基戊二酸单酰 CoA。HMG-CoA 在 HMG-CoA 还原酶的催化下,生成甲羟戊酸,如图 9.10 所示。上述反应中的 HMG-CoA 还原酶是胆固醇合成的关键酶。

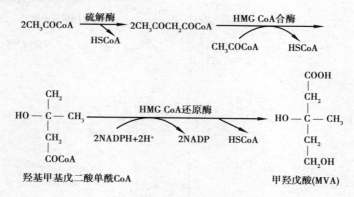

图 9.10 甲羟戊酸的合成

（2）鲨烯的合成

在一系列酶的催化下,MVA 经脱羧、磷酸化生成活泼 5 碳焦磷酸化合物即异戊烯焦磷酸和二甲基丙稀焦磷酸。3 分子活泼的 5 碳焦磷酸化合物(IPP 及 DPP)缩合生成 15 碳的焦磷酸法尼酯。在网质烯合酶催化下,2 分子 15 碳焦酸法尼醋经再缩合、还原生成 30 碳多烯烃——鲨烯。

（3）胆固醇的合成

含 30 碳的鲨烯与胞液中的固醇载体蛋白相结合,而后经内质网单加氧酶、环化酶等多种酶的催化,环化生成羊毛固醇,再经氧化、脱羧、还原等反应,脱去 3 个甲基,生成含 27 碳的胆固醇,胆固醇的合成过程如图 9.11 所示。

（4）胆固醇的酯化

胆固醇的酯化是胆固醇吸收和转运中的重要过程,无论是细胞内还是血浆中的游离胆固

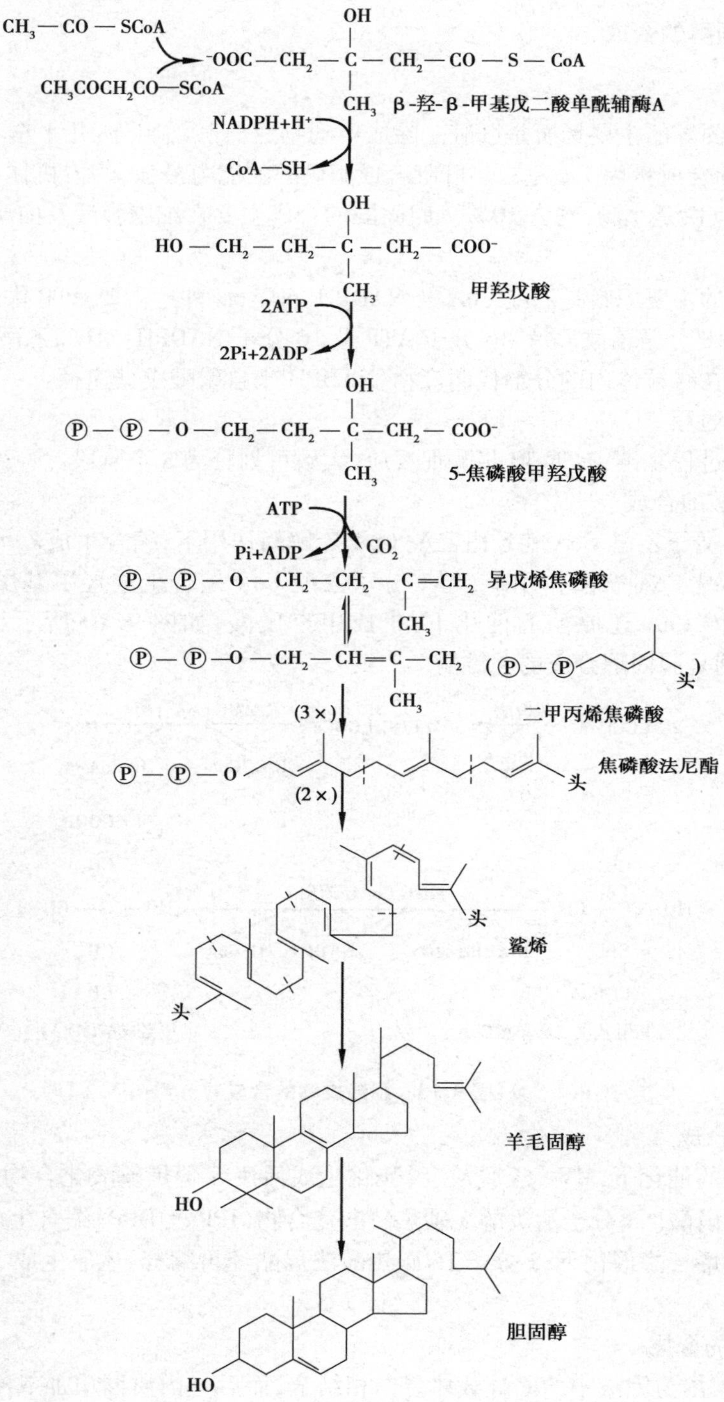

图 9.11 胆固醇的合成过程

醇都可以被酯化成胆固醇酯。只是不同的反应部位发挥作用的酶以及过程不同。

细胞内游离胆固醇的酯化:在脂酰-CoA 胆固醇酯酰转移酶作用下,细胞内的游离胆固醇与脂酰 CoA 缩合,生成胆固醇酯储存。

　　血浆中的游离胆固醇则在血浆卵磷脂-胆固醇酯酰转移酶作用下,将卵磷脂甘油 2 位碳原子上的脂酰基转移至胆固醇的 3 位羟基上,生成胆固醇酯和溶血卵磷脂。胆固醇酯是血浆胆固醇的主要运输形式。胆固醇酯化反应如图 9.12 所示。

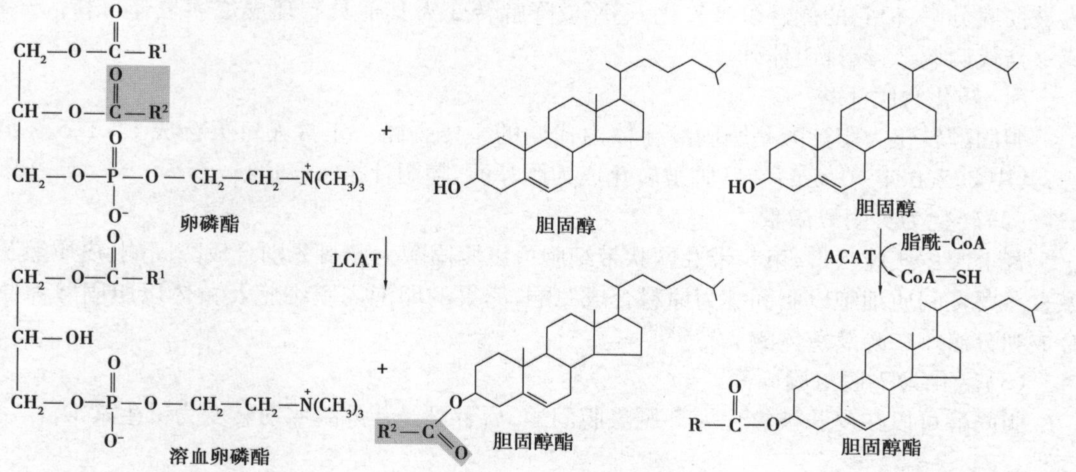

图 9.12　胆固醇酯化反应

4) 胆固醇合成的调节

　　人体内胆固醇的合成受多种因素的调节,各种因素之间互相制约,连锁反馈,对胆固醇的合成进行精确的调节。

　　①胆固醇的合成具有昼夜节律性。大量的实验证实,胆固醇的合成具有昼夜节律性,午夜最高,中午最低。造成这一现象的主要原因是由于胆固醇合成的关键酶肝 HMG-CoA 还原酶的活性具有昼夜节律性。所以胆固醇合成的节律性是 HMG-CoA 还原酶活性周期性改变的结果。

　　②此外 HMG-CoA 还原酶活性受别构、化学修饰和酶含量的调节。胆固醇合成的产物甲羟戊酸、胆固醇以及胆固醇的氧化产物 7-β-羟胆固醇、25-羟胆固醇是 HMG-CoA 还原酶的变构抑制剂;ATP 存在时,胞液中的 cAMP 依赖性蛋白激酶可使 HMG-CoA 还原酶磷酸化而丧失活性,胞液中的磷蛋白磷酸酶可催化磷酸化的 HMG-CoA 还原酶脱磷酸而恢复酶活性;当细胞合成胆固醇增多,细胞内胆固醇含量增加,会抑制 HMG-CoA 还原酶基因的转录,使酶蛋白合成减少,活性降低,抑制胆固醇的合成。

　　③饮食状态影响胆固醇的合成。饥饿或禁食可抑制肝合成胆固醇。相反,摄取高糖、高饱和脂肪膳食,肝 HMG-CoA 还原酶活性增加,乙酰 CoA、ATP、NADPH + H$^+$ 充足,胆固醇合成增加。

　　④细胞胆固醇含量是影响胆固醇合成的主要因素之一,升高细胞胆固醇含量,可通过抑制 HMG-CoA 还原酶的合成来抑制胆固醇的合成。反之,降低细胞胆固醇含量,可解除胆固醇对酶蛋白合成的抑制作用,胆固醇合成增加。

　　⑤激素调节胰岛素及甲状腺素能诱导肝细胞 HMG-CoA 还原酶的合成,通过酶的含量调节增强其活性,增加胆固醇的合成。甲状腺素还能促进胆固醇在肝转变为胆汁酸,所以甲状腺功能亢进患者血清胆固醇的含量降低。胰高血糖素可使 HMG-CoA 还原酶磷酸化,快速降低

133

其活性,抑制胆固醇合成。皮质醇能抑制并降低 HMG-CoA 还原酶活性,减少胆固醇合成。

9.4.2　胆固醇的转化

胆固醇的母核——环戊烷多氢菲在体内不能被降解,所以胆固醇不能像糖、脂肪那样在体内被彻底分解,但它的侧链可被氧化、还原或降解转变为其他具有环戊烷多氢菲母核的产物,或参与代谢调节,或排出体外。

（1）转化为胆汁酸

胆固醇转化为胆汁酸是胆固醇在体内代谢的主要去路。正常人每天合成 $1 \sim 1.5\ g$ 胆固醇,其中 $2/5(0.4 \sim 0.6\ g)$ 在肝脏被转化成为胆汁酸,随胆汁排入肠道。

（2）转化为类固醇激素

肾上腺皮质球状带、束状带及网状带细胞可以胆固醇为原料分别合成醛固酮、皮质醇及雄激素。睾丸间质细胞以胆固醇为原料合成睾酮,卵巢的卵泡内膜细胞及黄体以胆固醇为原料合成和分泌雌二醇及黄体酮。

（3）转化为 7-脱氢胆固醇

胆固醇可以在皮肤被氧化为 7-脱氢胆固醇,后者可经紫外线照射转变为维生素 D_3。

第 *10* 章
氨基酸代谢

10.1 蛋白质的降解

10.1.1 细胞内蛋白质的降解

细胞内的蛋白质有其存活的时间,从几分钟到几个星期或更长。真核细胞对蛋白质的降解有两个体系。其一是溶酶体降解,其二是依赖 ATP,以泛素标记的选择性蛋白质的降解。

溶酶体中约含有 50 种水解酶类,其中包括蛋白水解酶。溶酶体内 pH 约为 5,其所含酶类均具有酸性最适 pH,在细胞质基质的 pH 条件下大部分酶都将失活,这可能也是对细胞本身的一种保护。

溶酶体可降解细胞通过胞饮作用摄取的物质,也可融合细胞中的自噬泡。在营养充足的细胞中,溶酶体的蛋白质降解是非选择性的。但在饥饿细胞中,这种降解会消耗掉一部分细胞必需的酶和调节蛋白,此时溶酶体会引入一种选择机制,即选择性降解含有五肽 Lys-Phe-Glu-Arg-Gln 或与其密切相关的序列的胞内蛋白质,为那些必不可少的代谢过程提供必需的营养物质。但是这种选择性只在长时间禁食后才会活化,并具组织特异性(如,能发生在肝、肾,而不发生在脑、睾丸)。许多正常和病理过程都伴有溶酶体活性的增加,例如,产妇分娩后出现的子宫回缩,在 9 天内这个肌肉型器官的质量,从 2 kg 减少到 50 g 就是这一过程的明显例子。

2004 年,Aaron Ciechanover、Avram Hershko 和 Irwin Rose 因发现了泛素调节的蛋白质降解过程而获得了诺贝尔化学奖。泛素系统(UPS)广泛存在于真核生物中,是精细的特异性的蛋白质降解系统。它由泛素、26S 蛋白酶体和多种酶构成。在真核细胞中泛素是一个由 76 个氨基酸残基组成的单体蛋白,因其广泛存在且含量丰富而得名。在人、果蝇、鲑鱼中的泛素都是相同的,酵母与人体的泛素比较,也仅 3 个氨基酸的差别,是高度保守的真核蛋白之一。泛素可通过酶的作用消耗 ATP,给选择降解的蛋白质加上标记,被标记的蛋白质由蛋白酶体水解成小肽,小肽再由细胞质基质中的肽酶水解为氨基酸。天然蛋白被选定为降解蛋白质具有一定的结构特征,被称为 N 端规则,已发现 N 端为 Asp、Arg、Leu、Lys 和 Phe 残基的蛋白质半衰期只有 2~3 min,而 N 端为 Ala、Gly、Met、Ser 和 Val 残基的蛋白质在原核生物的半衰期超过 10 h,

在真核生物中半衰期则超过 20 h。原核生物中没有泛素,但发现富含 Pro、Glu、Ser、Thr 残基片段的蛋白质很快被降解,删除这些含 PGST 序列的片段,可以延长蛋白质的半衰期,但如何去识别这些信号的,其机制尚不清楚,有待进一步的研究。研究发现,泛素系统通过特异性地降解蛋白质,调节细胞分化、免疫反应,参与转录、离子通道、分泌的调控及神经元网络、细胞器的形成等,泛素系统还与人类某些疾病有关。

10.1.2　外源蛋白的酶促降解

外源蛋白质进入体内,必须先经过水解作用变为小分子的氨基酸,然后才能被吸收。以人体为例,食物蛋白质进入胃后,胃黏膜分泌胃泌素,刺激胃腺的胃壁细胞分泌盐酸和主细胞分泌胃蛋白酶原。无活性的胃蛋白酶原经激活转变成的胃蛋白酶将食物蛋白质水解成大小不等的多肽片段,随食糜流入小肠,触发小肠分泌胰泌素。胰泌素刺激胰分泌碳酸氢盐进入小肠,中和胃内容物中的盐酸,pH 达 7.0 左右。同时小肠上段的十二指肠释放出肠促胰酶肽,以刺激胰分泌一系列胰酶酶原,其中有胰蛋白酶原、胰凝乳蛋白酶原和羧肽酶原等。在十二指肠内,胰蛋白酶原经小肠细胞分泌的肠激酶作用,转变成有活性的胰蛋白酶,催化其他胰酶酶原激活。这些胰酶将肽片段混合物分别水解成更短的肽。小肠内生成的短肽由羧肽酶从肽的 C 端降解,氨肽酶从 N 端降解,如此经多种酶联合催化,食糜中的蛋白质降解成氨基酸混合物,再由肠黏膜上皮细胞吸收进入机体。细胞对氨基酸的吸收也是耗能的主动运输过程。胃肠道几乎能把大多数动物性食物的球状蛋白完全水解,一些纤维状蛋白,如角蛋白,只能部分水解。植物性蛋白质如谷类种子蛋白,往往被纤维素包裹着,胃肠道不能完全消化。

植物和微生物也含有蛋白酶,都可以将蛋白质水解为氨基酸供机体所用。

就高等动物来说,外界食物蛋白质经消化吸收的氨基酸和体内合成及组织蛋白质经降解的氨基酸,共同组成体内氨基酸代谢库。所谓氨基酸代谢库即指体内氨基酸的总量。氨基酸代谢库中的氨基酸大部分用以合成蛋白质,一部分可以作为能源,体内有一些非蛋白质的含氮化合物也是以某些氨基酸作为合成的原料。图 10.1 为体内氨基酸代谢概况。

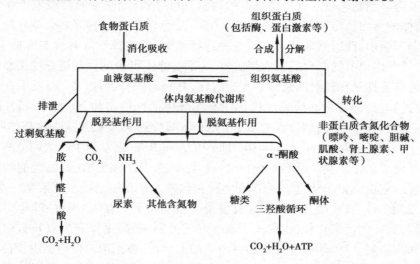

图 10.1　氨基酸代谢概况

多数细菌的氨基酸分解不占主要地位,而以氨基酸的合成为主,有些细菌以氨基酸为唯一碳源,这类细菌则以氨基酸的分解为主。高等植物随着机体的不断生长需要氨基酸,因此氨基酸的合成代谢胜于分解代谢。本章主要讨论动物体内氨基酸的代谢。

10.2 氨基酸的分解代谢

天然氨基酸分子大都含有 α-氨基和 α-羧基,因此,各种氨基酸都有其共同的代谢途径。但是由于不同氨基酸的侧链基团不同,所以个别氨基酸还有其特殊的代谢途径。本节着重讨论氨基酸的共同分解代谢途径,个别氨基酸代谢途径只作概括性阐述。

氨基酸的共同分解代谢途径包括脱氨基作用和脱羧基作用两个方面,反应式为:

$$
\begin{array}{c}
\text{H} \\
| \\
\text{R—C—COO}^- \\
| \\
\text{NH}_3^+
\end{array}
\quad
\begin{array}{c}
\xrightarrow{\text{脱氨基作用}} \text{R—CO—COO}^- + \text{NH}_4^+ \\
\alpha\text{-酮酸} \\
\xrightarrow{\text{脱羧基作用}} \text{R—CH}_2\text{—NH}_2 + \text{CO}_2 \\
\text{胺}
\end{array}
$$

10.2.1 氨基酸的脱氨

氨基酸的脱氨作用主要有氧化脱氨基作用、转氨基作用、联合脱氨基作用和非氧化脱氨基作用。

(1)氧化脱氨基作用

α-氨基酸在酶的催化下氧化生成 α-酮酸,消耗氧并产生氨,此过程称为氧化脱氨[基]作用。反应式如下:

$$
\begin{array}{c}
\text{R} \\
| \\
\text{CH—NH}_3^+ \\
| \\
\text{COO}^-
\end{array}
\xrightarrow[\text{酶}]{-2\text{H}}
\begin{array}{c}
\text{R} \\
\| \\
\text{C}=\text{NH} + \text{H}^+ \\
| \\
\text{COO}^-
\end{array}
\qquad
\text{H}^+ +
\begin{array}{c}
\text{R} \\
\| \\
\text{C}=\text{NH} \\
| \\
\text{COO}^-
\end{array}
\xrightarrow{+\text{H}_2\text{O}}
\begin{array}{c}
\text{R} \\
\| \\
\text{C}=\text{O} + \text{NH}_4^+ \\
| \\
\text{COO}^-
\end{array}
$$

氨基酸 $\qquad\qquad$ α-亚氨基酸 $\qquad\qquad\qquad\qquad$ α-酮酸

上述反应分两步进行,第一步是脱氢,氨基酸经酶催化脱氢生成 α-亚氨基酸,第二步是加水脱氨。α-亚氨基酸不需酶参加,水解生成 α-酮酸及氨。

催化氨基酸氧化脱氨基作用的酶有 L-氨基酸氧化酶、D-氨基酸氧化酶和 L-谷氨酸脱氢酶等。

L-氨基酸氧化酶催化 L-氨基酸氧化脱氨,D-氨基酸氧化酶催化 D-氨基酸氧化脱氨。前者辅基为 FMN 或 FAD,后者的辅基为 FAD。这类黄素蛋白酶能催化氨基酸脱氢、脱氨,脱下的氢由辅基 FMN 或 FAD 转交到氧分子上形成过氧化氢,再由细胞内过氧化氢酶分解为水和氧。但是由于 L-氨基酸氧化酶在体内分布不普遍,其最适 pH 为 10.0 左右,在正常生理条件下活力低,所以该酶在 L-氨基酸氧化脱氨反应中并不起主要作用。D-氨基酸氧化酶在体内分布虽广,活力也强,但体内 D-氨基酸不多,因此这个酶的作用也不大。

L-谷氨酸脱氢酶的辅酶为 NAD$^+$ 或 NADP$^+$,它能催化 L-谷氨酸氧化脱氨,生成 α-酮戊二酸及氨。L-谷氨酸脱氢酶是一种别构酶,ATP、GTP、NADH 是别构抑制剂,ADP、GDP 是别构激活剂。当 ATP、GTP 不足时,谷氨酸氧化脱氨作用便加速,从而调节氨基酸氧化分解供给机体所需能量。此酶在动物、植物、微生物中普遍存在,而且活性很强,特别在肝及肾组织中活力更强,它的最适 PH 在中性附近,其所催化的反应如下:

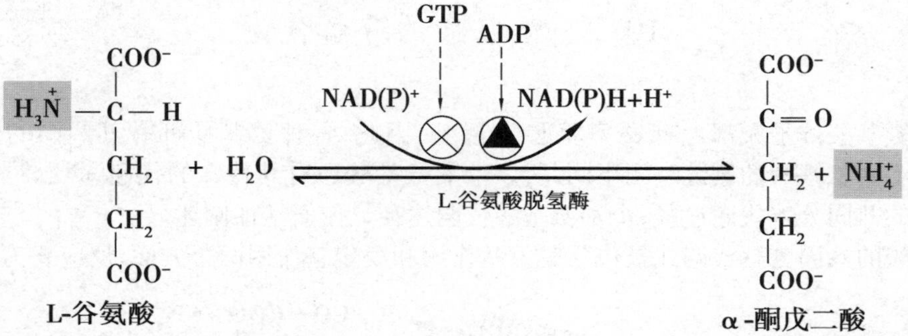

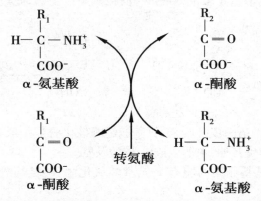

上述反应是可逆的,即在氨、α-酮戊二酸以及 NADH + H$^+$ 或 NADPH + H$^+$ 存在下,L-谷氨酸脱氢酶可催化合成 L-谷氨酸。从 L-谷氨酸脱氢酶所催化的反应平衡常数偏向于 L-谷氨酸的合成看,此酶主要是催化谷氨酸的合成,但是在 L-谷氨酸脱氢酶催化谷氨酸产生的 NH$_3$ 在体内被迅速处理的情况下,反应又可以趋向于脱氨基作用,特别在 L-谷氨酸脱氢酶和转氨酶联合作用时,几乎所有氨基酸都可以脱去氨基,因此 L-谷氨酸脱氢酶在氨基酸的代谢上占有重要地位。

(2)转氨基作用

一种 α-氨基酸的氨基可以转移到 α-酮酸上,从而生成相应的一分子 α-酮酸和一分子 α-氨基酸,这种作用称为转氨[基]作用,也称为氨基移换作用。催化转氨基反应的酶叫氨基转移酶或转氨酶,它催化的反应是可逆的,平衡常数接近 1.0。转氨基作用的简式如下:

式中,α-氨基酸可以看作氨基的供体,α-酮酸则是氨基的受体 α-酮酸与 α-氨基酸在生物体内可以相互转化,因此转氨基作用一方面是氨基酸分解代谢的开始步骤,另一方面也是非必需氨基酸合成代谢的重要步骤由糖代谢所产生的丙酮酸、草酰乙酸及 α-酮戊二酸可分别转变为丙氨酸、天冬氨酸及谷氨酸;同时自蛋白质分解代谢而来的丙氨酸、天冬氨酸及谷氨酸也可转变为丙酮酸、草酰乙酸及 α-酮戊二酸,参加三羧酸循环,这些相互转变的过程都是通过转氨作用实现的,从而沟通了糖与氨基酸的代谢。

大多数转氨酶都需要 α-酮戊二酸作为氨基的受体,这就意味着许多氨基酸的氨基,通过转氨作用转给 α-酮戊二酸生成谷氨酸,再经 L-谷氨酸脱氢酶的催化脱去氨基。

转氨酶的种类很多,在动、植物组织和微生物中分布也广,而且在真核生物细胞质基质中和线粒体内都可进行转氨基作用,因此氨基酸的转氨基作用在生物体内是极为普遍的。实验证明,除赖氨酸、苏氨酸外,其余 α-氨基酸都可参加转氨基作用,并且各有其特异的转氨酶。但其中以谷丙转氨酶和谷草转氨酶最为重要,前者是催化谷氨酸与丙酮酸之间的转氨作用,后者是催化谷氨酸与草酰乙酸之间的转氨基作用,反应式如下:

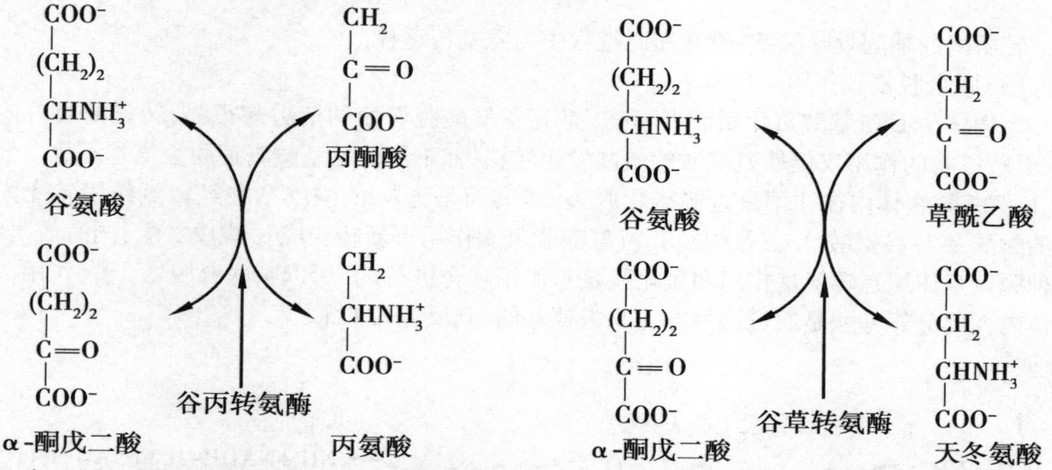

在不同动物或人体组织中,这两种转氨酶活力又各不相同,谷草转氨酶,又称天冬氨酸氨基转移酶,在心脏中活力最大,其次为肝。谷丙转氨酶,又称丙氨酸氨基转移酶,在肝脏中活力最大,当肝细胞损伤时,酶就释放到血液内,于是血液内酶的活力明显地增加,因此临床上有助于肝病的诊断。血清谷草转氨酶的活力变化同样也用于心脏疾病的诊断。

转氨酶的种类虽多,但其辅酶只有一种,即吡哆醛-5′-磷酸,它是维生素 B_6 的磷酸酯。吡哆醛-5′-磷酸能接受氨基酸分子中的氨基而变成吡哆胺-5′-磷酸,同时氨基酸则变成 α-酮酸。吡哆胺-5′-磷酸再将其氨基转移给另一分子 α-酮酸,生成另一种氨基酸,而其本身又变成吡哆醛-5′-磷酸,转氨作用的中间过程大致如下:

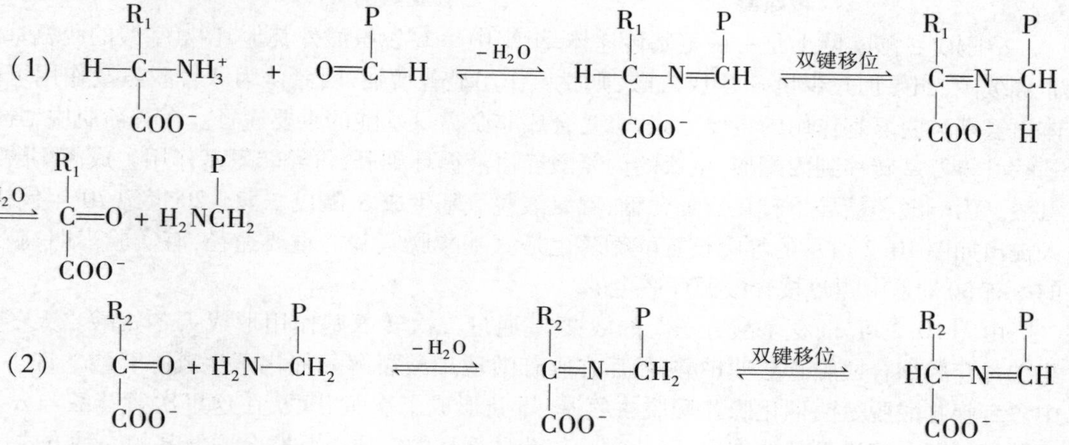

上式中的 PCHO 代表吡哆醛-5′-磷酸,其结构为:

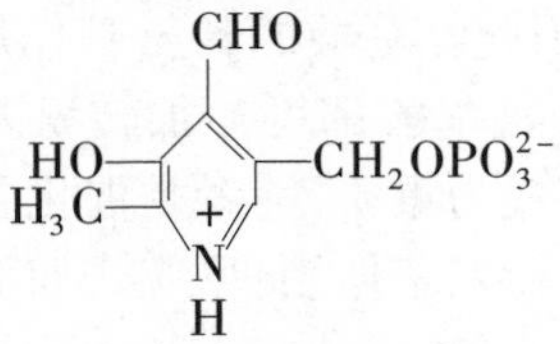

$$CHO$$

転氨酶的辅酶吡哆醛-5′-磷酸在此过程中为氨基传递体。

(3)联合脱氨基作用

生物体内 L-氨基酸氧化酶活力不高,而 L-谷氨酸脱氢酶的活力却很强,转氨酶虽普遍存在,但转氨酶的作用仅仅使氨基酸的氨基发生转移,并不能使氨基酸真正脱去氨基。故一般认为,L-氨基酸在体内往往不是直接氧化脱去氨基,而是先与 α-酮戊二酸经转氨作用转变为相应的酮酸及 L-谷氨酸,L-谷氨酸经 L-谷氨酸脱氢酶作用重新转变成 α-酮戊二酸,同时放出氨。这种脱氨基作用是转氨基作用和氧化脱氨基作用联合进行的,所以叫联合脱氨[基]作用。动物体内大部分氨基酸是通过这种方式脱去氨基的,其反应式如下:

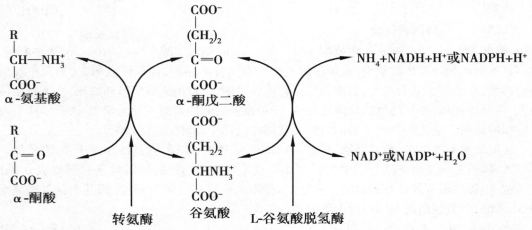

α-酮戊二酸实际上是一种氨基传递体,组织中除 L-谷氨酸外其他,L-氨基酸的脱氨基作用非常缓慢,如果加入少量 α-酮戊二酸,则脱氨作用显著增强,因此认为联合脱氨基作用可能是体内氨基酸脱氨基作用的主要方式,也是合成非必需氨基酸的重要途径。在骨骼肌中,各种氨基酸可将氨基转移到丙酮酸,生成的丙氨酸经血液循环到肝,再经转氨基作用生成丙酮酸和谷氨酸。丙酮酸经糖异生转化成葡萄糖,谷氨酸脱氧基生成 α-酮戊二酸。20 世纪 70 年代初,有人提出如图 10.2 所示的嘌呤核苷酸循环也是氨基酸脱氨基的重要途径,有实验表明,脑组织的氨有 50% 是由嘌呤核苷酸循环产生的。

由图 10.2 可知,氨基酸分子上的 α-氨基通过二次转氨基作用形成天冬氨酸。天冬氨酸与次黄苷酸缩合成腺苷酸琥珀酸,然后在腺苷酸琥珀酸裂解酶催化下生成腺苷酸。许多组织中含有腺苷酸脱氨酶催化腺苷酸脱去氨基,重新形成了次黄苷酸,在这里次黄苷酸与 α-酮戊二酸相似起了传递氨基的作用,因此嘌呤核苷酸循环的实质也是联合脱氨基的一种方式。

(4)非氧化脱氨基作用

某些氨基酸还可以进行非氧化脱氨基作用。这种脱氨基方式主要在微生物体内进行。动物体内也有,但并不普遍。非氧化脱氨基作用又可区分为脱水脱氨基、脱硫化氢脱氨基、直接

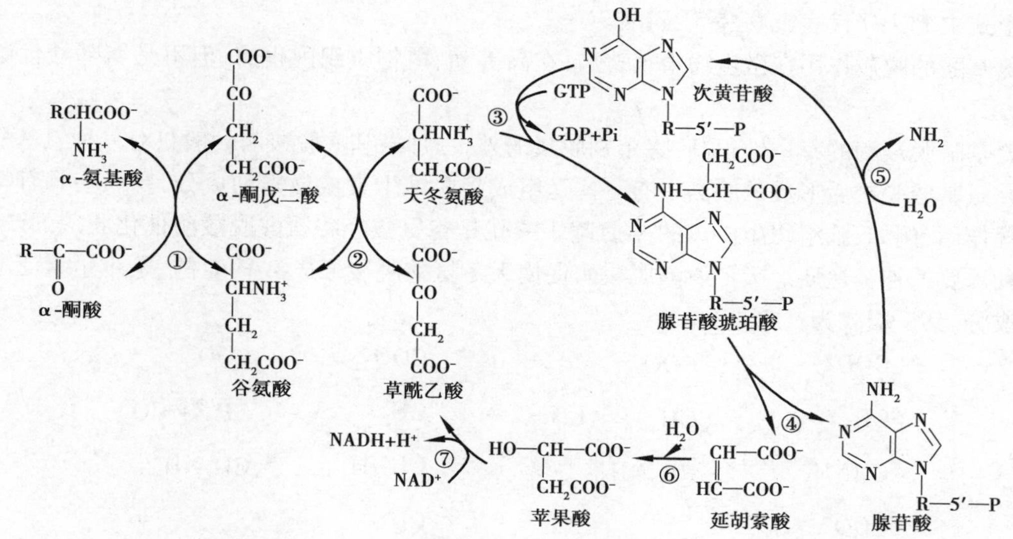

①转氨酶；②谷草转氨酶；③腺苷酸琥珀酸合成酶；

④腺苷酸琥珀酸裂解酶；⑤腺苷酸脱氨酶；⑥延胡索酸酶；⑦苹果酸脱氢酶

图 10.2　嘌呤核苷酸循环

脱氨基和水解脱氨基 4 种方式。

(5)脱酰胺基作用

天冬酰胺和谷氨酰胺的酰胺基可由相应的酰胺酶加水脱去氨基，其反应如下：

$$\underset{\text{天冬酰胺}}{\begin{array}{l}CONH_2\\ |\\ CH_2\\ |\\ CHNH_3^+\\ |\\ COO^-\end{array}} + H_2O \longrightarrow \underset{\text{天冬氨酸}}{\begin{array}{l}COO^-\\ |\\ CH_2\\ |\\ CHNH_3^+\\ |\\ COO^-\end{array}} + NH_4^+ \qquad \underset{\text{谷氨酰胺}}{\begin{array}{l}CONH_2\\ |\\ (CH_2)_2\\ |\\ CHNH_3^+\\ |\\ COO^-\end{array}} + H_2O \longrightarrow \underset{\text{谷氨酸}}{\begin{array}{l}COO^-\\ |\\ (CH_2)_2\\ |\\ CHNH_3^+\\ |\\ COO^-\end{array}} + NH_4^+$$

10.2.2　氨基酸的脱羧

氨基酸在氨基酸脱羧酶催化下进行脱羧作用，生成二氧化碳和一个伯胺类化合物，反应式为：

$$^{+}H_3N\overset{R}{C}HCOO^- \longrightarrow RCH_2NH_2 + CO_2$$

这个反应除组氨酸外均需要吡哆醛-5′-磷酸作为辅酶。其作用机制如下：

$$H-\begin{array}{c}R\\ |\\ C\\ |\\ COO^-\end{array}-NH_3^+ + O{=}\begin{array}{c}P\\ |\\ CH\end{array} \xrightarrow{-H_2O} H-\begin{array}{c}R\\ |\\ C\\ |\\ COO^-\end{array}-N{=}\begin{array}{c}P\\ |\\ CH\end{array} \xrightarrow{-CO_2} H-\begin{array}{c}R\\ |\\ C\\ |\\ H\end{array}-N{=}\begin{array}{c}P\\ |\\ CH\end{array}$$

$$\xrightarrow{+H_2O} \begin{array}{c}R\\ |\\ CH_2NH_2\end{array} + O{=}\begin{array}{c}P\\ |\\ CH\end{array}$$

上式中 PCHO 代表吡哆醛-5′-磷酸。

氨基酸的脱羧作用在微生物中很普遍,在高等动、植物组织内也有,但不是氨基酸代谢的主要方式。

氨基酸脱羧酶的专一性很高,除个别脱羧酶外,一种氨基酸脱羧酶一般只对一种氨基酸起作用。氨基酸脱羧后形成的胺类中有一些是组成某些维生素或激素的成分,有一些具有特殊的生理作用,例如,脑组织中游离的 γ-氨基丁酸就是谷氨酸经谷氨酸脱羧酶催化脱羧的产物,是一种重要的神经递质。天冬氨酸脱羧酶促使天冬氨酸脱羧形成 β-丙氨酸,是维生素泛酸的组成成分,其反应式为:

$$\begin{array}{cccc}
COO^- & COO^- & COO^- & COO^- \\
| & | & | & | \\
(CH_2)_2 & (CH_2)_2 + CO_2 & CH_2 & CH_2 + CO_2 \\
| & | & | & | \\
CHNH_3^+ & CH_2NH_3^+ & CHNH_3^+ & CH_2NH_3^+ \\
| & & | & \\
COO^- & & COO^- &
\end{array}$$

| 谷氨酸 | γ-氨基丁酸 | 天冬氨酸 | β-丙氨酸 |

组胺可使血管舒张、降低血压,而酪胺则使血压升高。前者是组氨酸的脱羧产物,后者是络氨酸的脱羧产物。

组氨酸   组胺 $+ CO_2$

$$HO-\langle\rangle-CH_2-CHCOO^- \longrightarrow HO-\langle\rangle-CH_2CH_2NH_2 + CO_2$$
$$\qquad\qquad\quad | \\ \qquad\qquad NH_3^+$$

酪氨酸   酪胺

如果体内生成大量胺类,能引起神经或心血管等系统的功能紊乱,但体内的胺氧化酶能催化胺类氧化成醛,继而醛氧化成脂肪酸,再分解成二氧化碳和水。

$$RCH_2NH_2 + O_2 + H_2O \longrightarrow RCHO + H_2O_2 + NH_3$$

$$RCHO + \frac{1}{2}O_2 \longrightarrow RCOO^- + H^+$$

氨基酸经脱氨作用生成氨及 α-酮酸。氨基酸经脱羧作用产生二氧化碳及胺。胺可随尿直接排出,也可在酶的催化下,转变为其他物质。二氧化碳可以由肺呼出。而氨和 α-酮酸等则必须进一步参加其他代谢过程,才能转变为可被排出的物质或合成体内有用的物质。

10.2.3　氨的代谢

在动物体中氨的去路有三条,即排泄、以酰胺的形式贮存、重新合成氨基酸和其他含氮物。

1)氨的排泄方式

氨是有毒物质,在 pH 为 7.4 时主要以 NH_4^+ 的形式存在。在兔体内,当血液中氨的含量达到 5 mg/100 mL 时,兔即死亡。高等动物的脑组织对氨相当敏感,血液中含 1% 氨便能引起中枢神经系统中毒。人类氨中毒后引起语言紊乱、视力模糊,出现一种特殊的震颤,甚至昏迷或死亡。关于氨中毒的机制,一般认为高浓度的氨与三羧酸循环中间物 α-酮戊二酸合成 L-谷氨酸,使大脑中的 α-酮戊二酸减少,导致三羧酸循环无法正常运转,ATP 生成受到严重阻碍,从而引起脑功能受损。另一方面,大量合成谷氨酸要消耗 $NADPH + H^+$,严重影响需要还原力的反应正常进行。由此可见,动物体内氨基酸氧化脱氨基作用产生的氨不能大量积累,必须向体外排泄,但各种动物排泄氨的方式各不相同。在进化过程中,由于外界生活环境的改变,各种动物在解除氨毒的机制上就有所不同。水生动物体内及体外水的供应都极充足,氨可以由大量的水稀释而不致发生不良影响,所以水生动物主要是排氨的,也有使部分氨转变成氧化三甲胺再排泄的。鸟类及生活在比较干燥环境中的爬虫类,由于水的供应困难,所产生的氨不能直接排出,即变成溶解度较小的尿酸,再被排出体外。两栖类是排尿素的。人和哺乳类动物虽然在陆地上生活,但其体内水的供应不太欠缺,故所产生的氨主要是变为溶解度较大的尿素,再被排出。这些事实都证明环境条件可以影响生物的物质代谢。

2)氨的转运

（1）以谷氨酰胺的形式转运

多数动物细胞内都有谷氨酰胺合成酶,可将谷氨酸和氨合成谷氨酰胺,反应需要 ATP,反应式为:

$$NH_4^+ + 谷氨酸 + ATP \xrightarrow{谷氨酰胺合成酶} 谷氨酰胺 + ADP + Pi + H^+$$

谷氨酰胺是电中性的无毒物质,容易通过细胞膜进入血液循环,是氨转运的主要形式,而谷氨酸带负电,不能通过细胞膜,排氨动物如鱼类,通过鳃内的谷氨酰胺酶,将谷氨酰胺降解为谷氨酸和氨,游离的氨借助扩散作用排出体外。

$$谷氨酰胺 + H_2O \xrightarrow{谷氨酰胺酶} 谷氨酸 + NH_4^+$$

排尿素的动物通过血液循环将氨运至肝脏,在肝脏中合成尿素,然后由肾排泄。

（2）以丙氨酸的形式转运

在动物的肌肉中由糖酵解产生的丙酮酸在转氨酶的作用下,接受其他氨基酸的氨基形成丙氨酸,通过血液循环到达肝脏,在谷丙转氨酶的催化下,将氨基转给 α-酮戊二酸生成丙酮酸和谷氨酸。谷氨酸在谷氨酸脱氢酶的催化下脱去氨基又生成 α-酮戊二酸,氨进入鸟氨酸循环合成尿素,通过血液循环到肾排泄。丙酮酸在肝脏通过糖异生作用生成葡萄糖,再通过血液循环到到肌肉氧化供能。这样转运一分子丙氨酸相当于将一分子氨和一分子丙酮酸从肌肉带到肝脏,既清除了肌肉中的氨,又避免了丙酮酸或乳酸在肌肉中的积累。这个过程在肌肉和肝脏中形成了一个循环,即葡萄糖-丙氨酸循环,如图 10.3 所示,收到了一举两得的效果,并且将不能提供血糖的肌糖原间接地转变为血糖(肌肉中缺少葡萄糖磷酸酶,不能将磷酸葡糖转变为葡萄糖,而磷酸葡糖是不能出细胞膜的),具有重要的生理意义。

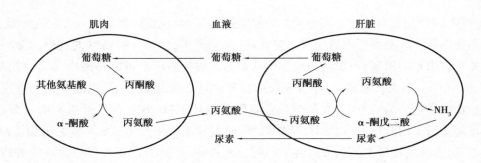

图 10.3　葡萄糖-丙氨酸循环

3）尿素的生成机制

正常动物若增加膳食中的蛋白质，则血液中氨基酸浓度上升，尿液中尿素增加。若切除动物的肝脏，则血液及尿液中的尿素含量降低。若以氨基酸溶液注射或饲养切除肝脏的动物，则大部分氨基酸存积在血液中，一部分随尿液排出体外；也有一小部分脱去氨基而变成 α-酮酸及氨，血氨因此增多。若将动物的肾切除，则尿素不能排出，血中尿素因此升高。若将肝及肾脏同时切除，则血液中尿素的含量可以维持恒定。急性黄色肝萎缩患者的血液及尿液中几乎不含尿素，而含有未经脱去氨基的完整氨基酸。这些实验证明肝脏是合成尿素的主要器官，肾脏是尿素的排泄器官。

鸟氨酸循环又称尿素循环，是 1932 年由 Hans Krebs 和他的学生 Kurt Henseleit 阐明的。这是第一条被了解的代谢循环，比发现三羧酸循环要早 5 年。

利用肝脏切片在有氧环境下与铵盐混合，保温数小时后，发现铵盐的含量减少，同时尿素出现。用同法如加入氨基酸保温，则氨基酸脱氨基所产生的氨也大致全量地合成尿素，若加入少量的鸟氨酸或瓜氨酸，则尿素形成的速度及生成量都大大地增加。若无铵盐，则鸟氨酸或瓜氨酸都不能单独增加尿素的产量。这表示，在合成尿素时，鸟氨酸或瓜氨酸仅具有促进作用。此外，还发现在排尿素的哺乳动物的肝脏中含有精氨酸酶，这个酶可以催化精氨酸分解为尿素和鸟氨酸。

用同位素 ^{15}N 的铵盐饲养排尿素的动物，发现随尿液排出的尿素分子上含有 ^{15}N，数日后将动物杀死，并由其尸体中提取精氨酸，发现精氨酸的胍基上含有 ^{15}N，再用碱性溶液水解精氨酸产生含 ^{15}N 的尿素和不含 ^{15}N 的鸟氨酸，进一步说明氨是合成尿素的前体。

根据上述实验结果，说明尿素的合成不是一步完成的，而是通过鸟氨酸循环的过程形成的。此循环可分成 3 个阶段：第一阶段为鸟氨酸与二氧化碳和氨作用，合成瓜氨酸。第二阶段为瓜氨酸与氨作用，合成精氨酸。第三阶段精氨酸被肝中精氨酸酶水解产生尿素和重新放出鸟氨酸反应。从鸟氨酸开始，结果又重新产生鸟氨酸实际上这些反应形成一个循环，故称鸟氨酸循环，其反应过程如图 10.4 所示。

在上述循环中，两分子 NH_3 和一分子 CO_2 结合成一分子尿素及一分子 H_2O，鸟氨酸、瓜氨酸及精氨酸只是这个循环中的催化剂。

后来发现，鸟氨酸循环的中间步骤比较复杂，现将中间步骤分述如下。

（1）从鸟氨酸合成瓜氨酸

在这一过程中，需要一分子 NH_3 和一分子 CO_2（以 HCO_3^- 形式参与反应）。NH_3 来源于谷氨酸的氧化脱氨作用,而 CO_2 是糖的代谢产物,二者在 ATP 存在下首先合成氨甲酰磷酸,催化此反应的酶为氨甲酰磷酸合成酶Ⅰ,并有 N-乙酰谷氨酸作为别构激活剂参加反应。然后氨甲酰磷酸在鸟氨酸转氨甲酰酶催化下,将氨甲酰基转移给鸟氨酸形成瓜氨酸,反应式为:

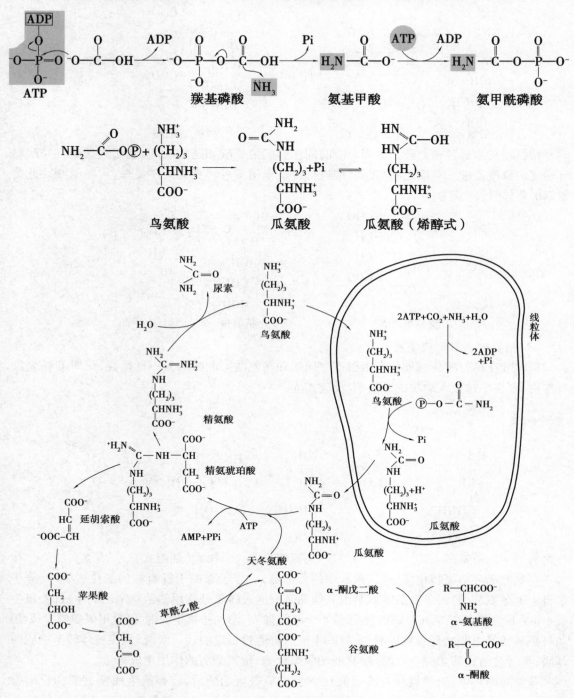

图 10.4　鸟氨酸循环

145

(2)从瓜氨酸合成精氨酸

在 ATP 与 Mg^{2+} 的存在下,精氨琥珀酸合成酶催化瓜氨酸与天冬氨酸缩合为精氨琥珀酸,同时产生 AMP 及焦磷酸,反应式为:

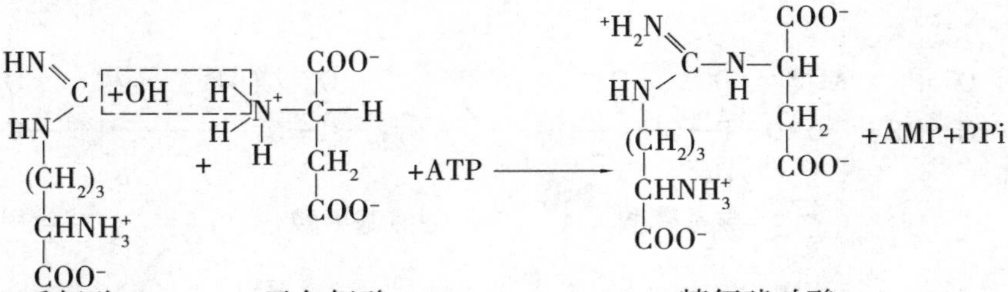

瓜氨酸　　天冬氨酸　　精氨琥珀酸

精氨琥珀酸通过精氨琥珀酸裂合酶的催化形成精氨酸和延胡索酸,延胡索酸经三羧酸循环转变为草酰乙酸。草酰乙酸与谷氨酸进行转氨作用又可转变为天冬氨酸,天冬氨酸在此为氨基的供体,反应式为:

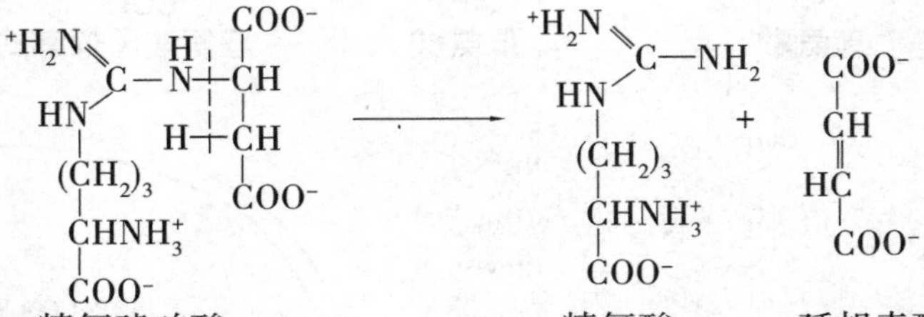

精氨琥珀酸　　精氨酸　　延胡索酸

(3)精氨酸水解生成尿素

精氨酸在精氨酸酶的催化下水解产生尿素和鸟氨酸。此酶的专一性很高,只对 L-精氨酸有作用,存在于排尿素动物的肝脏中,反应式为:

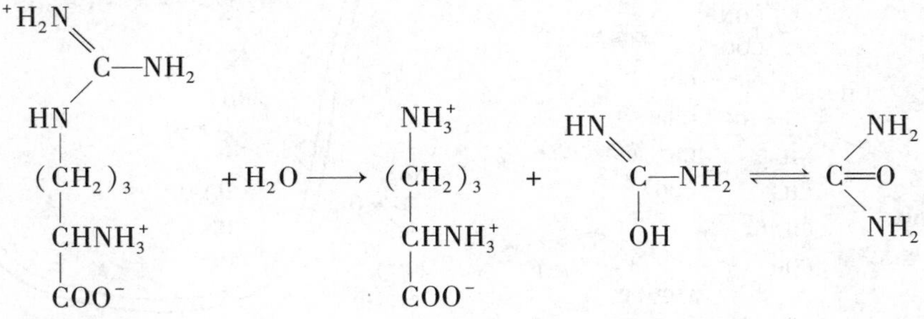

精氨酸　　鸟氨酸　　尿素(烯醇式)　　尿素

鸟氨酸循环将氨转化成尿素,尿素中的 2 个氨,一分子来源于谷氨酸的氧化脱氨,一分子来自于天冬氨酸,而天冬氨酸的氨是由其他氨基酸通过转氨基作用转给草酰乙酸生成的,每生成 1 mol 尿素要消耗 3 mol ATP(实际是 4 个高能键)。参与尿素生成的酶,氨甲酰磷酸合成酶I和鸟氨酸转氨甲酰酶是线粒体酶,瓜氨酸生成后可通过特定的转运系统,从线粒体转至细胞质基质,再通过精氨琥珀酸合成酶、精氨琥珀酸裂合酶、精氨酸酶的作用生成尿素。

鸟氨酸循环中,天冬氨酸与瓜氨酸反应生成精氨琥珀酸后,经裂解生成精氨酸和延胡索酸。延胡索酸转化成草酰乙酸,经转氨作用生成天冬氨酸,再进入鸟氨酸循环,周而复始地运转,因此鸟氨酸循环与三羧酸循环关系非常密切。所以人们称之为 Krehs hicyde,又称尿素-柠檬酸双循环,如图 10.5 所示。通过这一循环不但消除氨毒,还消耗了一部分体内不需要的 CO_2。

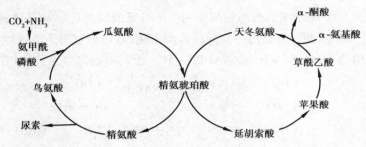

图 10.5　尿素-柠檬酸双循环

尿素是哺乳动物蛋白质代谢的最终产物。尿素氮占尿中排出的总氮量的 90%,在蛋白质营养不足时,可降低至 40% ~ 50%。鸟类和某些爬行类以尿酸的形式排氨,尿酸合成过程非常复杂。

4) 以酰胺的形式贮存

氨基酸脱氨作用所产生的氨除形成如尿素这样的含氮物排出体外,还可以酰胺的形式贮存于体内,供合成氨基酸和其他含氮物所用。谷氨酰胺和天冬酰胺不仅是合成蛋白质的原料,而且也是体内解除氨毒的重要方式。存在于脑、肝及肌肉等细胞组织中的谷氨酰胺合成酶,能催化谷氨酸与氨作用合成谷氨酰胺,此反应需要 ATP 参加。

谷氨酰胺是动物体内氨的主要运输形式,除了通过血液循环将氨运送到肝脏合成尿素,也可将氨运输到肾脏以铵盐的形式排出,是尿氨的主要来源。

氨在天冬酰胺合成酶的催化下也可与天冬氨酸反应生成天冬酰胺,它大量存在于植物体内,是植物体中贮氨的重要物质。当需要时,天冬酰胺分子内的氨基又可通过天冬酰胺酶的作用分解出来,供合成氨基酸和其他含氮物所用。

5) 重新合成氨基酸和其他含氮物

氨被利用重新合成氨基酸的过程基本上是联合脱氨基的逆过程。氨也可以用于合成其他含氮物,如鸟氨酸循环的氨甲酰磷酸是由 NH_3 和 CO_2,在 ATP 供能条件下经氨甲酰磷酸合成酶催化合成的。这种酶分布在线粒体内,又称氨甲酰磷酸合成酶 I。它是别构酶,N-乙酰谷氨酸为正别构剂。它利用转氨基作用和 L-谷氨酸脱氢酶的催化作用,由谷氨酸氧化产生的氨作为氮源。而氨甲酰磷酸合成酶 II 分布于胞质,一般存在于生长迅速的组织细胞内,包括肿瘤细胞中。它利用谷氨酰胺作为氮源,不需要 N-乙酰谷氨酸参加就可催化合成氨甲酰磷酸。生成的氨甲酰磷酸再与天冬氨酸缩合成氨甲酰天冬氨酸,然后经环化形成二氢乳清酸,最后合成尿苷酸。所以,氨基酸脱下的氨经谷氨酰胺就转化成嘧啶类化合物,这也是氨的去路之一。

10.2.4　α-酮酸的代谢

α-氨基酸脱氨后生成的 α-酮酸可以再合成为氨基酸,可以转变为糖和脂肪,也可氧化成二氧化碳和水,并放出能量以供体内需要。

(1)再合成氨基酸

体内氨基酸的脱氨作用与 α-酮酸的还原氨基化作用可以看作一对可逆反应,并处于动态平衡中。当体内氨基酸过剩时,脱氨作用相应地加强。相反,在需要氨基酸时,氨基化作用又会加强,从而合成某些氨基酸。

糖代谢的中间产物 α-酮戊二酸与氨的作用产生谷氨酸就是还原氨基化过程,也就是谷氨酸氧化脱氨基的逆反应,此反应是由谷氨酸脱氢酶催化,以还原辅酶为氢供体。动物体内谷氨酸脱氢酶的还原辅酶为 $NADH + H^+$ 或 $NADPH + H^+$,而在植物体内为 $NADPH + H^+$。

$$NH_4^+ + \begin{matrix} COO^- \\ | \\ C=O \\ | \\ CH_2 \\ | \\ CH_2 \\ | \\ COO^- \end{matrix} \quad \underset{\alpha\text{-酮戊二酸}}{} \overset{NAD(P)H+H^+ \quad NAD(P)^+}{\rightleftharpoons} \quad \begin{matrix} COO^- \\ | \\ HC-NH_3^+ \\ | \\ CH_2 \\ | \\ CH_2 \\ | \\ COO^- \end{matrix} + H_2O \quad \underset{谷氨酸}{}$$

用 ^{15}N 标记 NH_3 的实验证明,植物细胞质中最初接受氮素的碳骨架主要是 α-酮戊二酸,因此谷氨酸是氮素同化早期阶段含 ^{15}N 最多的化合物。

上述反应是多数有机体直接利用 NH_3 合成谷氨酸的主要途径,不仅如此,该反应在其他所有氨基酸的合成中,都有重要意义。因为谷氨酸的氨基可以转到 α-酮酸上,从而形成各种相应的氨基酸,例如,谷氨酸与丙酮酸和草酰乙酸通过转氨基作用分别合成丙氨酸和天冬氨酸,反应式为:

$$谷氨酸 + 丙酮酸 \rightleftharpoons \alpha\text{-酮戊二酸} + 丙氨酸$$
$$谷氨酸 + 草酰乙酸 \rightleftharpoons \alpha\text{-酮戊二酸} + 天冬氨酸$$

(2)转变成糖及脂肪

当体内不需要将 α-酮酸再合成氨基酸,并且体内的能量供给又极充足时,α-酮酸可以转变为糖及脂肪,这已为动物实验所证明。例如,用氨基酸饲养患人工糖尿病的犬,大多数氨基酸可使尿中葡萄糖的含量增加,少数几种可使葡萄糖及酮体的含量同时增加,而亮氨酸只能使酮体的含量增加。在体内可以转变为糖的氨基酸称为生糖氨基酸,按糖代谢途径进行代谢;能转变成酮体的氨基酸称为生酮氨基酸,按脂肪酸代谢途径进行代谢;二者兼有的称为生糖兼生酮氨基酸,部分按糖代谢,部分按脂肪酸代谢途径进行。一般来说,生糖氨基酸的分解中间产物大都是糖代谢过程中的丙酮酸、草酰乙酸、α-酮戊二酸、琥珀酰 CoA,或者与这几种物质有关的化合物,生酮氨基酸的代谢产物为乙酰辅酶或乙酰乙酸。亮氨酸和赖氨酸为生酮氨基酸,异亮氨酸和 3 种芳香族氨基酸为生糖兼生酮氨基酸,其他氨基酸为生糖氨基酸。

(3)氧化成二氧化碳和水

脊椎动物体内氨基酸分解代谢过程中,20 种氨基酸有着各自的酶系催化氧化分解 α-酮酸。各种氨基酸可分别形成乙酰 CoA、α-酮戊二酸、琥珀酰 CoA、延胡索酸、草酰乙酸 5 种中间产物,进入三羧酸循环进一步分解生成 CO_2,脱出的氢通过呼吸链生成水,释放出能量用以合成 ATP(图 10.6)。

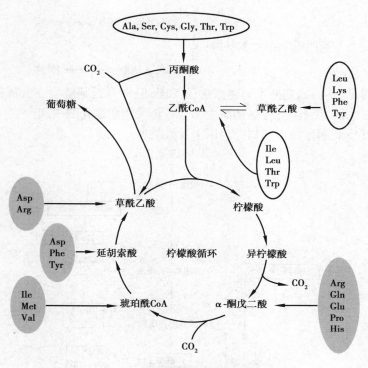

图 10.6　氨基酸分解代谢简图

10.3　氨基酸的合成代谢

　　氨基酸是蛋白质的基本组成单位,不同生物用于合成蛋白质的氮源不同。自然界能直接利用大气中的 N_2 作为氮源的生物不多,仅有与豆科植物共生的根瘤菌和少数细菌能合成固氮酶,可将大气中的 N_2 还原为 NH_3 ,进而合成氨基酸和蛋白质。植物和绝大多数微生物可以将硝酸盐和亚硝酸盐还原为 NH_3 ,而动物只能通过降解动植物蛋白来作为合成蛋白质的氮源。

　　氨基酸合成代谢的一般规律在上一节已作介绍,但个别氨基酸的代谢还有其特殊性,而且内容极其繁杂,本书仅介绍氨基酸合成代谢的概况。

10.3.1　氨基酸合成途径的类型

　　不同生物合成氨基酸的能力有所不同。动物不能合成全部的 20 种氨基酸。例如人和大鼠只能合成 10 种氨基酸,其余 10 种自身无法合成,必须由食物供给,这种必须由食物供给的氨基酸称为必需氨基酸,自身能合成的氨基酸称为非必需氨基酸。植物和绝大多数微生物能合成全部氨基酸。动物体内自身能合成的非必需氨基酸都是生糖氨基酸,其原因是这些氨基酸与糖的转变是可逆过程;必需氨基酸中只有少部分是生糖氨基酸,这部分氨基酸转变成糖的过程是不可逆的。所有生酮氨基酸都是必需氨基酸,因为这些氨基酸转变成酮体的过程是不可逆的,因此,脂肪很少或不能用来合成氨基酸。

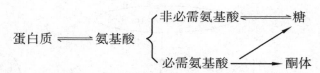

由图 10.7 可见,不同氨基酸生物合成途径不同,但许多氨基酸生物合成都与机体内的几个主要代谢途径相关。因此,可将氨基酸生物合成相关代谢途径的中间产物,看作氨基酸生物合成的起始物,并以此起始物不同划分为以下 6 大类型。

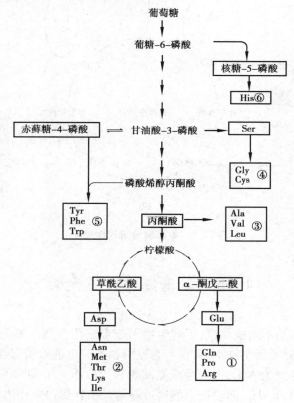

图 10.7　氨基酸合成代谢示意图

(1)α-酮戊二酸衍生类型

α-酮戊二酸与 NH₃ 在谷氨酸脱氢酶(辅酶为 NADPH + H⁺)催化下,还原氨基化生成谷氨酸;谷氨酸与 NH₃ 在谷氨酰胺合成酶催化下,消耗 ATP 而形成谷氨酰胺;谷氨酸的 γ-羧基还原生成谷氨酸半醛,然后环化成二氢吡咯-5-羧酸,再由二氢吡咯还原酶作用还原成脯氨酸。谷氨酸也可在转乙酰基酶催化下生成 N-乙酰谷氨酸,再在激酶作用下,消耗 ATP 后转变成 N-乙酰-γ-谷氨酰磷酸,然后在还原酶催化下由 NADPH + H⁺ 提供氢而还原成 N-乙酰谷氨酸-γ-半醛。最后经转氨酶作用,谷氨酸提供 α-氨基而生成 N-乙酰鸟氨酸,经去乙酰基后转变成鸟氨酸。通过鸟氨酸循环而生成精氨酸。

由上所述,α-酮戊二酸衍生型可合成谷氨酸、谷氨酰胺、脯氨酸和精氨酸等非必需氨基酸。

(2)草酰乙酸衍生类型

在谷草转氨酶催化下,草酰乙酸与谷氨酸反应生成天冬氨酸;天冬氨酸经天冬酰胺合成酶催化,在谷氨酰胺和 ATP 参与下,从谷氨酰胺上获取酰胺基而形成天冬酰胺;细菌和植物还可以由天冬氨酸为起始物合成赖氨酸或转变成甲硫氨酸。另外,以天冬氨酸为起始物合成高丝氨酸,再转变成苏氨酸(苏氨酸合酶催化)。天冬氨酸与丙酮酸作用进而合成异亮氨酸。

由此可见,草酰乙酸衍生型可合成天冬氨酸、天冬酰胺、赖氨酸、甲硫氨酸、苏氨酸和异亮氨酸等 6 种氨基酸。

(3)丙酮酸衍生类型

以丙酮酸为起始物可合成丙氨酸、缬氨酸和亮氨酸。

(4)甘油酸-3-磷酸衍生类型

由甘油酸-3-磷酸起始,可分别合成丝氨酸、甘氨酸和半胱氨酸。甘油酸-3-磷酸经磷酸甘油酸脱氢酶催化脱氢生成羟基丙酮酸-3-磷酸,经磷酸丝氨酸转氨酶作用,谷氨酸提供 ex-氨基而形成丝氨酸-3-磷酸。它在磷酸丝氨酸磷酸酶作用下去磷酸生成丝氨酸。丝氨酸在丝氨酸转羟甲基酶作用下,脱去羟甲基后生成甘氨酸。

大多数植物和微生物可以把乙酰 CoA 的乙酰基转给丝氨酸而生成 O-乙酰丝氨酸。反应由丝氨酸转乙酰基酶催化。O-乙酰丝氨酸经巯基化而生成半胱氨酸和乙酸。

(5)赤藓糖-4-磷酸和磷酸烯醇丙酮酸衍生类型

芳香族氨基酸中,苯丙氨酸、酪氨酸和色氨酸可由赤藓糖-4-磷酸为起始物,在有磷酸烯醇丙酮酸条件下酶促合成分支酸,再经氨基苯甲酸合酶作用可转变成邻氨基苯甲酸,经系列反应最后生成色氨酸;分支酸还可以转变成预苯酸,在预苯酸脱氢酶作用下生成对羟基苯丙酮酸,经转氨生成酪氨酸;在预苯酸脱水酶作用下预苯酸转变成苯丙酮酸,经转氨形成苯丙氨酸。

(6)组氨酸生物合成

组氨酸酶促生物合成途径非常复杂。它由 5′-磷酸核糖基焦磷酸(PRPP)开始,首先把核糖-5′-磷酸部分连接到 ATP 分子中的嘌呤环的第 1 号氮原子上生成 N-糖苷键相连的中间物[N-1-(核糖-5′-磷酸)-ATP],经过一系列反应最后合成组氨酸。由于组氨酸来自 ATP 分子上的嘌呤环,故有人认为它是嘌呤核苷酸代谢的一个分支。

10.3.2 氨基酸与某些重要生物活性物质的合成

生物体需要一些生物活性物质用来调节代谢和生命活动,有些活性物质可由氨基酸合成。

肾上腺素、去甲肾上腺素、多巴及多巴胺都属于儿茶酚胺类。这些活性物质的合成可由酪氨酸衍生而来,它们在神经系统中起重要作用。其合成过程简述如图 10.8 所示。

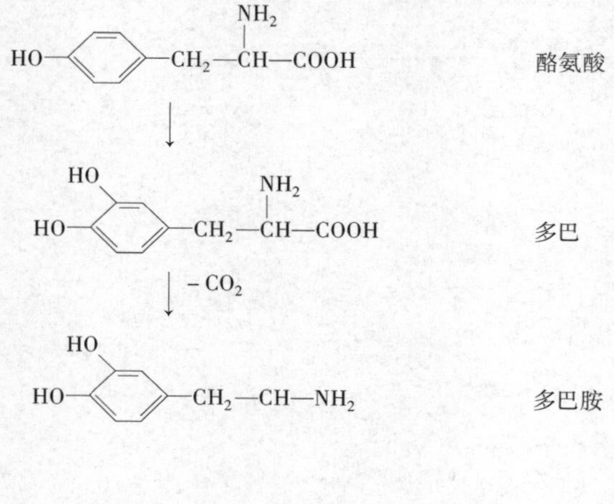

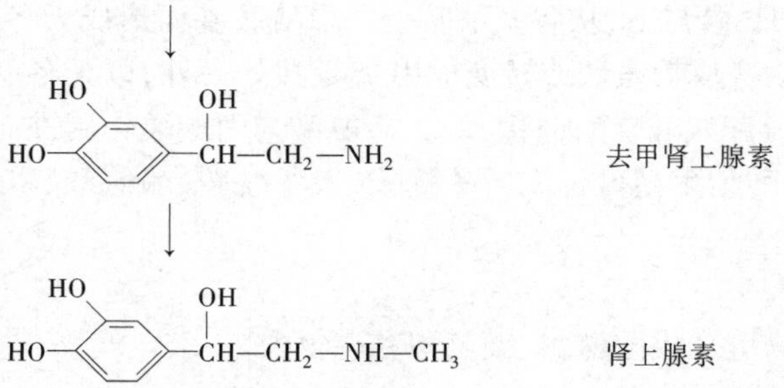

图 10.8　肾上腺素合成过程

又如,牛磺酸的合成可通过半胱氨酸侧链氧化成半胱氨酸亚磺酸后,进一步氧化成磺基丙氨酸,然后脱羧成牛磺酸。合成过程如图 10.9 所示。

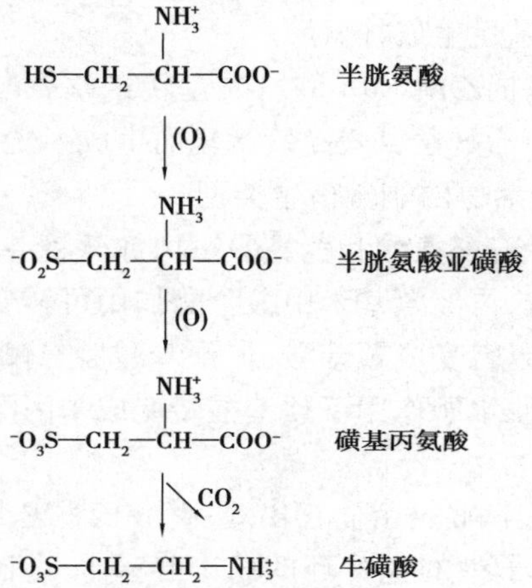

图 10.9　牛磺酸的合成过程

第 **11** 章
核苷酸代谢

11.1 核苷酸的分解代谢

动物和异养微生物能分泌核酸酶用于水解食物核酸、外界入侵核酸或胞内无用核酸。核酸酶有多种。其中核酸外切酶是一类从核酸(包括 DNA 和 RNA)分子的一端逐一把核苷酸顺次水解下来的核酸水解酶,它们是碱基非特异性的磷酸二酯酶。不同外切酶的作用方向有差别,如蛇毒磷酸二酯酶,是从 RNA 或 DNA 的游离 3′端开始水解,依次产生 5′-核苷酸;牛脾磷酸二酯酶则相反,是从游离 5′端开始水解,逐个水解生成 3′-核苷酸。牛胰核糖核酸酶是一种核酸内切酶,专一性地水解 RNA 链中的嘧啶核苷酸参与形成的磷酸二酯键,产生 3′-嘧啶核苷酸和以 3′端为嘧啶核苷酸的寡核苷酸。核酸水解产物可产生单核苷酸,单核苷酸可被细胞直接利用,也可发生进一步降解。

11.1.1 核苷酸的降解

核苷酸在核苷酸酶催化下水解为核苷和无机磷酸。不同核苷酸酶专一性不同。3′-核苷酸酶只水解 3′-核苷酸的磷酸基团,5′-核苷酸酶只水解 5′-核苷酸的磷酸基团。非专一性磷酸酶也能催化核苷酸水解出磷酸基团。

核苷在核苷酶作用下,继续水解为碱基和戊糖。核苷酶有两类:一类为核苷磷酸化酶,广泛存在于生物体内,催化可逆反应;另一类为核苷水解酶,只存在于植物和微生物体内,催化不可逆反应,反应式为:

$$核苷 + Pi \xrightarrow{\text{核苷磷酸化酶}} 碱基 + 戊糖-1-磷酸$$

$$核苷 + H_2O \xrightarrow{\text{核苷水解酶}} 碱基 + 戊糖$$

核苷酸分解产生的戊糖可进入糖分解代谢产生能量,不同生物嘌呤碱通常降解为不同化合物,分泌到体外,而嘧啶碱基被彻底代谢。

11.1.2 嘌呤碱的分解

嘌呤核苷酸在降解过程中产生的嘌呤碱基经氧化、脱氢或脱氨都能转化为黄嘌呤,黄嘌呤发生氧化生成尿酸。从图 11.1 可以看出,黄嘌呤在黄嘌呤氧化酶催化的反应中,将电子传递给 O_2 形成过氧化氢(H_2O_2 能在过氰化氢酶作用下转化为 H_0 和 O_2),本身被氧化为尿酸。还有一条途径,就是黄嘌呤在黄嘌呤脱氢酶作用下,将电子和氢传递给 NAD^+,形成 $NADH + H^+$ 和尿酸。

不同生物对嘌呤碱的降解终产物不同。鸟类、部分爬行类和灵长类(包括人类)能将嘌呤碱降解为尿酸,排出体外(图 11.1)。血液中尿酸浓度过高会引发痛风。别嘌呤醇能治疗痛风,因为它的氧化产物能与黄嘌呤氧化酶活性中心紧密结合,强烈抑制该酶活性,可以防止尿酸的大量形成和尿酸钠的沉积。

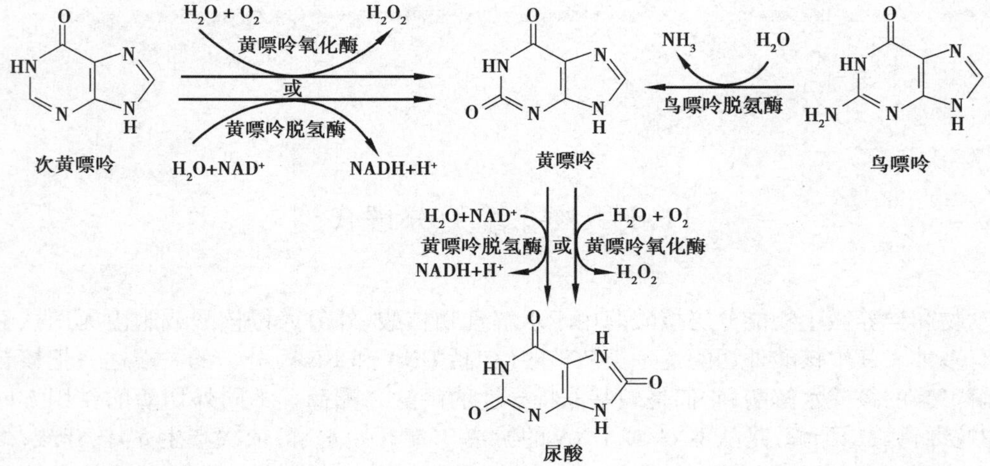

图 11.1　嘌呤碱氧化降解为尿酸

在大多数生物中,尿酸被进一步氧化(图 11.2)。尿酸氧化酶催化尿酸氧化为尿囊素、H_2O_2 和 CO_2,反应具有氧依赖性。在此过程中,尿酸的嘧啶环打开。尿囊素是除人及猿类以外的大多数哺乳动物的嘌呤降解终产物。其他多数种类生物因含有尿囊素酶,可以水解尿囊素生成尿囊酸。尿囊酸是某些硬骨鱼嘌呤碱代谢的排泄物。在大多数鱼类、两栖类动物中,尿囊酸在尿囊酸酶作用下进一步分解成尿素。某些低等动物(如海生无脊椎动物和甲壳动物)还能将尿素分解成氨和二氧化碳再排出体外。

11.1.3　嘧啶碱的分解

尿嘧啶和胸腺嘧啶经还原发生嘧啶环断裂,再经 2 次水解,分别生成 β-丙氨酸和 β-氨基异丁酸(图 11.3)。

在嘧啶碱降解过程中,它们的二氢衍生物的生成是由二氢嘧啶脱氢酶催化的。在哺乳动物肝脏中,尿嘧啶脱氢酶和胸腺嘧啶脱氢酶以 NADPH 作为供氢体,细菌中这两种酶利用 NADH 作为供氢体。至于胞嘧啶,需要先脱氨生成尿嘧啶,再进入尿嘧啶降解途径。嘧啶碱降解的终产物 β-丙氨酸先转变成乙酸,进入乙酸代谢,最终生成乙酰 CoA;β-氨基异丁酸经转氨等多步反应转变成琥珀酰 CoA。乙酰 CoA 和琥珀酰 CoA 是柠檬酸循环的重要中间物,它们进入 TCA 循环进行彻底降解。

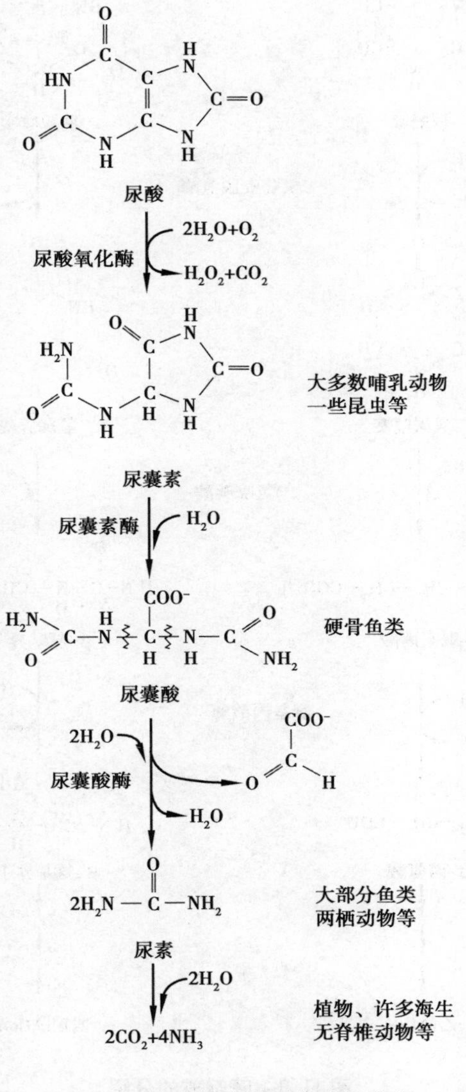

图 11.2　不同生物尿酸的降解产物

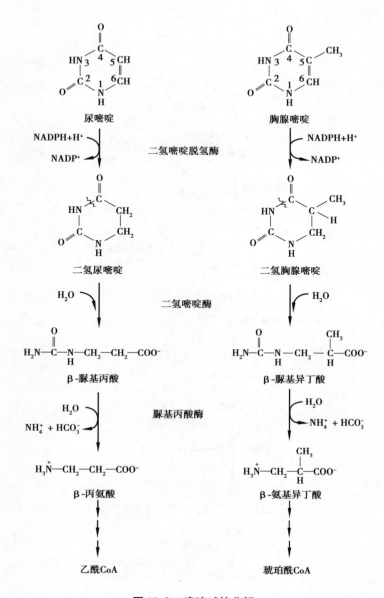

图 11.3　嘧啶碱的分解

11.2　核苷酸的合成代谢

核苷酸不仅是构成 DNA 和 RNA 的基本单元,还以游离或掺入辅因子的形式参与细胞各种活动。细胞中核苷酸的适时合成和降解是细胞正常活动所必需的。所有生物和细胞都能合成嘌呤核苷酸和嘧啶核苷酸。间期细胞合成核苷酸主要用于 RNA 和各种核苷酸辅因子的合成;分裂细胞合成脱氧核苷酸主要用于 DNA 合成。核苷酸生物合成有两条基本途径:从头合成途径和补救途径。从头合成途径是指以氨基酸、CO_2 等小分子前体为原料,通过依次获取氮原子和碳原子先合成碱基环,再合成核苷酸的过程。补救途径是直接利用核酸降解产物——碱基或核苷合成核苷酸。

由于脱氧核苷酸合成与细胞分裂密切相关,而癌症又是细胞分裂失控的结果,有关脱氧核苷酸合成的调控研究对现代医学的发展有重要意义。对核苷酸降解的研究也很重要,核苷酸代谢异常会导致机体出现病态。本章将重点介绍嘌呤和嘧啶核苷酸的从头合成途径,简单介绍补救途径以及核糖核苷酸如何还原为 $2'$-脱氧核糖核苷酸,最后讨论核苷酸的分解代谢。

11.2.1　嘌呤核苷酸的合成

（1）嘌呤核苷酸的从头合成

早先认为嘌呤核苷酸是以嘌呤碱、核糖、磷酸为底物合成的,后来借助同位素标记（如 $^{14}CO_2$ 等）技术对鸟类氮素代谢终端产物进行分析,证实嘌呤环上的碳原子和氮原子分别来源于甘氨酸、天冬氨酸、谷氨酰胺、CO_2 和一碳单位（N^{10}-甲酰四氢叶酸）,如图 11.4 所示。

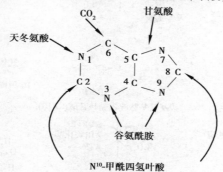

图 11.4　嘌呤环原子的来源

细胞合成嘌呤环的最初底物是 5-磷酸核糖-1-焦磷酸。PRPP 在核糖环的 C_5 位有一个磷酸基团,在 C_1 位有一个焦磷酸基团。合成 PRPP 需要 PRPP 合成酶,底物为 5-磷酸核糖。如图 11.5 所示,5-磷酸核糖 C_1 位的羟基亲核攻击 ATP 的 β 位磷酸基团,ATP 的焦磷酸根转移到 5-磷酸核糖的 C_1,形成 PRPP。

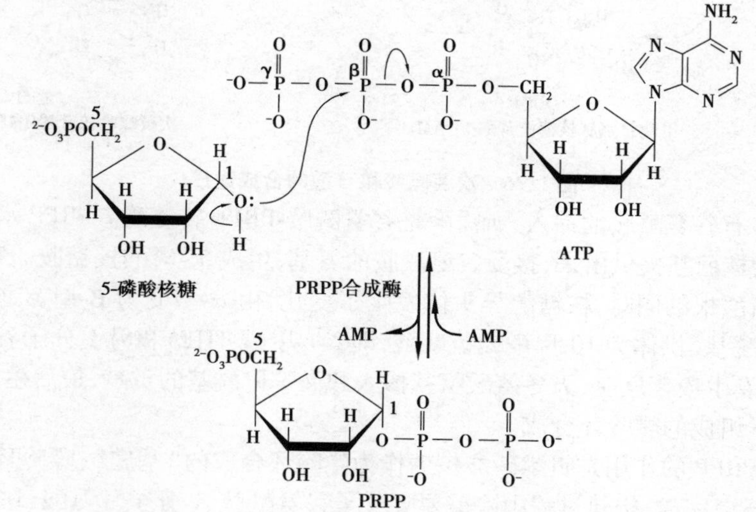

图 11.5　PRPP 的合成

嘌呤核苷酸从头合成的初级产物是次黄嘌呤核苷酸（IMP）。从 PRPP 开始到 IMP 合成，共需要 10 步反应（图 11.6）。

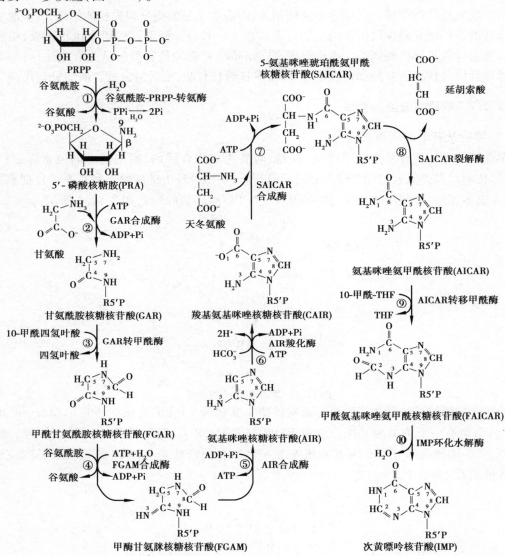

图 11.6　次黄嘌呤核苷酸的合成途径

反应第一步有谷氨酰胺的掺入，所需酶是谷氨酰胺-PRPP 转氨酶。PRPP 水解失去焦磷酸基团，将 5′-磷酸核糖基提供出来，接受谷氨酰胺的氨基，生成 5′-磷酸核糖胺。需要指出的是，在氨基替代焦磷酸根的同时，核糖的异头体发生了变化，由 α-型变为 β-型。之后经过甘氨酸骨架的掺入，甲酰基（供体为 10-甲酰四氢叶酸，即 N^{10}-甲酰-THF）和另 1 分子谷氨酰胺氨基的掺入，以及相继发生羧化反应、天冬氨酸氨基掺入和又一甲酰基的贡献，最后生成 IMP。至此，一个由 9 个原子组成的嘌呤环合成。

简单看来，PRPP 的作用是贡献磷酸核糖作为嘌呤环合成的"基底"，嘌呤环各原子依次构建在这个"基底"上完成；构建过程中除需要 2 分子谷氨酰胺、1 分子甘氨酸、1 分子天冬氨酸、

2 分子 N^{10}-甲酰四氢叶酸和 1 分子碳酸（CO_2 的水合形式）外，还需要 5 分子 ATP，说明嘌呤环的合成高度耗能。

有了 IMP，其他嘌呤核苷酸的合成才有了基础。以 IMP 作为前体，经过"两步"反应可转变成腺嘌呤核苷酸（AMP）或鸟嘌呤核苷酸（GMP），如图 11.7 所示。

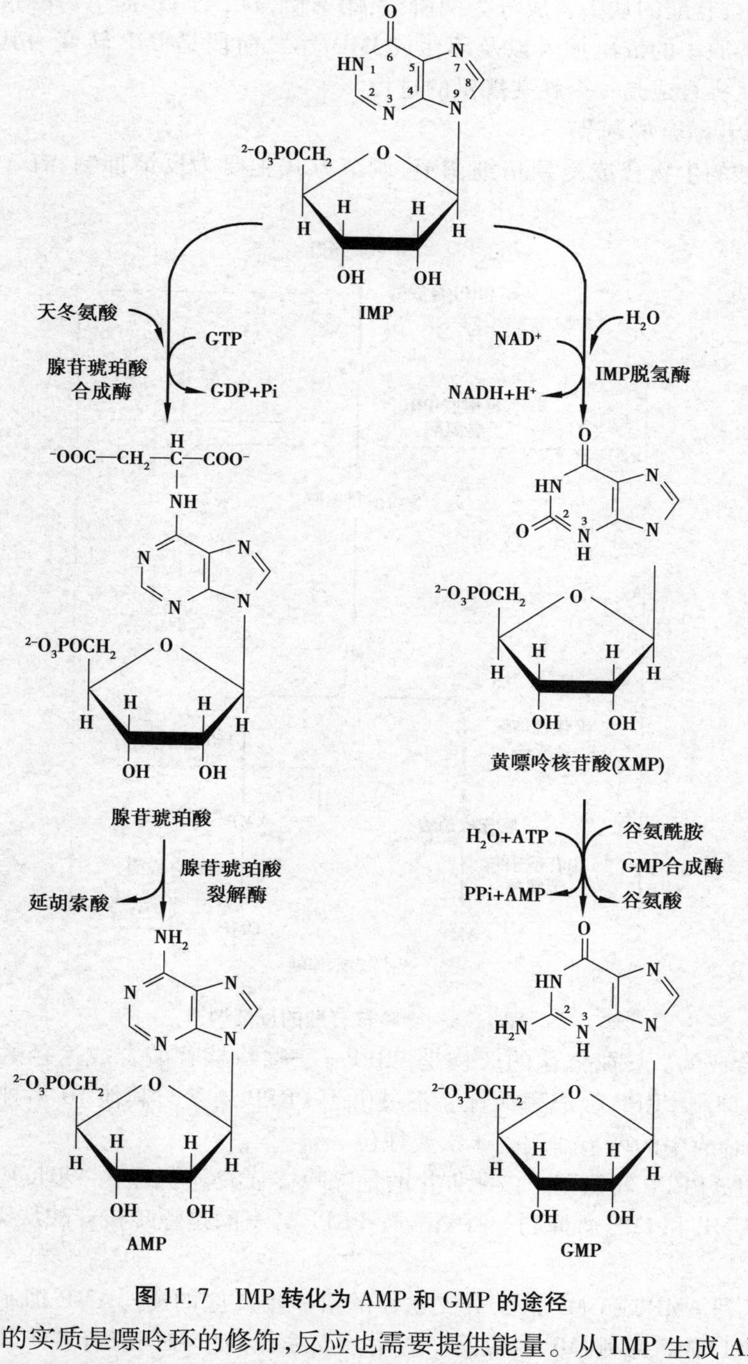

图 11.7　IMP 转化为 AMP 和 GMP 的途径

"两步反应"的实质是嘌呤环的修饰，反应也需要提供能量。从 IMP 生成 AMP，第一步反应由腺苷琥珀酸合成酶催化，由天冬氨酸提供氨基修饰嘌呤环，由 GTP 水解供能；生成的腺苷琥珀酸在裂解酶作用下裂解出延胡索酸,释放出 AMP。从 IMP 转化为 GMP,第一个酶是 IMP 脱氢酶,在 NAD⁺ 参与下,先氧化生成黄嘌呤核苷酸,再由谷氨酰胺提供一个氨基,转变成 GMP;能量来自 ATP 的焦磷酸解。从上述反应式还可以看出,黄嘌呤环是次黄嘌呤环的氧化物,在 C_2 位多一个羰基氧。

总之,嘌呤核苷酸的从头合成分为两阶段:第一阶段由 PRPP 提供磷酸核糖部分,并在其上完成嘌呤环各原子的依次加入以及环化成 IMP;第二阶段是 IMP 转变为其他嘌呤核苷酸。嘌呤核苷酸的从头合成是一个耗费能量的过程。

(2)嘌呤核苷酸合成调节

嘌呤核苷酸的生物合成受到精细调节,调节方式主要为反馈抑制,有 3 个控制点,如图 11.8 所示。

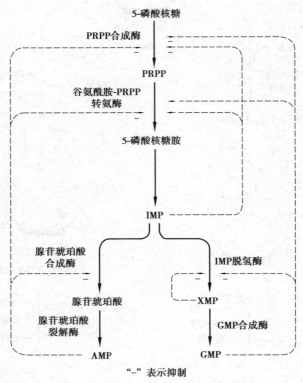

图 11.8　嘌呤核苷酸的反馈调节

①PRPP 合成酶。该酶催化的产物是 PRPP——嘌呤核苷酸合成途径的最初底物。高浓度嘌呤核苷酸抑制 PRPP 合成酶活性。不过由于 PRPP 还参与其他 10 多种反应,因此 PRPP 合成酶在嘌呤合成中的调节作用处于次要地位。

②谷氨酰胺-PRPP 转氨酶。该酶催化的是嘌呤核苷酸合成的第一步反应,为别构酶,可被终产物 AMP、GMP 和 IMP 所抑制。谷氨酰胺-PRPP 转氨酶是嘌呤核苷酸从头合成的关键调节部位。

③从 IMP 到 AMP 或 GMP 两个分支途径的第一步反应的酶。AMP 抑制腺苷琥珀酸合成酶活性,XMP 和 GMP 抑制 IMP 脱氢酶。两个分支途径的单独调节有利于其中一个产物过量受到抑制时而不影响另一个。

常用于抑制嘌呤核苷酸合成的抗代谢药物通常是嘌呤、氨基酸或叶酸的类似物,它们通过对酶的竞争性抑制作用,干扰或抑制嘌呤核苷酸的合成。在临床上广泛应用的 6-巯基嘌呤,其化学结构与次黄嘌呤类似,可以抑制 IMP 转变为 AMP 或 GMP,因而具有抗肿瘤作用。

（3）嘌呤核苷酸合成的补救途径

在细胞正常代谢过程中,核酸经相关核酸酶、核苷酸酶、核苷酶等的催化作用,降解为单核苷酸、核苷和碱基。由此形成的嘌呤碱和嘧啶碱有两种形式:或发生进一步降解,或通过补救途径直接转化为核苷酸。通常由食物消化产生的碱基发生进一步降解,而细胞内核酸降解产生的碱基多用于补救途径。补救途径有利于细胞节省能量。

嘌呤核苷酸合成的补救途径主要有:

①由嘌呤碱与 1-磷酸核糖(R-1-P)合成嘌呤核苷酸。首先在核苷磷酸化酶催化下生成嘌呤核苷,再由核苷磷酸激酶催化生成嘌呤核苷酸,反应式为:

$$嘌呤碱 + R\text{-}1\text{-}P \longrightarrow 嘌呤核苷 \longrightarrow 嘌呤核苷酸$$

②由嘌呤碱与 PRPP 合成嘌呤核苷酸。在磷酸核糖转移酶催化下,PRPP 水解出焦磷酸,将磷酸核糖贡献出来,与碱基共价连接形成核苷酸。磷酸核糖转移酶具有针对嘌呤碱的专一性,如腺嘌呤磷酸核糖转移酶催化腺嘌呤和 PRPP 合成 AMP,次黄嘌呤-鸟嘌呤磷酸核糖转移酶催化 IMP 和 GMP 的合成,反应式为:

$$嘌呤碱 + PRPP \rightarrow 嘌呤核苷酸 + PPi$$

次黄嘌呤-鸟嘌呤磷酸核糖转移酶在人体嘌呤核苷酸补救途径中发挥重要作用。先天性缺乏该酶称为莱-纳尔氏综合征,患者因次黄嘌呤、鸟嘌呤无法转化为 IMP 和 GMP,只能降解为尿酸,使体内尿酸水平增高,PRPP 水平也增高,导致痛风和自残倾向。

11.2.2　嘧啶核苷酸的合成

嘧啶碱的生物合成比嘌呤碱容易,消耗 ATP 也少。同位素标记实验证实,嘧啶环的 C_2 原子来自碳酸,N_3 来自谷氨酰胺,天冬氨酸贡献其他 4 个原子(图 11.9)。

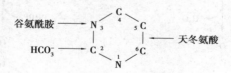

图 11.9　嘧啶环原子的来源

（1）嘧啶核苷酸的从头合成

尿嘧啶核苷一磷酸(UMP)是合成其他嘧啶核苷酸的前体。嘧啶核苷酸的从头合成首先是 UMP 的合成。UMP 从头合成共有 6 步反应(图 11.10)。

第一步是氨甲酰磷酸的合成。在氨甲酰磷酸合成酶催化下,谷氨酰胺作为氨基供体,与碳酸和 ATP 反应,生成氨甲酰磷酸。每合成 1 分子氨甲酰磷酸消耗 2 分子 ATP。真核生物氨甲酰磷酸合成酶有 2 个异型体,在尿素循环中起作用的是 I 型,存在于线粒体中;在嘧啶核苷酸合成中起作用的是 II 型,存在于胞液中。细菌只含一种氨甲酰磷酸合成酶。

氨甲酰磷酸与天冬氨酸反应生成氨甲酰天冬氨酸,再闭环成二氢乳清酸,最后脱氢氧化成

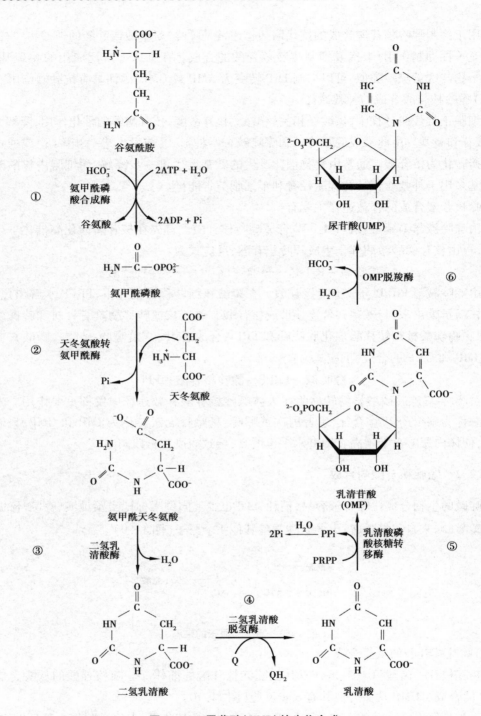

图 11.10　尿苷酸(UMP)的生物合成

乳清酸。催化这 3 步反应的酶分别是天冬氨酸转氨甲酰酶、二氢乳清酸酶和二氢乳清酸脱氢酶。乳清酸是合成尿嘧啶核苷酸的重要中间产物,至此已形成嘧啶环。

　　而后,乳清酸与 PRPP 连接生成乳清苷酸,再经脱羧生成 UMP。催化这两步反应的酶分别是乳清酸磷酸核糖转移酶和乳清苷酸脱羧酶。

无论原核细胞还是真核细胞,嘧啶核苷酸合成的 6 个基本步骤是一致的,只是酶的组织方式不同。在 E. coli 中,各个酶分别起催化作用。在真核细胞质中,催化前 3 步反应的酶形成多功能蛋白——二氢乳清酸合酶,乳清酸核糖磷酸转移酶和乳清苷酸脱羧酶则融合为多功能酶——UMP 合酶。多功能酶可使代谢中间产物直接从酶的一个活位点到达下一个活性位点,这有利于限制中间产物的扩散,提高酶催化效率。

通过上述途径生成的 UMP,在激酶作用下发生磷酸化,转化成其他嘧啶核苷酸。从 UMP 转化成 CTP 需要 3 步反应。前 2 步是 ATP 依赖的转化反应,即 UMP 激酶催化 ATP 的 γ-磷酸基团转移给 UMP,生成 UDP;核苷二磷酸激酶催化另 1 分子 ATP 的 γ-磷酸基团转移给 UDP,生成 UTP。

$$UMP \longrightarrow UDP \longrightarrow UTP$$

核苷单磷酸转变成核苷三磷酸是所有生物共有的途径。细胞中存在着一系列激酶能将核苷单磷酸转变成相应的核苷二磷酸和核苷三磷酸。

$$NMP \longrightarrow NDP \longrightarrow NTP$$

最后一步反应是在 CTP 合成酶催化下完成的。谷氨酰胺的酰胺基团中氨基依赖于 ATP 水解转移至 UTP 的 C_4 上,生成 CTP(图 11.11)。

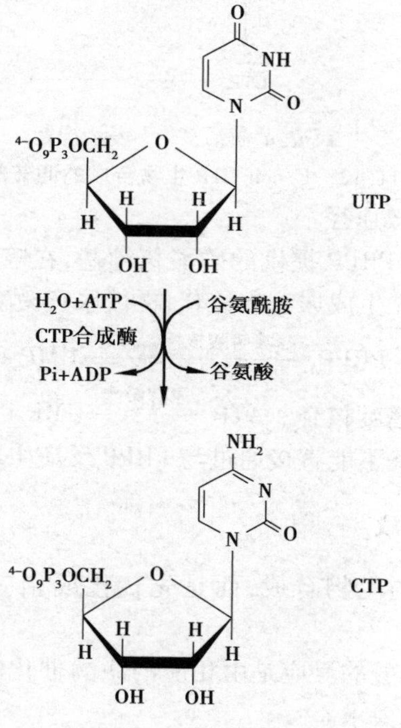

图 11.11　CTP 合成酶催化 UTP 转化为 CTP

（2）嘧啶核苷酸合成调节

E. coli 嘧啶核苷酸的合成调节如图 11.12 所示。UMP 合成的关键酶是天冬氨酸转氨甲酰酶,CTP 合成的关键酶是 CTP 合成酶,这两个酶是重要的调控位点。天冬氨酸转氨甲酰酶属于别构酶,被 CTP 和 UTP 所抑制,受 ATP 激活;CTP 合成酶被 CTP 抑制,受 GTP 激活。

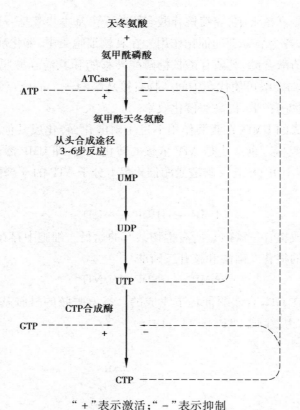

"+"表示激活;"-"表示抑制

图 11.12　E. coli CTP 生物合成的调节部位

（3）嘧啶核苷酸合成的补救途径

游离的尿嘧啶可直接接受 PRPP 提供的磷酸核糖基,在嘧啶磷酸核糖转移酶催化下生成 UMP;也可与 1-磷酸核糖作用先生成尿嘧啶核苷,再被尿苷激酶催化生成 UMP,反应式为:

$$U + PRPP \xrightarrow{\text{嘧啶磷酸核糖转移酶}} UMP + PPi$$

$$\text{尿嘧啶核苷} + ATP \xrightarrow{\text{尿苷激酶}} UMP + ADP$$

与尿嘧啶不同,胞嘧啶碱基不能直接通过与 PRPP 反应生成 CMP。

11.2.3　核苷三磷酸的合成

核苷酸不直接参加核酸的生物合成,而是先转化成相应的核苷三磷酸后再掺入 RNA 或 DNA。

从核苷酸转化为核苷二磷酸的反应是由相应的激酶催化的。这些激酶对碱基专一,对其底物含核糖或脱氧核糖无特殊要求。

此类反应的通式是:

$$(d)NMP + ATP \xrightarrow{\text{激酶}} (d)NDP + ADF$$

核苷二磷酸转化为核苷三磷酸由另一种激酶催化,该酶对碱基和戊糖都没有特殊要求,磷酸基的供体为 ATP:

$$(d)NDP + ATP \xrightarrow{\text{激酶}} (d)NTP + ADP$$

11.2.4　脱氧核糖核苷酸的合成

（1）核糖核苷酸还原为脱氧核糖核苷酸

脱氧核糖核苷酸是由相应的核苷二磷酸生成的，在生物体内，ADP、GDP、CDP 和 UDP 四种核糖核苷酸均可被还原成相应的脱氧核糖核苷酸。在一个由多组分组成的还原系统的作用下，核糖核苷二磷酸（核苷二磷酸）在核糖 C_2 羟基发生脱氧反应，还原力的最初供体是 NAD-PH（图 11.13）。

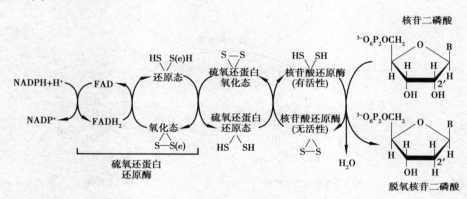

B 表示碱基；S(e)表示硫或硒

图 11.13　核苷二磷酸的还原

核糖核苷二磷酸还原系统涉及 3 种蛋白质：硫氧还蛋白还原酶、硫氧还蛋白和核糖核苷酸还原酶（核苷酸还原酶），它们在活性部位有一个共同特点，即都能通过二硫键和一对巯基的转化发生可逆氧化还原反应。其中硫氧还蛋白的作用是作为氢的传递体。硫氧还蛋白还原酶的活性部位在不同生物中略有不同，哺乳动物一个为半胱氨酸巯基，一个为硒代半胱氨酸。核苷酸还原酶有多种类型，为别构酶。

从图 11.13 可以看出，NADPH 首先将硫氧还蛋白还原酶的二硫键还原，接着将硫氧还蛋白从氧化态转变为还原态，继而又将核苷酸还原酶活性中心的二硫键还原，使该酶转变为活性形式。在核苷酸还原酶作用下，核苷二磷酸在 2′-脱氧，生成脱氧核苷二磷酸。

核糖核苷酸还原反应极为重要，核苷酸还原酶受到两方面的精确调节：一是核糖核苷酸和脱氧核糖核苷酸供求关系的调节；二是 4 种脱氧核苷二磷酸之间维持平衡。核苷酸还原酶含有酶活性调节位点和底物特异性调节位点，前者用于调节核糖核苷酸和脱氧核糖核苷酸的水平，后者用于协调 4 种核苷酸的均衡反应。核苷酸还原酶的精细调节对 DNA 复制的准确性有一定贡献。

需要指出的是，生物体还存在另一类核苷酸二磷酸还原系统，由谷氧还蛋白还原酶、谷氧还蛋白和谷胱甘肽还原酶组成，作用机制类似。

dADP、dGDP 和 dCDP 一旦形成，它们便可在相应的核苷二磷酸激酶作用下转化为三磷酸水平。至于脱氧胸苷酸（dTMP、dTDP 和 dTTP），则需要经由特殊的中间体才能形成。

（2）脱氧胸苷酸的生物合成

细胞中用于脱氧胸苷酸合成的中间体是 dUMP，有两个来源：dCTP 脱氨或 dUTP 水解。dUMP 的碱基发生甲基化生成 dTMP（图 11.14）。

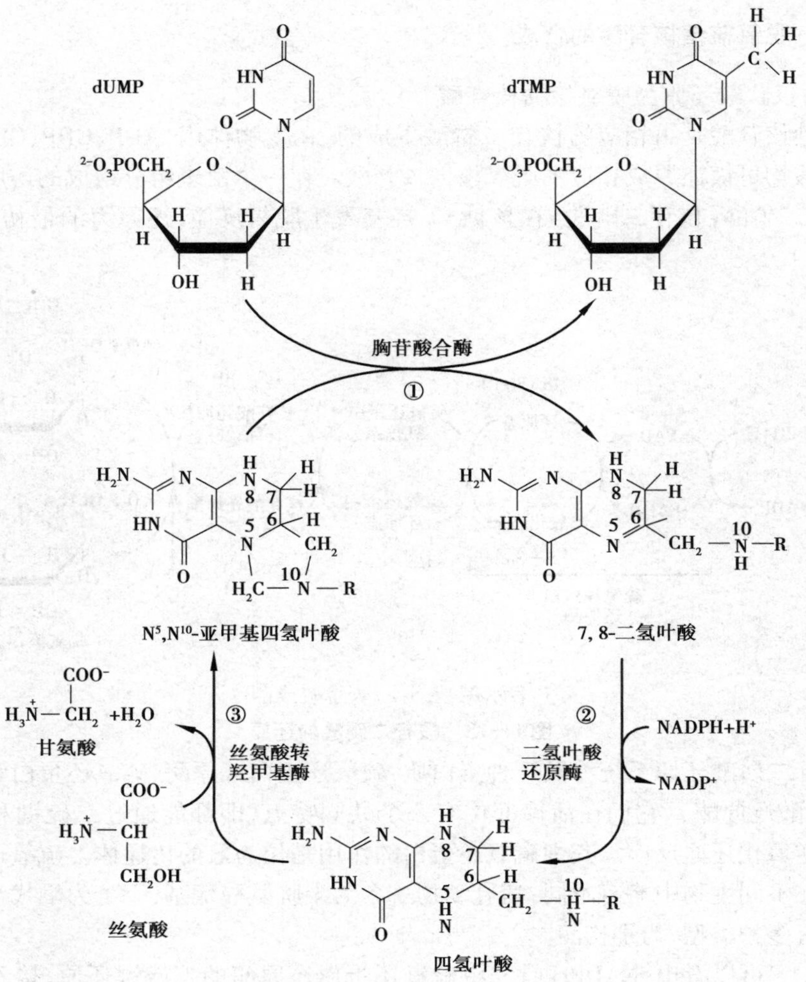

图 11.14　dTMP 的合成过程

　　催化这一反应的酶是胸苷酸合酶,甲基供体是 N^5,N^{10}-亚甲基四氢叶酸。四氢叶酸是一碳单位的载体,在嘌呤和嘧啶核苷酸合成中均起重要作用。由于四氢叶酸在细胞中含量很低,需要随时再生。再生反应涉及二氢叶酸还原酶和丝氨酸转羟甲基酶,也需要丝氨酸的参与。

　　胸苷酸合酶、二氢叶酸还原酶常被选作设计抗肿瘤药物的靶点。有一种抗癌药物——5-氟尿嘧啶(5-FU),在体内可转变为氟脱氧尿苷酸(F-dUMP),其结构与 dUMP 相似,可竞争性抑制胸苷酸合酶的活性,从而抑制胸苷酸的合成,干扰 DNA 的合成和细胞的快速分裂。

第 **12** 章
DNA 的生物合成

12.1　DNA 复制的概况

　　DNA 复制是 DNA 生物合成的基本内容。DNA 复制除需要底物、DNA 模板外,还需要有一套完整的酶体系。

12.1.1　DNA 复制的特点

（1）DNA 复制为半保留复制

　　1958 年,Meselson 和 Stahl 通过实验证明了细菌 DNA 的半保留复制方式(图 12.1)。他们将大肠杆菌先培养在只含有 $^{15}NH_4Cl$ 氮源的培养基上,经过多代培养直至细菌 DNA 的 N 原子全部由 ^{15}N 同位素取代。而后,将细菌转移到只含有 $^{14}NH_4Cl$ 氮源的培养基中,培养一代、两代和多代后分别取样,利用氯化铯密度梯度离心对样品 DNA 进行分析。结果发现,在转移培养前的细菌 DNA 样品中,只检测到 ^{15}N 的条带(图 12.1A);在培养一代后的样品 DNA 中检测到一条新带,所处位置相当于 ^{15}N 和 ^{14}N 杂交带的位置(图 12.1B);培养二代后的样品 DNA 含有 ^{15}N 和 $^{15}N/^{14}N$ 两种条带(图 12.1C);继续培养多代,伴随培养代数的增加 ^{15}N 条带减弱,而 ^{14}N 条带增强。这些结果充分说明 DNA 复制具有半保留特性。DNA 半保留复制方式保证了生物遗传的稳定性。

（2）DNA 合成方向是 5′→3′

　　DNA 合成不仅是在单条模板链上进行的,而且是发生在特定区域。DNA 双链在特定区域打开,产生一个类似于"眼"的结构,称为复制眼;"眼"角处形成类似于"叉"的结构,称为复制叉(图 12.2)。DNA 复制可以沿复制叉进行双向复制,也可以单向复制。原核生物多为双向复制。

　　无论单向复制还是双向复制,DNA 合成反应实际上是脱氧核糖核苷酸的聚合反应。DNA 聚合酶不仅严格按照模板链的碱基顺序,以 4 种脱氧核糖核苷三磷酸为底物合成延长互补链 DNA,而且它总是沿模板链的 3′→5′方向移动,向新合成 DNA 链的 3′-OH 添加脱氧核糖核苷酸。图 12.3 显示了 dTTP 向 DNA 合成链 3′-OH 的添加反应。由此合成的互补 DNA 链方向一

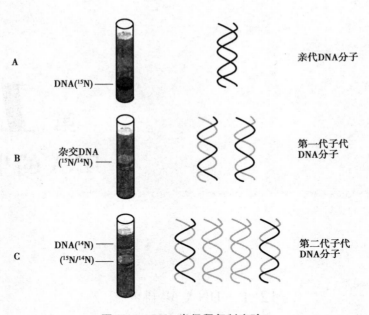

图 12.1 DNA 半保留复制实验

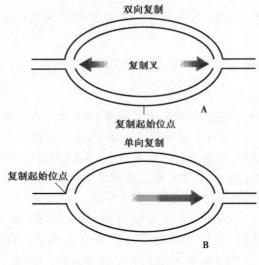

图 12.2 复制叉

定为 5'→3'。

（3）DNA 复制具有半不连续性

双链 DNA 复制时,其中一条链的互补链为连续合成,而另一条链的互补链为不连续合成。这种复制方式被称作 DNA 的半不连续复制。

12.1.2 与复制有关的酶及蛋白质

无论是原核生物还是真核生物,DNA 复制过程都需要许多酶和蛋白质因子参与。下面介绍大肠杆菌 DNA 复制体系。

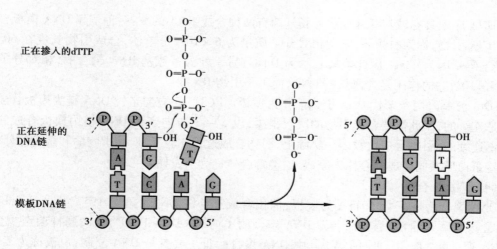

图 12.3 原核生物 DNA 复制方向

（1）拓扑异构酶和解旋酶

DNA 在生物体内以染色体的形式存在。复制时,DNA 双链必须打开形成可供复制的单链模板。虽然天然染色体都是以负超螺旋 DNA 形式存在,便于 DNA 的解旋,但是在 DNA 复制过程中,由于复制叉沿 DNA 双链的快速移动会造成复制叉前方产生新的超螺旋,因此 DNA 整个复制过程都必须有拓扑异构酶的参与。拓扑异构酶有两种类型:Ⅰ型和Ⅱ型,两者作用相反。细菌细胞至少有 4 种拓扑异构酶,其中拓扑异构酶Ⅱ属于Ⅱ型,也被称作 DNA 旋转酶,它在 DNA 复制时不断在复制叉前方引入负超螺旋,从而消除复制叉移动产生的扭曲张力,促使 DNA 双链成功解链。拓扑异构酶Ⅰ型和Ⅱ型作用相反,细胞通过严格控制两者的数量来保持 DNA 适宜的超螺旋状态。

DNA 双螺旋的解链由解旋酶催化完成。DNA 复制起始时,解旋酶与一条 DNA 链结合,沿 DNA 链进行滑动,解开 DNA 双螺旋。所有生物体内都含有解旋酶,不同解旋酶功能不同。大肠杆菌含有 12 种解旋酶,其中 DnaB 在 DNA 复制中起主要作用,它的相对分子质量为 5×10^4,为同型六聚体蛋白,在 DNA 复制过程中沿 $5' \to 3'$ 方向模板链滑动解开双螺旋,能量由 ATP 或 GTP、CTP 提供。Rep 解旋酶和 PriA 解旋酶相对分子质量分别为 6.8×10^4 和 7×10^4,都是单亚基蛋白质,两者都是沿 DNA 模板链 $3' \to 5'$ 方向滑动解开双螺旋。Rep 解旋酶的存在对于大肠杆菌 DNA 复制不是必需的,但是该蛋白突变体的 DNA 复制叉移动速度与正常野生型相比降低约 2 倍。

（2）单链 DNA 结合蛋白

DNA 双链解开以后,如果单链 DNA 得不到保护,便很容易复性重新形成双链。有一类单链 DNA 结合蛋白专门与单链 DNA 结合,可以起到很好的保护作用。大肠杆菌 SSB 蛋白相对分子质量为 7 500,为四聚体,它结合在单链上后可以覆盖长约 32 nt 的片段,这不仅能阻止 DNA 复性形成双链,阻止单链 DNA 本身产生部分双螺旋,而且还能保护单链 DNA 不被核酸酶水解。SSB 蛋白在与单链 DNA 结合时具有正协同效应。

（3）引物酶与引发体

DNA 复制时,第一个脱氧核糖核苷酸的掺入具有特殊要求,就是在 DNA 聚合酶催化下与一小段 RNA 短链的 3′-OH 形成 3′,5′-磷酸二酯键。这一小段 RNA 链称为 RNA 引物,它与相应的 DNA 序列具有碱基互补性。大肠杆菌有两种合成 RNA 的酶:一种依赖 DNA 模板合成一小段 RNA 引物,称为引物酶,它的相对分子质量为 6×10^4,是单体,合成引物长度在 60 nt 以内,其编码基因为 dnaG,因此该酶表示为 DnaG;另一种为多亚基 RNA 聚合酶,相对分子质量约为 5×10^5,它的作用是合成长链 RNA,而不是引物 RNA。

DNA 复制时两条亲代 DNA 链都能作为模板。以 $3' \to 5'$ 方向亲代 DNA 链为模板合成的子代链是连续的,因此需要合成引物的次数很少;以 $5' \to 3'$ 方向亲代 DNA 链为模板合成的子代链是不连续的,引物合成次数多。实际上,引物合成过程比较复杂,除引物酶和解旋酶外,还需要一些蛋白质共同组成复合体来完成,这类复合体称为引发体。

(4)DNA 聚合酶

DNA 聚合酶是一类以 DNA 为模板、催化合成互补链 DNA 的酶。1957 年,A. Komberg 首先发现了 DNA 聚合酶,后被命名为 DNA 聚合酶 I(简称 DNA Pol I)。大肠杆菌至少含有 5 种 DNA 聚合酶:I、II、III、IV、V,其中 DNA 聚合酶 III 主要参与 DNA 复制,也被称为复制酶;其他几种与 DNA 修复有关:DNA 聚合酶 I 是主要的修复酶,同时也参与 DNA 复制;DNA 聚合酶 II 参与损伤 DNA 的修复过程;DNA 聚合酶 IV 和 V 参与 SOS 修复。

DNA 聚合酶 III(图 12.4)相对分子质量为 9×10^5,全酶由 α、ε、θ、τ、β、γ、δ、δ′、X 和 ψ 亚基组成。α、ε 和 θ 组成核心酶单体,其中 α 亚基具有 $5' \to 3'$ 聚合酶活性;ε 亚基具 $3' \to 5'$ 核酸外切酶活性;θ 具有刺激 ε 亚基 $3' \to 5'$ 核酸外切酶活性的作用。β 核心酶由单体组成同型二聚体。2 个 τ 亚基组成二聚体,将 2 个核心酶单体连接在一起。β 亚基为二聚体,也被称作 β 夹子,负责将核心酶连接在 DNA 模板上,保持 DNA 合成连续进行。γ 复合体包含 γ、δ、δ′、X 和 ψ 五种亚基,它们是 β 夹子的载体。其中 ε 亚基具有 $3' \to 5'$ 核酸外切酶活性,能够使 DNA 合成过程中错配碱基及时被切除,从而保证 DNA 合成的忠实性。

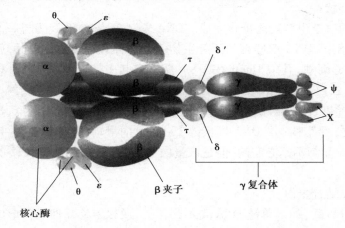

图 12.4 大肠杆菌 DNA 聚合酶 III 的亚基组成与排布方式模式图

DNA 聚合酶 I 由一条多肽链组成,相对分子质量为 10.3×10^4。用蛋白酶处理该多肽链后可得到相对分子质量为 6.8×10^4 的一个 C 端大片段和相对分子质量为 3 500 的 N 端小片段。通常大片段被称为 Klenow 片段,该片段具有 $5' \to 3'$ 方向的聚合酶活性和 $3' \to 5'$ 方向的核酸外切酶活性;N 端小片段,约占肽链长度的 1/3,具有 $5' \to 3'$ 方向核酸外切酶活性。在 DNA 复制过程中,DNA 聚合酶 I 肽链的 N 末端负责 RNA 引物的切除和引物切除后空隙的填补。

所有的 DNA 聚合酶都具有一些共同的结构特征(图 12.5)。以人的右手作比喻,其结构包括手掌区、手指区和拇指区。手掌区主要提供酶的催化位点;手指区指导 DNA 模板与催化位点的正确定位;拇指区提供新合成DNA 离开酶活性中心时结合 DNA 的位点。这样的结构保证了 3 个主要区域的保守序列聚在一起形成 DNA 聚合酶的活性中心。DNA 聚合酶中核酸外切酶活性中心是独立存在的。DNA 聚合酶结构中手掌区序列最保守,而手指区和拇指区序列各有差异。

(5)DNA 连接酶

DNA 连接酶能够利用能量连接双链 DNA中一条单链 DNA 上存在的切口。原核生物与真核生物连接过程相同,只是参与反应的辅因子不同。大肠杆菌利用 NAD^+ 作为辅因子,而真核生物利用 ATP 作为辅因子。具体连接过程如图 12.6 所示。

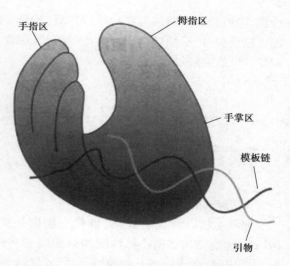

图 12.5　大肠杆菌 DNA 聚合酶的结构示意图

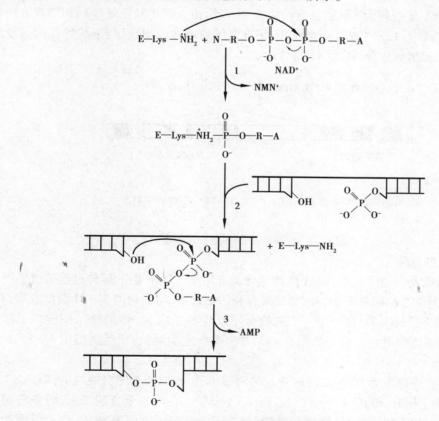

图 12.6　大肠杆菌 DNA 连接酶的连接缺口的反应过程

DNA 连接酶的赖氨酸侧链 ε 氨基进攻 NAD^+ 中的磷酸基团的磷原子,产生腺苷磷酸酶复合物,同时释放烟酰胺腺嘌呤单核苷酸(NMN⁺);随即酶催化腺苷磷酸与单链 DNA 切口 5′端的连接反应,之后单链 DNA 切口 3′端羟基进攻 5′端的焦磷酸基团生成 3′,5′磷酸二酯键,释放 AMP,完成连接反应。

12.2 DNA 复制的分子机制

12.2.1 原核生物 DNA 的复制

(1)复制的起始

原核生物以形成引发体,催化引物的生成为 DNA 复制起始的标志。复制起始部位的 DNA 超螺旋结构在拓扑异构酶和解旋酶的共同作用下被解松,随后双螺旋打开形成单链模板,由 SSB 结合于已解开的单链上,形成复制叉。在这一基础上,在 Dna A,Dna B,Dn aC 等若干蛋白质因子的帮助下引物酶识别复制起点,组装形成引发体。然后以解开的单链 DNA 为模板,NTP 为底物,引物酶按 5′→3′方向催化合成一小段 RNA 引物(十几个至几十个核苷酸不等),引物的 3′-OH 末端为 DNA 聚合酶提供聚合延伸的起点。

E.coli 的 DNA 复制起始区域的长度约 245 个碱基,由 3 组串联重复序列和两对方向相反的重复序列组成,如图 12.7 所示。上游的串联重复序列可作为识别区,下游的反向重复序列碱基以 A、T 为主要组成成分,称为 AT 富含区。

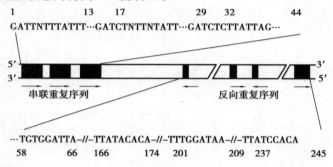

图 12.7　E. coli 的 DNA 复制起始点

(2)DNA 链的延伸

在引发体形成及引物生成后,DNA 链的延伸就开始了。DNA 链的延伸过程是指底物三磷酸脱氧核苷(dNTP)的 α-磷酸基团,在 DNA 聚合酶的催化下,与引物的 3′-OH 端反应后,dNMP 的 3′-OH 端又成为链的末端,在与下一个底物分子反应再生成 3′,5′-磷酸二酯键。子链合成的方向是沿 5′→3′方向进行。前导链沿 5′→3′方向进行连续延长,而后随链沿 5′→3′方向进行不连续延长。

复制延伸过程中模板为 DNA 双链解开后的两条单链,按照碱基配对的原则,即 A ＝ T,G ＝ C,用来合成新的互补链,得到两个子代的双链 DNA 分子。在同一个复制叉上,两条链的延长在 DNA polⅢ的催化下进行,领头链进行连续延伸,而随从链需要不断合成 RNA 引物和冈崎片段进行分段不连续合成。在 DNA 复制的过程中,领头链的合成先于随从链的合成,如图 12.8 所示。

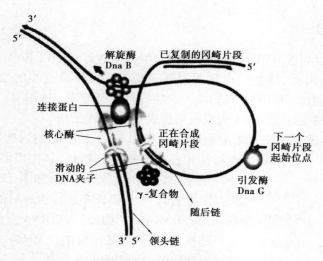

图 12.8　复制延伸过程

（3）复制的终止

复制的终止阶段,包括切除引物,填补引物水解所留下的空缺以及连接切口。这是由于领头链是连续合成,但随从链是不连续合成的。这一过程主要由 DNA pol I 发挥作用。当上一个冈崎片段 3′末端延伸至与下一个冈崎片段的 5′末端相邻时,在 DNA 连接酶催化下前一片段上 3′-OH 与后一片段的 5′磷酸形成磷酸二酯键,从而连接两片段间的缺口,得到连续的新链。

12.2.2　真核生物 DNA 的复制

真核生物基因组相比原核生物基因组要庞大得多,例如,E. coli 的基因组一般为 5×10^3 kb 左右,而人类基因组一般达到 3×10^9 个碱基对。因此真核生物 DNA 复制相比原核生物的复制过程要复杂很多。真核生物基因组复制时,存在多个复制起始点,均可向两个方向进行解链复制,一个复制单位是由两个复制起始点之间构成,称为复制子。真核生物线性的基因组通过多点双向复制,可大大提高复制的速度。

真核生物的 DNA 复制与核小体装配同步进行。因此在 DNA 复制进行时与染色体结构有关的组蛋白等蛋白质也同时合成,及时与 DNA 结合,组装成核小体的结构,形成染色质。

真核生物染色体两端 DNA 子链 5′末端上的引物在复制后被切除会形成空隙,这一空隙无法直接填补,主要通过形成端粒来维持染色体末端结构的完整,以免被核内的核酸酶所水解。端粒是由短的 GC 丰富区重复序列及蛋白质组成,并覆盖在染色体两个末端的特殊结构。端粒对维持染色体 DNA 的稳定,防止 DNA 链的缩短有重要意义。端粒酶是一种由 RNA 及蛋白质组成的复合酶。端粒酶是以自身结构中的 RNA 为模板,经反转录而延伸末端的 DNA,可将端粒的 G-丰富区的重复序列加到 DNA 分子的 1 末端上,这与半保留复制不同。复制可在端粒区内引发并形成 C-丰富区链,当引物切除时仅失去端粒的序列,并且总是能够被端粒酶填补,不会因此而使 DNA 信息区缩短。端粒结构及端粒酶研究,在细胞的衰老及肿瘤的发生发展、靶向药物的设计上,已成为一个重要领域。

12.2.3 逆转录

大多数生物是以双链 DNA 作为遗传物质。但某些病毒却是以 RNA 作为遗传物质,其复制的方式是逆转录,因此,这类病毒称为逆转录病毒。与转录过程的信息流动方向(DNA-RNA)相反,逆转录的过程(RNA-DNA)是一种特殊的复制方式。1970 年,在 RNA 病毒中首次报道了逆转录酶,即能催化以 RNA 为模板来合成双链 DNA 的酶。

现已发现,逆转录酶具有 3 种活性:RNA 指导的 DNA 聚合酶活性,DNA 指导的 DNA 聚合

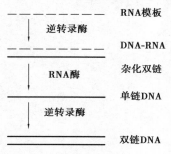

酶活性和核糖核酸酶 H 活性,其作用需要 Zn^{2+} 作为辅助因子。逆转录的过程可分为 3 步,如图 12.9 所示。首先以病毒基因组的 RNA 为模板在逆转录酶的催化下,dNTP 聚合生成互补的 DNA 链,产物为 DNA/RNA 杂化双链;随后,位于杂化双链的 RNA 被逆转录酶中有 RNase 活性的成分水解,细胞被感染后产生的 Rnase H 也可水解 RNA 链;RNA 水解后剩下的单链 DNA 再作为模板,再在逆转录酶的催化下进行第二条互补 DNA 链的合成。

图 12.9　逆转录的过程

依据上述方式,RNA 病毒进入细胞内复制成双链 DNA 的前病毒,并保留了 RNA 病毒所携带的全部遗传信息,并能进行独立繁殖。某些 RNA 病毒还可将前病毒基因组整合到宿主细胞自身的基因组中,随着宿主基因一起复制和表达。

逆转录酶和逆转录的发现对遗传的中心法则发展起到了重要的补充,至少表明在某些生物中,RNA 也具有遗传信息的传递与表达作用。

12.3　DNA 损伤、修复和重组

12.3.1 DNA 的突变与损伤

尽管 DNA 聚合酶具有高度精确的聚合反应和高效的校正功能,但 DNA 复制时,还可能发生碱基错误配对,如大肠杆菌每 $10^4 \sim 10^5$ bP 中约有一个错配出现。此外,细胞的正常生理活动也可以引起 DNA 的自发性损伤。比如,碱基自发地改变氢原子的位置,使碱基在酮式和烯醇式之间互变,就可能引起碱基的错误配对,引起突变。在正常生理条件下,碱基还会以一定的概率被氧化或脱氨基,有时,自发的水解反应可以使 DNA 脱嘌呤或脱嘧啶,并可因此而造成链的断裂,这些自发的变化均可造成 DNA 的损伤。

外界环境因素,包括化学诱变剂和物理因子(如紫外线、电离辐射)以及代谢过程中产生的自由基等的影响,也会引起 DNA 损伤,使其结构改变、功能丧失,导致基因突变。因个别核苷酸变化引起的突变称为点突变,若这种突变导致蛋白质中氨基酸的变化,称为错义突变,若不引起氨基酸的替换称同义突变或中性突变,若将氨基酸的密码突变为终止密码,引起肽链合成的中断,称为无义突变。

由化学诱变剂导致 DNA 发生突变的过程称化学诱变。化学诱变剂如 5-溴尿嘧啶、亚硝酸、羟胺、烷化剂和嵌合剂等,以不同的作用方式引起碱基置换、DNA 片段的缺失或插入、移码

突变或插入突变。

碱基置换包括转换和颠换两种类型,转换指两种嘌呤之间或两种嘧啶之间的互换,颠换指嘌呤与嘧啶之间的互换。如,5-溴尿嘧啶的酮式与 A 配对,烯醇式与 G 配对,2-氨基嘌呤通常与 A 配对,其亚氨形式则与 C 配对,故二者均会引起 AT 对转变为 GC 对,或 GC 对转化为 AT 对。

羟胺(NH_2OH)使胞嘧啶转化为 4-羟胞嘧啶而与 A 配对,结果使 GC 对转变为 AT 对。烷化剂如氮芥、硫芥、乙基甲烷磺酸,亚硝基胍等,使 DNA 碱基上的 N 原子烷基化。最常见的是将鸟嘌呤转化为 7-甲基鸟嘌呤,使其与 T 配对,引起碱基对的变化。氮芥和硫芥还可使同一条链或两条链之间的 G 共价交联成二聚体,阻断 DNA 的复制。亚硝基胍可在复制叉部位引起多重突变,烷化剂还可能引起 DNA 的脱嘌呤和链的断裂。

一些扁平的稠环分子如吖啶橙、原黄素、溴化乙锭等可插入 DNA 的碱基对之间,在 DNA 复制时,使合成的链插入或缺失核苷酸,引起移码突变。若插入或缺失的核苷酸不是 3 的整数倍,可导致肽链中后续的氨基酸全部错误,这样的突变对细菌通常是致死的。

X 射线、γ 射线等高能离子辐射可能使 DNA 失去电子进而断裂,或造成碱基、戊糖的结构损伤。紫外线可直接作用或通过自由基间接作用于 DNA,引起 DNA 断裂、双链交联,或者在同一条链形成胸腺知识扩展嘧啶二聚体。

一些诱变剂可引发肿瘤等严重疾病,但诱变剂也可用于微生物和植物育种。

12.3.2　DNA 损伤的修复

（1）直接修复

直接修复包括光修复（或光复活）和单个酶催化的直接回复作用。光修复是指在可见光（400 nm 为最有效的波长）激活下,DNA 光复活酶识别并结合到紫外线照射所形成的胸腺嘧啶二聚体上,随即切开嘧啶二聚体的环丁烷结构,使其解聚为单体的过程。DNA 光复活酶广泛存在于原核和真核生物细胞中,但人类细胞内目前尚未发现。该酶为 $M_r 5.5 \times 10^4 \sim 6.5 \times 10^4$ 的单体酶,含两个光吸收辅因子和 $FADH^+$。在大肠杆菌中 DNA 光复活酶辅因子为 N^5,N^{10}-甲酰四氢叶酸,能吸收紫外线和可见光（300 ~ 500 nm）,并将光子激发的能量转移给 $FADH^+$,然后将一个电子转移给 T-T（嘧啶-嘧啶）二聚体,由此将二聚体断开为单体。所得嘧啶阴离子还原 FADH,使酶分子再生。

单个酶催化的直接修复,指在酶的催化下,改变修饰碱基的结构,使其恢复为正常碱基。O^6-甲基鸟嘌呤-DNA 甲基转移酶可将修饰碱基 O^6 位的甲基转移到酶的半胱氨酸残基上,使修饰碱基恢复为正常的鸟嘌呤。已发现多种酶能催化这一类直接修饰反应,如 DNA 的断裂可由 DNA 连接酶直接修复,无嘌呤位点由嘌呤插入酶直接修复。

（2）切除修复

DNA 损伤修复最普遍的方式是切除异常的碱基和核苷酸,并用正常的碱基或核苷酸替换。

在碱基切除修复中,由特异性的糖基化酶（人细胞核中已发现 8 种）识别损伤部位,切除受损碱基。随后,内切核酸酶切除脱碱基的戊糖,用于修复的 DNA 聚合酶和 DNA 连接酶以未受损的链为模板填补缺口。

核苷酸切除修复系统由多种蛋白质（原核生物 4 种,真核生物 25 种以上）识别不同 DNA

损伤造成的双螺旋扭曲,随即在损伤部位 5′侧和 3′侧切断 DNA 的单链,释放出单链片段(原核生物 12~13 nt,真核生物 24~32 nt),缺口由用于修复的 DNA 聚合酶(原核生物为 Pol I,真核生物为 Pol ε)以未受损的链为模板填补,最后由连接酶连接切口。

切除修复可用来修复理化因素造成的 DNA 损伤,如切除胸腺嘧啶二聚体。切除修复系统的缺陷可引起着色性干皮病,甚至皮肤癌,已鉴定出 7 种基因与此类疾病有关。

切除修复也可用于修复 DNA 复制过程中产生的碱基错配,称错配修复。由于母体链 DNA 特定序列(原核生物为 GATC)处 A 的 N-6 是甲基化的,子代 DNA 新合成的链在短时间内尚未被甲基化,DNA 修复系统有特定的蛋白质,能区分甲基化和非甲基化的链。在非甲基化的链上切除含错配核苷酸的片段,这样能保证被切除的片段含有复制时错误掺入的核苷酸,而不会将模板链切除,造成错上加错的结果。现已发现,有些肿瘤的发生与错配修复系统的缺陷有关。

(3)应急反应修复和重组修复

DNA 分子严重损伤时,正常的复制和修复系统无法完成 DNA 的复制,此时会启动应急反应修复。在这种状态下,原核生物用 DNA 聚合酶 IV 和 V 进行 DNA 复制,这两种酶复制的精确度较差,可以复制有严重损伤的 DNA,生成差错率很高的子代 DNA,使细胞不至于因 DNA 无法复制而死亡。随后由高效的修复系统修复子代 DNA,以维持细胞的生存。在正常的细胞内,与 SOS 反应相关的基因被阻遏物 LexA(一种蛋白质)抑制,DNA 严重损伤时,RecA 蛋白的蛋白内切酶被激活,将 LexA 水解为无活性的肽段,SOS 反应相关的基因通过转录和翻译,合成相应的蛋白质,SOS 系统因而被启动。

重组修复是在 DNA 复制过程中,新链合成遇到其模板链有损伤时,跨越损伤区,合成带缺口的新链,随后通过同源重组,将亲代 DNA 另一条模板链的相应区段连接到缺口处,最后以另一条子代链为模板,填补亲代链上的缺口。这种修复机制并未消除 DNA 损伤,只是使其损伤部分不能复制而得到"稀释",去除损伤部位还要靠切除修复。

12.3.3　DNA 重组

生物体或细胞内经常发生基因的重新组合。高等生物在细胞减数分裂时,同源染色体之间可以进行 DNA 片段的交换,病毒、噬菌体或质粒 DNA 插入(整合到)宿主的染色体均属于基因重组或遗传重组。

同源重组亦称一般性重组,发生在同源 DNA 片段之间,减数分裂期间同源染色体之间的基因交换,细菌通过接合作用进行的 DNA 转移,是典型的同源重组。同源重组存在于所有的生物,不同来源或不同位点的 DNA,只要二者之间存在同源区段,都可以进行同源重组。对同源重组的机制及相关的酶和蛋白质,已有相当深入的研究。同源重组是物种内群体遗传多样性的重要基础,也为遗传物质通过一定的媒介(如病毒、噬菌体等)在生物体之间的流动提供了途径,还可以在 DNA 损伤的修复中发挥重要作用。此外,同源重组还可在基因功能研究,或某些疾病的基因治疗研究中用于基因敲除。

位点特异性重组可以将两个短的 DNA 特定序列(即特异位点)之间的基因从染色体上切除或组合到染色体另一个特定位点。λ 噬菌体 DNA 在宿主染色体上的整合或切除,免疫球蛋白基因的重排均属于位点特异性重组。有一些 DNA 片段可以从染色体的一个特定位点(供体位点)转移到另一个特定位点(靶位点),被称作转座子,转座子从供体位点切出和到靶位点的插入机制均与位点特异性重组相似。位点特异性重组在遗传多样性和生物发育的遗传控制方面有重要意义。

12.4　DNA 的体外合成

12.4.1　DNA 的化学合成

目前,一般 DNA 合成都采用固相亚磷酰胺三酯法合成 DNA 片段,此方法具有高效、快速、偶联等优点,已在 DNA 化学合成中广泛使用。

DNA 化学合成不同于酶促的 DNA 合成过程,从 $5'→3'$ 方向延伸,而是由 $3'$ 端开始。具体的反应步骤如下。

（1）脱保护基

用三氯乙酸脱去连结在 CPG 上的核苷酸的保护基团 DMT(二甲氧基三苯甲基),获得游离的 $5'$-羟基端,以供下一步缩合反应。

（2）活化

将亚磷酰胺保护的核苷酸单体与四氮唑活化剂混合并进入合成柱,形成亚磷酰胺四唑活性中间体(其 $3'$-端已被活化,但 $5'$-端仍受 DMT 保护),此中间体将与 GPG 上的已脱保护基的核苷酸发生缩合反应。

（3）连接

亚磷酰胺四唑活性中间体遇到 CPG 上已脱保护基的核苷酸时,将与其 $5'$-羟基发生亲合反应,缩合并脱去四唑,此时合成的寡核苷酸链向前延长一个碱基。

（4）封闭

缩合反应后为了防止连在 CPG 上的未参与反应的 $5'$-羟基在随后的循环反应中被延伸,常通过乙酰化来封闭此端羟基,一般乙酰化试剂是用乙酸酐和 N-甲基咪唑等混合形成的。

（5）氧化

缩合反应时核苷酸单体是通过亚磷酯键与连在 CPG 上的寡核苷酸连接,而亚磷酯键不稳定,易被酸、碱水解,此时常用碘的四氢呋喃溶液将亚磷酰转化为磷酸三酯,得到稳定的寡核苷酸。

经过以上 5 个步骤后,一个脱氧核苷酸就被连到 CPG 的核苷酸上,同样再用三氯乙酸脱去新连上的脱氧核苷酸 $5'$-羟基上的保护基团 DMT 后,重复以上的活化、连接、封闭、氧化过程即可得到一 DNA 片段粗品。最后对其进行切割、脱保护基(一般对 A、C 碱基采用苯甲酰基保护;G 碱基用异丁酰基保护;T 碱基不必保护;亚磷酸用腈乙基保护)、纯化(常用的有 HAP, PAGE,HPLC,C18,OPC 等方法)、定量等合成后处理即可得到符合实验要求的寡核苷酸片段。

12.4.2　聚合酶链式反应

聚合酶链式反应是由美国科学家 KaryB. Mullis 于 1985 年发明的体外酶促合成特异 DNA 片段的一种方法。由于 PCR 方法在理论和应用上的重要价值,Mullis 于 1993 年获得诺贝尔化学奖。

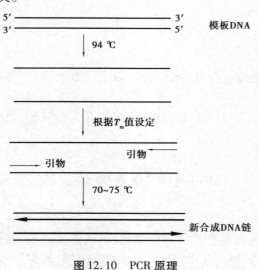

图 12.10　PCR 原理

PCR 反应体系包括 DNA 模板、一对引物、dNTP 和 DNA 聚合酶。高温变性、低温退火和适温延伸组成一个反应周期,通过反应周期的不断循环,目的 DNA 得以迅速扩增(图 12.10)。

首先,模板 DNA 高温变性,解链成 2 条模板链;然后在低温下进行退火,使一对引物在目标序列的两端分别与模板 DNA 按照碱基互补原则结合;之后维持在适宜 DNA 链延伸的温度,由 DNA 聚合酶催化 dNTP 合成互补新链。上述反应完成一个循环后,DNA 模板链便上升为原始浓度的 2 倍,即由 2 条变成 4 条。继续"变性—退火—延伸"循环,目标 DNA 序列便以指数方式得到扩增。如 35 个循环后,目标 DNA 序列将达到模板 DNA 分子的 2^{35} 倍。可见,PCR 是从微量 DNA 中获得大量目标 DNA 序列的特效技术。PCR 应用特点是特异性强,灵敏度高,简便、快捷,对样品纯度要求低。因此,PCR 技术常用于将微量 DNA 分子进行大量扩增,或从混合 DNA 分子中分离出目标 DNA。

在实际操作中,通常设定变性温度为 94 ℃,退火温度小于引物 T_m 值 5 ℃,延伸温度为 72～75 ℃,循环设定 30～35 次。需要强调的是 DNA 聚合酶的热稳定性非常重要,因为 PCR 需要多次循环,而每次循环都要经历高温。1986 年,研究者从一种水生嗜热菌中纯化得到耐热的 DNA 聚合酶,即目前被广泛使用的 Taq DNA 聚合酶,它的适宜温度较广,在 70～75 ℃ 条件下活性最高,在 95 ℃下 40 min 仍能保持一半酶活性。Taq DNA 聚合酶已成为 PCR 反应体系中最常用的 DNA 聚合酶之一。

随着生命科学的不断发展,越来越多的 PCR 相关技术,例如适时定量 PCR 技术、RT-PCR 技术等相继出现。这些技术不仅在基因分离、基因扩增和 DNA 测序等研究中发挥重要作用,而且在病原体检测、疾病诊断和生物进化等许多领域具有广泛应用价值。

参考文献

［1］刘国琴,杨海莲. 生物化学［M］. 3 版. 北京:中国农业大学出版社,2019.

［2］易霞. 生物化学与分子生物学应试指南［M］. 北京:北京大学医学出版社,2020.

［3］朱利泉. 基础生物化学实验原理与方法［M］. 北京:科学出版社,2020.

［4］李红. 生物化学学习指导与实验教程［M］. 合肥:安徽大学出版社,2019.

［5］贾弘禔. 生物化学［M］. 4 版. 北京:北京大学医学出版社,2019.

［6］靳利娥,刘玉香,秦海峰,等. 生物化学基础［M］. 2 版. 北京:化学工业出版社,2020.

［7］吕立夏,徐磊,李思光,等. 细胞生物化学纲要［M］. 上海:同济大学出版社,2020.

［8］张慧瑛,汤建才. 生物化学与分子生物学［M］. 北京:中国建材工业出版社,2019.

［9］付达华,孙厚良. 医学生物化学［M］. 北京:北京大学医学出版社,2019.

［10］王海河,杨霞. 生物化学与分子生物学［M］. 北京:中国医药科技出版社,2018.

［11］田余祥. 生物化学［M］. 4 版. 北京:高等教育出版社,2020.

［12］徐敏,汪妤平. 生物化学［M］. 武汉:华中科技大学出版社,2019.

［13］张一鸣. 生物化学与分子生物学［M］. 2 版. 南京:东南大学出版社,2018.

［14］李存保,王含彦. 生物化学［M］. 武汉:华中科技大学出版社,2019.

［15］单妍. 生物化学与分子生物学学习指导［M］. 杭州:浙江大学出版社,2018.

［16］郭蔼光,范三红. 基础生物化学［M］. 3 版. 北京:高等教育出版社,2018.